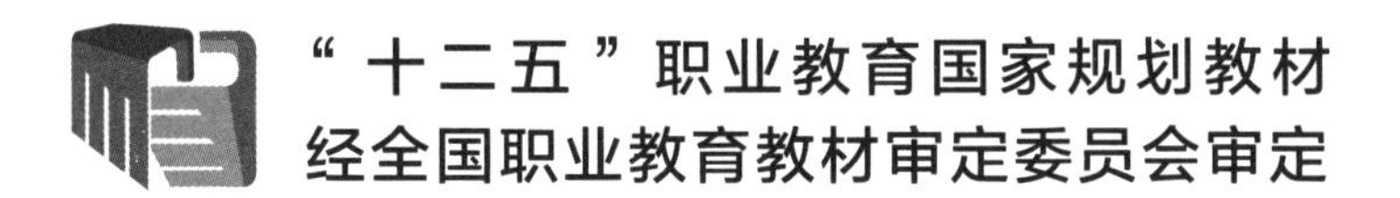

药用植物识别技术

（第三版）

欧阳蒲月　莫小路　曾庆钱　主编

化学工业出版社

·北京·

内容简介

《药用植物识别技术》（第三版）的内容包括绪论、三个知识性模块和显微实验指导。模块一（第一章）为植物识别基础，介绍植物根、茎、叶等器官的外部形态和内部结构特点。模块二（第二至第九章）为药用植物分类及识别，其中第二章介绍植物分类知识；第三至第八章分别介绍藻类、菌类、地衣、苔藓、蕨类和裸子植物的主要特征及药用植物；第九章重点介绍被子植物中，药用植物分布的各科主要特征和代表药用植物的识别方法，结合南方常见药用植物，详细地描述每种药用植物的突出特征、分布、生境、入药部位及功效。模块三（第十章）为药用植物资源，主要介绍我国药用植物资源分布，以及广东、广西、云南的中药资源及生产情况。书中需要色彩表现的图片采用四色全彩印刷或二维码呈现方式，效果直观，便于学生识别。

本书主要作为高职高专院校中药相关专业的教材，也可供中医、制药等非中药专业师生以及爱好药用植物的广大读者参考使用。

图书在版编目（CIP）数据

药用植物识别技术 / 欧阳蒲月，莫小路，曾庆钱主编. -- 3版. -- 北京 : 化学工业出版社，2024. 8.
（“十二五”职业教育国家规划教材）. -- ISBN 978-7-122-46076-9

I. Q949.95

中国国家版本馆CIP数据核字第20249QC408号

责任编辑：王嘉一　迟　蕾　李植峰　　文字编辑：蒋　潇　药欣荣
责任校对：宋　玮　　装帧设计：关　飞

出版发行：化学工业出版社
（北京市东城区青年湖南街13号　邮政编码100011）
印　　装：河北京平诚乾印刷有限公司
787mm×1092mm　1/16　印张17¾　字数442千字
2024年10月北京第3版第1次印刷

购书咨询：010-64518888　　售后服务：010-64518899
网　　址：http://www.cip.com.cn
凡购买本书，如有缺损质量问题，本社销售中心负责调换。

定　　价：65.00元　

《药用植物识别技术》（第三版）
编写人员

主　　编　欧阳蒲月　莫小路　曾庆钱

副 主 编　张彩云　郑希龙

编写人员　欧阳蒲月（广东食品药品职业学院）
曾庆钱（广东省中药研究所）
莫小路（广东食品药品职业学院）
张彩云（广东食品药品职业学院）
郑希龙（广东药科大学）
高　艺（广东食品药品职业学院）
李　威（广东食品药品职业学院）
张　翘（广东食品药品职业学院）
曾建荣（广东潮州卫生健康职业学院）
邓国彤（广东省食品药品职业技术学校）
原文鹏（深圳市人民医院）
黄志海（广东省中医院大学城院区）
张小红（广东省食品药品职业技术学校）
赵海婵（广东云浮中医药职业学院）
刘光明（广东省新兴中药学校）
王　弢（广州王老吉大健康产业有限公司）
彭　刚（岭南中药饮片有限公司）
黄意成（广东省中药研究所）
林善远（广东省新兴中药学校）

前言

《药用植物识别技术》是根据中药学、中药鉴定、中药制药技术及中药材生产与加工等中药相关专业的人才培养目标及岗位职业能力的要求而编写的。本教材在第二版（2017 版）的基础上做了修改和增补，重点阐述药用植物的基本知识和识别的基本方法，并附药用植物识别的技能训练项目。本教材被子植物分类系统以 APG 系统为准。因《中华人民共和国药典》（简称《中国药典》）中药材的基原及其分类沿用恩格勒系统，为了更好地让学生和读者适应《中国植物志》新的分类系统，教材对一些重要药用植物的科、属在新的 APG 分类系统中的位置进行了补充说明，部分植物在《中国药典》和 APG 分类系统中拉丁文不一致的也进行了备注。

本书知识性内容分为三个模块，除了介绍植物识别基础和植物分类基础知识外，还重点介绍了药用植物常见各科的主要特征、代表药用植物的识别方法，结合南方药用植物，较为详细地描述了每种药用植物突出特征、分布、生境、入药部位及主要功效，为野外识别药用植物的技能训练提供理论指导。本书还设计了显微实验指导，包含常用的 6 个实验，各学校可根据教学需要选择开展。本教材后附常用试剂溶液的配制和使用，药用植物标本的采集、制作和保存指导，供学习参考。书中需要色彩表现的图片采用四色全彩印刷或二维码呈现方式，效果直观，便于学生识别。

广东食品药品职业学院的药用植物识别技术课程已获评国家精品课程和国家网络资源共享课程，建设有丰富的立体化教学资源，读者可登录课程网站获取相应的教学资源。

本书由广东食品药品职业学院组织编写，模块一由欧阳蒲月主要负责编写，模块二由欧阳蒲月、原文鹏、邓国彤、黄意成、高艺、李威、张彩云、郑希龙、曾建荣、张小红、林善远、赵海婵主要负责编写，模块三由曾庆钱、张翘、刘光明、彭刚、王弢主要负责编写，附录由曾庆钱、欧阳蒲月负责编写。全书最后由欧阳蒲月、莫小路、郑希龙统一审核和定稿，图片由欧阳蒲月、郑希龙、周重建拍摄。

该教材由多年从事药用植物科研和教学的一线教师编写，内容与职业岗位紧密挂钩，结合高职教学特点，重点突出识别技术与技能。在重点科、种的选择上充分考虑南方特色的药用代表植物。本书具有科学性、启发性和应用性，除作为高职中药相关专业教材外，还可供从事中医、制药等非中药专业师生以及爱好药用植物的社会人士参考使用。

由于编者能力和水平有限，难免有不足和疏漏之处，敬请广大读者予以指正。

编者

2024 年 1 月

目录

绪论

药用植物是指含有一定生理活性物质、具有防治疾病和保健作用的植物。我国是世界上药用植物种类最多、应用历史最久的国家，现有药用植物共383科、11146种（含种下等级1208个），约占中药资源（包括动物、植物、矿物）总数的87%，即中药及天然药物的绝大部分均来源于植物。因此，药用植物的识别是中药资源调查、品种鉴定及资源开发利用的基础。

一、药用植物识别技术的学习内容及任务

药用植物识别技术是一门以药用植物为对象，用植物学的知识和方法来认识其外部形态和内部结构，并了解其化学成分、分类鉴定、资源开发和合理利用的课程，是药学及相关专业学生必修的一门专业基础课。其主要任务有以下几项。

1. 认识中药原植物的种类，确保用药的安全有效

我国幅员辽阔，自然条件多样，植物种类繁多、来源复杂，加上各地用药历史、习惯的差异，造成同名异物、同物异名现象较为严重，直接影响了中药的质量和疗效。如较常用的中药贯众，有小毒，全国曾作贯众用的原植物共有11科、18属、58种（含2个变种及1个变型），均属蕨类植物，其中各地习用的商品和混用的药材有26种，另32种均为民间草医用药。另如中药大青叶，其药源来自4科、4种植物的叶，即十字花科**菘蓝**、蓼科植物**蓼蓝**、爵床科植物**板蓝**、马鞭草科植物**大青**的叶。有些药材一物多名，如板蓝根有两种，其中板蓝根来源于十字花科菘蓝的根，南板蓝根来源于爵床科板蓝（马蓝）的根。药材的虚假和质量低劣都会影响其疗效和试验结果，甚至会危害生命。如**人参**的根，具大补元气、强心固脱、安神生津的作用，曾发现有人用**商陆**的根伪充人参，而商陆为逐水药，有毒，功效与人参完全不同，如若误服会危害生命。

以上中药名称杂乱的情况在实际生活中较为常见，给中药临床、科研以及药源植物采集、中药购销等工作带来诸多不便，因此，必须结合实物、标本，广泛查阅文献资料，考证本草，按科学的分类方法进行识别。故学好药用植物识别技术是进行中药的原植物种类鉴定的基础及临床用药安全的保障，对于中药的生产、购销和应用等方面都具有很重要的意义。

2. 调查研究药用植物资源，结合相关学科寻找药材的新来源

现代科学技术的发展使人类开发利用植物资源的能力越来越强，世界各国都在利用各地

的植物，开发研制新药、保健品和食品。如从印度民间草药长春花中筛选高效抗白血病的成分——长春新碱；从红豆杉树皮中发现的紫杉醇，对乳腺癌及其他癌症都有较好的治疗作用；用银杏叶提取物制成的新药，能明显降低血清胆固醇，同时升高血清磷脂，改善血清胆固醇及磷脂的比例。

进行广泛深入的药用植物资源调查是开发和利用药用植物的前提条件。通过对一定区域内的药用植物资源进行调查，可以掌握药用植物的资源保护和利用情况，从而对应用价值高而资源匮乏的物种进行人工栽培，同时结合生物工程技术，解决药材资源紧缺的问题。此外，从药用植物资源的调查中，可以发现新的药源植物。根据植物系统进化关系和植物化学分类学揭示的原理，亲缘关系越近的物种，其所含的化学成分越相似，甚至有相同的活性成分，因此可以从目标植物相近的科属中寻找紧缺药材的替代品。如药用植物**马钱子**是传统进口药，在云南发现的**云南马钱子**的有效成分与进口马钱子相似，且质量更优；印度从**蛇根木**中提取降压药的有效成分，而我国云南同属的**萝芙木**中也含有降压药的有效成分且副作用小。这些新药或进口药的代用品，既填补了国内生产的空白，又创造了较大的经济效益。而进行植物资源的调查就是《药用植物识别技术》的实践应用过程。

3. 保护及合理利用药用植物资源

药用植物资源的开发利用与资源的保护再生是矛盾和对立的，如果处理得好，也是相辅和统一的。通过药用植物的资源调查，熟悉各种珍稀药用植物的资源情况，可以指导药用植物的开发利用；通过建设植物园、自然保护区、植物种质基因库等，可以保存稀有药用植物的品种。

植物园是保护特有、孑遗、濒危植物以及引种驯化外地迁移植物的重要基地。我国已有100 多个植物园，如华南国家植物园、西双版纳热带植物园、广西药用植物园等。自然保护区能够维持、保护区域内的生态平衡，保护生物多样性，既是自然状态下保护物质资源的场所，又是科学研究的基地。植物种质基因库能够保存植物遗传资源，使多种多样的物种，尤其是珍稀物种和濒危物种的遗传资源得以保存，同时也可为植物育种工作提供基因来源。

此外，国家颁布了《中国珍稀濒危保护植物名录》《野生药材资源保护管理条例》，以重点保护、规范种植及采收野生药材。药用植物资源的保护和管理处于发展阶段，应加强立法，使现有中药及药用植物相关管理条例法制化，以促进对植物资源的保护，合理地开发利用药用植物资源。

二、药用植物研究的发展简史

我国用药历史悠久，植物药十分丰富，药用植物的研究最初是随着医药学和农学的发展而发展的，对我国民族的繁荣昌盛起了很大作用。

古代人们把记载药物的书籍称为“本草”。我国历代“本草”有 400 多部，是中医药宝库中的灿烂明珠。春秋秦汉之际的《山海经》是我国最早的本草著作，载植物药 51 种。后汉（公元 1 ～ 2 世纪）的《神农本草经》，载药 365 种，其中植物药 237 种，该书总结了我国汉朝以前的医药经验，是我国现存的第一部记载药物的专著。南北朝·梁代（公元 5 世纪），陶弘景以《神农本草经》为基础，补入《名医别录》编著成《本草经集注》，共载药 730 种。唐代（公元 659 年），由苏敬等 23 人编著的《新修本草》（又称《唐本草》），载药 844 种，其中新增了不少来自印度、波斯、南洋的外来药用植物，因由政府组织编著和颁布，被认为是我国第一部药典，也是世界上第一部药典。宋代（公元1082年）由唐慎微编写的《经史证类备急本草》（又称《证类本草》），载药1558种，是我国现存最早的一部完整本草著作。明代李时珍以《证类本草》为蓝本，书考800余种，历经30年，编著成最著名的《本草纲目》，共52卷，载药1892种，其中药用植物1100多种，每种均记载了名称、产地、形态、采集、炮制、性味、功能等，分类方法一改以往所用的上、中、下三品，而以植物、动物和矿物分类。该书全面总结了16世纪以前我国人民认药、采药、种药、制药、用药的经验，不仅大大地促进了我国医药学的发展，同时也促进了日本及欧洲各国药用植物学的发展，至今仍具很大的参考价值。清代（公元1765年）赵学敏编著的《本草纲目拾遗》，载药921种，其中716种是《本草纲目》未收载的种类。清代（公元1848年）吴其浚所著的《植物名实图考》和《植物名实图考长编》，是论述植物的专著，共收载植物2552种。作者历经我国各地进行考察，亲自记述、描绘植物，其书内容丰富，叙述详细，并有较为精美的插图，对植物的药用价值和同名异物的考证颇有研究，因而不论对植物学还是药物学都是十分重要的著作，为后代研究和鉴定药用植物提供了宝贵的资料。

此外，在药用植物学领域有影响的专著还有：晋代（公元304年）嵇含的《南方草木状》，可视为世界上最早的一部区系植物志；明代（公元1436～1449年）兰茂的《滇南本草》，是我国现存内容最丰富的一部地方本草著作。

我国介绍西方近代植物科学的第一部书籍是1857年由李善兰先生和英国人A. Williamson合作编译的《植物学》，全书共8卷，插图200多幅，此书的出版标志着我国近代植物学开始萌芽。20世纪初至20世纪40年代，胡先辅、钱崇澍、张景钺、严楚江等植物学家用近代植物学的理论与方法，发表了一些植物分类和植物形态解剖论著。1948年，李承祜教授出版了我国第一部《药用植物学》大学教科书。

多年来，我国培养了大量中医药、天然药物及药用植物领域的研究人才，他们为中药及天然药物的研究做出了重要贡献，如编写了《中药志》《中华人民共和国药典》《中国药用植物图鉴》《中药大辞典》《全国中草药汇编》《中国药用植物志》《中华本草》《中草药学》《中药鉴别手册》《中国植物志》等重要著作。此外，还出版了不少药用植物类群、资源学专著和地区性药用植物志，如《中国中药资源》《中国中药区划》《中国常用中药材》《中国药材资源分布图》《中国药材资源地图集》《中国高等植物图鉴》等。另外，还创办了大量有关中药及其原植物研究的期刊，如《中国中药杂志》《中草药》《中药材》《中成药》等。

现代科学发展的特点之一是各学科之间的相互渗透、相互联系。随着植物学各分支学科以及医药学、化学等学科的不断发展，药用植物学与其他学科（如植物分类学、植物化学分类学、植物解剖学、孢粉学、植物生态学、植物地理学、中药鉴定学、中药化学、中药学等）的联系更为密切。这些学科之间的互相渗透又分化出药用植物化学分类学、中药资源学等学科，使人类对药用植物的认识和利用也不断发展。

三、药用植物识别技术和相关学科的关系

药用植物识别技术是以药用植物学知识为基础，侧重药用植物识别、鉴定的技能实践性学科，是药学和中药学专业的专业基础课。凡涉及植物药（生药）品种来源及品质的学科都与药用植物识别技术有关，关系较密切的有中药学、生药学、中药商品鉴定技术、中药化学、中药资源学、药用植物栽培技术、中药药剂学、中药炮制学等，这些学科都需要药用植

物识别技术的基本理论和方法作为基础。

四、学习药用植物识别技术的方法

药用植物识别技术是一门实践性很强的应用学科，在学习时必须理论联系实际。具体的学习方法是：观察、比较、实验。应全面、认真、细致地观察植物的形态结构和生活习性，对相似的植物类群、器官形态、组织构造及化学成分多进行比较和分析，找出相似点和相异点。

学习药用植物识别技术的实践途径是室内实验和户外实习实训。通过室内实验，学习、掌握药用植物的外部形态和内部结构特点，掌握植物显微结构的观察方法及基本实验操作技能；通过户外实习实训，掌握植物的形态特点、分类方法，以及标本采集、制作和保存等技术，并识别一定数量的药用植物。同时要充分利用网络资源，如通过《中国植物志》的网站进行在线查询药用植物的鉴别特征，通过百度 APP、花伴侣 APP、形色 APP 等进行植物识别。

总之，学习药用植物识别技术要多观察、多比较、多实践，才能有效地掌握本课程的基本知识、基本理论和基本操作技能，将本课程学得活、记得牢、利用得好。

模块一

植物识别基础

第一章

植物的器官形态

自然界的植物种类繁多，有的结构简单，如某些藻类仅由 1 个细胞构成；有的结构复杂，如被子植物，不仅细胞数量极多，植物体还出现了根、茎、叶、花、果实和种子的分化，这些称为被子植物的六种器官。器官是由多种组织构成，具有一定的外部形态和内部结构，能执行一定生理功能的植物体的组成部分。

在高等植物中，器官依据形态结构和生理功能的不同分为两类：一类为营养器官，包括根、茎、叶，它们共同起着吸收、制造和输送植物体所需的水分和营养物质的作用，以便植物体更好地生长、发育；另一类为繁殖器官，包括花、果实、种子，它们起着繁殖后代、延续种族的作用。各器官在形态及生理功能上有明显不同，但彼此又相互联系、相互依存，共同构成一个完整的植物体。

第一节　根

根通常是指植物体生长在地面下的营养器官，具有向地、向湿和背光等特性。根的顶端具有向下无限生长的能力，能形成庞大的根系，有利于植物体固着于土壤中，并从土壤中吸收水分和无机盐类。根是植物生长的基础。

根是植物长期适应陆生生活而在进化中形成与发展起来的器官，其外形一般呈圆柱形，在土壤中生长愈向下愈细，并可向周围分散而形成复杂的根系。由于在地下生长，根内细胞中不含叶绿体，亦无节与节间之分，一般不生芽、叶和花。

一、根与根系的类型

1. 根的类型

（1）主根和侧根　植物种子萌发时，最初由胚根突破种皮，向下生长，这种由胚根直接发育而形成的根称为主根。主根一般与地面垂直向下生长。当主根生长达到一定的长度时，从其侧面生出许多支根，称为侧根。侧根达到一定长度时，又能生出新的次一级侧根，称为纤维根。

（2）定根和不定根 就根发生起源的不同，又可分为定根和不定根两类。凡直接或间接起源于胚根的主根、侧根和纤维根都称为定根，它们均有固定的生长部位。有些植物的根不是来源于胚根，而是从植物的茎、叶或其他部位生长而出，根的发生没有一定的位置，这样的根统称为不定根。农、林、园艺方面的栽培上常利用此特性进行扦插、压条等营养繁殖。此外，一些植物（如玉米、水稻、小麦、薏苡等）的种子萌发后，其主根生长不久后即枯萎，而从其茎基部的节上生长出许多大小和长短相似的须根来，这些根也是不定根。

2. 根系的类型

一株植物地下所有根的总和称为根系。根据根的形态及生长特性，根系分为以下两种类型（图 1-1）。

图 1-1 直根系（左）与须根系（右）

（1）直根系 由明显而发达的主根及各级侧根组成的根系称为直根系。直根系一般入土较深。大多数双子叶植物和裸子植物均具有直根系，如人参、甘草、桔梗等。

（2）须根系 如果植物的主根不发达或早期死亡，由其茎基部的节上生长出的不定根组成的根系称为须根系。须根系入土较浅。单子叶植物多数均具有须根系，如水稻、小麦、百合等。

二、根的变态

有些植物在长期的历史进化过程中，为了适应生活环境的变化，其根的形态构造发生了一些变态，并且这些变态性状形成后可代代遗传下去，这样的根称为变态根，常见以下几种类型。

（1）贮藏根 根的一部分或全部因贮藏营养物质而呈肉质肥大状，这样的根称为贮藏根（图 1-2）。依据其来源及形态的不同，贮藏根又可分为肉质直根和块根。肉质直根主要由主根发育而成。一株植物上仅有一个肉质直根，其上部具有节间很短的茎。肉质直根分为以下几种类型：肥大呈圆锥状的，如胡萝卜、白芷、桔梗等，称圆锥状根；肥大呈圆柱状的，如萝卜、菘蓝、丹参等，称圆柱状根；肥大呈圆球状的，如芜菁，称圆球状根。块根由侧根或不定根膨大而成，在外形上通常呈不规则状。一株植物可以形成许多膨大的块根，其组成不含茎和胚轴部分。如天门冬、何首乌、百部等均为药用块根。

图 1-2　根的变态（一）

1—贮藏根；2—支持根；3—攀援根；4—气生根

（2）支持根　有些植物的茎节在下部靠近土壤处，向四周环生出一些不定根深入土中，成为起增强茎干支持力量作用的辅助根系，这样的根称为支持根（图 1-2），如玉米、薏苡、甘蔗、高粱等。

（3）攀援根　有些植物由其地上部分的茎干上生长出细长柔弱的不定根，使植物攀附于石壁、墙垣、树干或其他物体上，这种具攀附作用的根称为攀援根（图 1-2），如常春藤、薜荔、络石等。

（4）气生根　自茎上产生的一些不定根，不伸入土中，而是生长于空气中，这样的根称为气生根（图 1-2）。气生根具有在潮湿空气中吸收和贮藏水分的能力，如石斛、吊兰、榕树等。

（5）呼吸根　由于承担的生理功能不同，部分气生根主要起呼吸作用。一些生长在湖沼或热带海滩地带的植物，如水杉、红树等，由于植株的一部分被泥沙淹没，呼吸十分困难，因而有部分根垂直向上生长，暴露于空气中行呼吸作用，称为呼吸根（图 1-3）。

（6）水生根　水生植物的根一般呈须状，垂直漂浮于水中，纤细柔软并常带绿色，称为水生根（图 1-3），如浮萍、睡莲、菱等。

图 1-3　根的变态（二）

1—呼吸根；2—水生根；3—寄生根

（7）寄生根　一些植物产生的不定根，不是插入土中，而是伸入寄主植物的体内吸收水分和营养物质，以维持自身的生活，这种根称为寄生根（图 1-3）。具有寄生根的植物称为寄生植物。寄生植物可分为两种类型：一如菟丝子、列当等植物，体内不含叶绿体，不能自己制造养料，完全依靠吸收寄主体内的养分维持生活，称为全寄生植物；二如桑寄生、槲寄生等植物，体内含叶绿体，既能自己制造部分养料，又能依靠寄生根吸收寄主体内的养分，称为半寄生植物。支持根、攀援根、呼吸根，均生长在地上部分，暴露在空气中，因此可统称为气生根。

三、根的内部构造

根的内部构造也是药用植物识别与分类的一个依据。下面主要介绍根内部构造的基础知识及其在药用植物识别中的实际应用。

1. 根的初生构造

直接源于根中顶端分生组织细胞的增生与成熟，使根延长的生长称为初生生长。由初生生长过程所形成的结构，称为初生构造。根的初生构造由外向内分为表皮、皮层和维管柱三部分（图 1-4）。

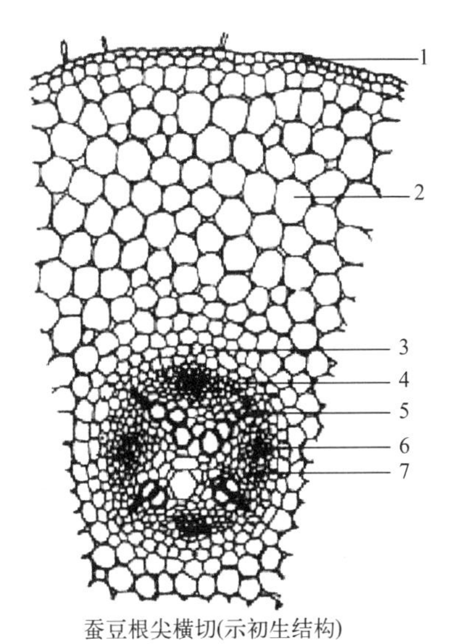

图 1-4　双子叶植物幼根的初生构造

1—表皮；2—皮层；3—内皮层；4—中柱鞘；5—初生木质部；6—初生韧皮部；7—薄壁细胞

（1）表皮　位于根的最外层，由一层表皮细胞所组成。细胞多为近长方形，细胞排列整齐、紧密，无细胞间隙，壁薄，非角质化，细胞壁由纤维素与果胶构成，富有通透性，水和溶质可以自由通过。部分表皮细胞的外壁向外突出、伸长，形成根毛，扩大了根的吸收面积。

（2）皮层　位于表皮与维管柱之间，由多层薄壁细胞组成，细胞排列疏松，常有显著的细胞间隙，占有根相当大的部分。通常可分为外皮层、皮层薄壁组织和内皮层。

① 外皮层　为皮层最外方、紧邻表皮的一层细胞。细胞较小，排列整齐、紧密。当根毛枯萎，表皮被破坏脱落后，外皮层细胞的壁常增厚、栓质化，并代替表皮起保护作用。

② 皮层薄壁组织　位于外皮层内方，由几层至几十层细胞组成，细胞壁薄，排列疏松，有明显的细胞间隙。有的皮层细胞内常贮存淀粉等后含物，起贮藏功能。所以皮层实际上是兼有吸收、运输和贮藏作用的基本组织。

③ 内皮层　是皮层最内方特化的一层细胞。细胞排列整齐、紧密，无细胞间隙。内皮层细胞壁常增厚，在内皮层细胞的径向壁（侧壁）和上下壁（横壁）上，形成木质化或木栓化增厚的区域，环绕径向壁和上下壁而呈一整圈，称为凯氏带。在内皮层细胞壁增厚的过程中，有少数正对初生木质部束的内皮层细胞，其胞壁不增厚，称为通道细胞，起着皮层与维管束间物质内外流通的作用。内皮层的这种特殊结构使根的吸收作用具有选择性，水和溶质只能通过质膜和原生质进入维管柱。

（3）维管柱　根的内皮层以内的所有组织构造统称为维管柱，结构比较复杂，包括中柱鞘、初生木质部和初生韧皮部三部分，有的植物还具有髓部。

① 中柱鞘　在维管柱的最外方，紧贴着内皮层，由一层或几层薄壁细胞构成。细胞较

小，排列紧密。

② 初生木质部　位于根的最内方，结构简单。被子植物的初生木质部由导管和管胞组成，也有木纤维和木薄壁细胞；裸子植物的初生木质部只有管胞。初生木质部的外方最先分化成熟，其导管直径较小，多呈环纹或螺纹；后分化成熟的木质部，其导管直径较大，多呈梯纹、网纹或孔纹。

由于根的初生木质部中先后分化形成的两种导管口径不一，因此各初生木质部束呈星角状，其角的数目随植物种类而异，而同一种植物的根中，其初生木质部束角的数目是相对稳定的。如十字花科、伞形科的一些植物和多数裸子植物的根中，只有两个角的初生木质部，称二原型；毛茛科的唐松草属植物有三个角，称三原型；葫芦科、杨柳科及毛茛科毛茛属的一些植物有四个角，称四原型；如果根的角数多，则称为多原型。单子叶植物根的角数较多，一般在七个以上，有的棕榈科植物其角数可达数百个之多。

③ 初生韧皮部　初生韧皮部位于初生木质部之间。在同一个根内，初生韧皮部束的数目和初生木质部束的数目相同。被子植物的初生韧皮部一般有筛管和伴胞，也有韧皮薄壁细胞，偶有韧皮纤维；裸子植物的初生韧皮部只有筛胞。

④ 髓部　在初生木质部和初生韧皮部之间有数列薄壁组织，这些薄壁组织在根进行次生生长时将会恢复分生能力。多数双子叶植物的根中，中央部分往往由初生木质部中的后生木质部占据，因此不具有髓部。多数单子叶植物以及双子叶植物中的少数种类，根的中央部分未分化形成木质部，即由未分化的薄壁细胞或厚壁细胞组成髓部。

2. 根的次生构造

多数双子叶植物和裸子植物的主根及较大的侧根在进行一段时间的伸长生长后，由根中形成层细胞的分裂、分化而产生新的组织，使根逐渐加粗，这种使根增粗的生长称为次生生长。由次生生长所产生的各种组织称为次生组织，由这些组织所形成的结构称为次生构造（图 1-5）。

绝大多数蕨类植物、单子叶植物和一年生双子叶植物的根，在整个生活期中，不发生次生生长，一直保持着初生构造。而多数双子叶植物和裸子植物的根，由于发生了次生增粗生长，故其根尖以上的部分具有次生构造。

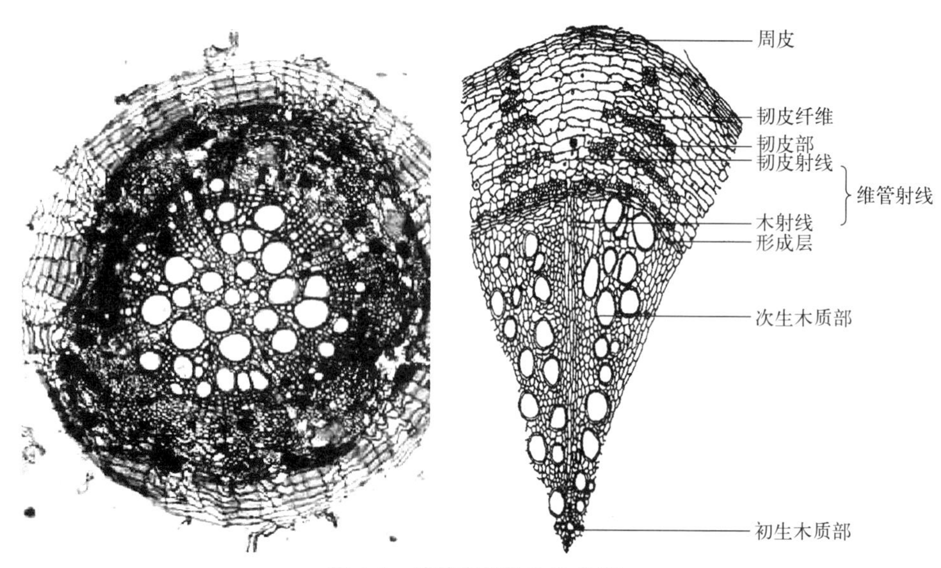

图 1-5　棉花老根的次生构造

根的次生生长使得根不断地加粗，但最外方的表皮及部分皮层却不能相应加粗，因而当中柱增粗到一定程度时，其外方的皮层和表皮即发生破裂。在皮层组织被破坏之前，整个中柱鞘的细胞开始恢复平周分裂的能力，形成木栓形成层。木栓形成层向外产生木栓层，向内产生栓内层，三者共同构成周皮，不透水、不透气，代替表皮起保护作用。

值得指出的是，植物学上所称的根皮是指根中周皮这一部分，而药材中的根皮类，如地骨皮、牡丹皮等，则包含根中形成层以外的部分，包括韧皮部和周皮。

单子叶植物的根中无形成层，不能加粗生长，无木栓形成层，故也没有周皮，其保护功能由表皮或外皮层承担。也有一些单子叶植物，如百部、麦冬等，表皮分裂成多层细胞，壁木栓化，形成一种称为“根皮”的保护组织。

3. 根的异常构造

在一些双子叶植物根的生长发育过程中，除了正常的次生构造外，还会产生一些特有的维管束，称为异型维管束，从而形成了根的异常构造。常见的有以下两种类型。

（1）同心环状维管束 可分为两种情况：不断产生的新形成层环始终保持有分生能力，可增大，在横切面上呈年轮状，如商陆；不断产生的新形成层环中仅最外一层保持有分生能力，而内面各同心性形成层环于异型维管束形成后即停止分裂活动，如牛膝、川牛膝。

（2）异心的异型维管束 有的植物在根中的正常维管束形成后，皮层中部分薄壁细胞恢复分生能力，形成多个新的形成层环，这种新形成层环对于原有的形成层环而言是异心的，而由此分生出一些大小不等的异型维管束，形成了另一种类型的异常构造。在横切面上可看到一些大小不等的、圆圈状的花纹，这是其鉴别的重要特征，如何首乌（图 1-6）。

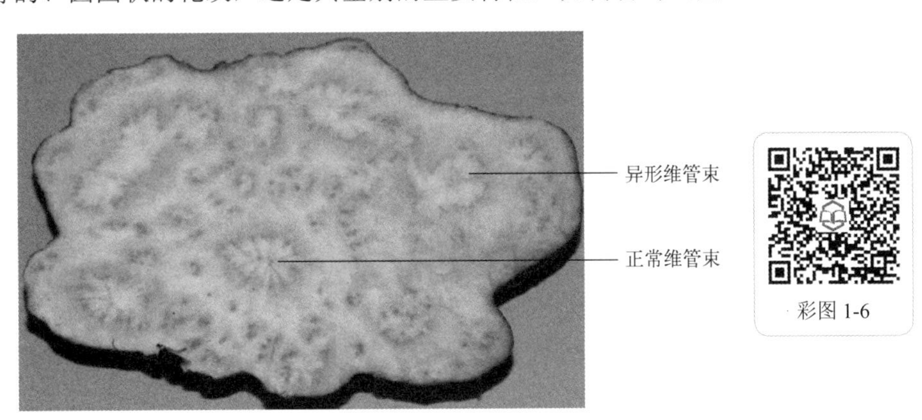

图 1-6 何首乌块根横切面图解

4. 根部细胞的后含物

植物细胞在生活过程中，由于新陈代谢的活动，产生各种非生命的物质，统称为后含物。细胞后含物种类很多，是植物可供药用的主要物质。有些是具有营养价值的贮藏物，是人类食物的主要来源；有些是细胞代谢过程的废物。它们的形态和性质是生药鉴定的主要依据。这里仅就那些成形的贮藏物和废物，包括淀粉粒、菊糖、糊粉粒、脂肪油和各种结晶进行如下介绍。

（1）淀粉 植物细胞中的淀粉以淀粉粒的形式贮存在植物根、块茎和种子等器官的薄壁细胞中。淀粉积累时，先形成淀粉的核心——脐点，然后环绕脐点继续由内向外层层沉积。显微镜下观察可见轮纹，如果用乙醇处理，使淀粉脱水，这种轮纹就会随之消失。

淀粉粒的形状有圆球形、卵圆球形、长圆球形或多面体形等。脐点的形状有颗粒状、裂隙状、分叉状、星状等，有的在中心，有的偏于一端。淀粉粒还有单粒、复粒、半复粒之分。一个淀粉粒只具有一个脐点的，称为单粒淀粉粒；具有两个或多个脐点，每个脐点只具有自己的层纹的，称为复粒淀粉粒；具有两个或多个脐点，每个脐点除有它各自的层纹外，同时在外面被有共同的层纹的，称为半复粒淀粉粒。淀粉粒的形状、大小、层纹和脐点常随植物的不同而异，因此，它可作为药材鉴定的一种依据（图 1-7）。

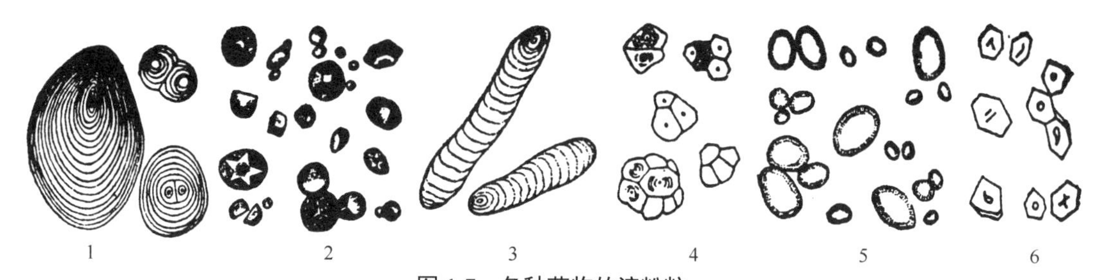

图 1-7　各种药物的淀粉粒

1—马铃薯（脐形或螺形）；2—葛（点状、星状）；3—藕（长椭圆形）；4—半夏（卵形、半球形）；5—蕨（圆形）；6—玉蜀黍（多角形）

淀粉粒不溶于水，在热水中膨胀而糊化，与酸或碱共煮则转变为葡萄糖。含有直链淀粉的淀粉粒遇稀碘液变成蓝紫色，支链淀粉显紫红色。

（2）**菊糖**　它能溶于水，多含在菊科、桔梗科植物根的细胞里。由于它不溶于乙醇，因此可将含有菊糖的材料（如蒲公英、大丽菊或桔梗的根）浸于乙醇中，一周后，做成切片在显微镜下观察，在细胞内可见球状或半球状结晶的菊糖（图 1-8）。菊糖遇 25% α- 萘酚溶液及浓硫酸显紫堇色而溶解。

（3）**蛋白质**　细胞中贮藏的蛋白质是化学性质稳定的无生命物质，它与构成原生质体的活性蛋白质完全不同，不可混淆。在种子的胚乳和子叶细胞里多含有丰富的蛋白质。它们有的是以无定形的状态分布在细胞中的，如小麦胚乳细胞中的蛋白质；但通常是以糊粉粒的状态贮存在细胞质或液泡里的，体形很小，可有些植物（如蓖麻种子）的糊粉粒比较大，并有一定的结构，其外面有一层蛋白质膜，里面无定形的蛋白质基质中分布有蛋白质拟晶体和环己六醇磷酸酯的钙或镁盐的球形体（图 1-9）。在小茴香胚乳的糊粉粒中还包含有细小的草酸钙簇晶。这些贮藏蛋白质加碘变成暗黄色，遇硫酸铜加强碱溶液显紫红色。

（4）**脂肪和脂肪油**　是由脂肪酸和甘油结合而成的酯，也是植物贮藏的一种营养物质，存在于植物各器官中，特别是种子中。一般在常温下呈固态或半固态的称脂肪，如乌桕脂、可可

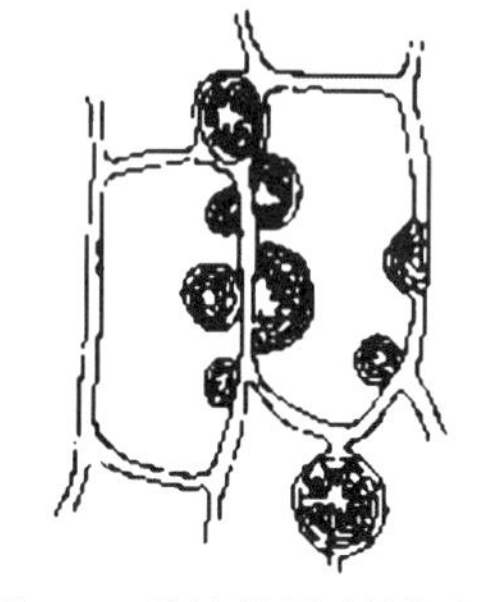

图 1-8　菊糖结晶（桔梗根）

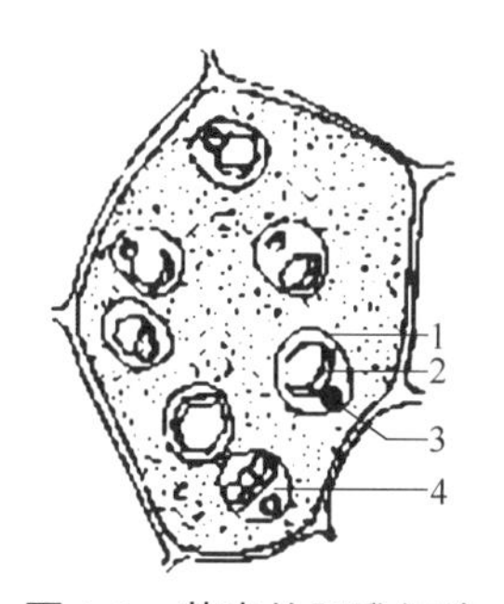

图 1-9　蓖麻的胚乳细胞

1—糊粉粒；2—蛋白体晶体；3—球晶体；4—基质

脂；呈液态的称脂肪油，以小油滴状态分布在细胞质里（图1-10）。有些植物种子含脂肪油特别丰富，如蓖麻子、芝麻、油菜籽等。

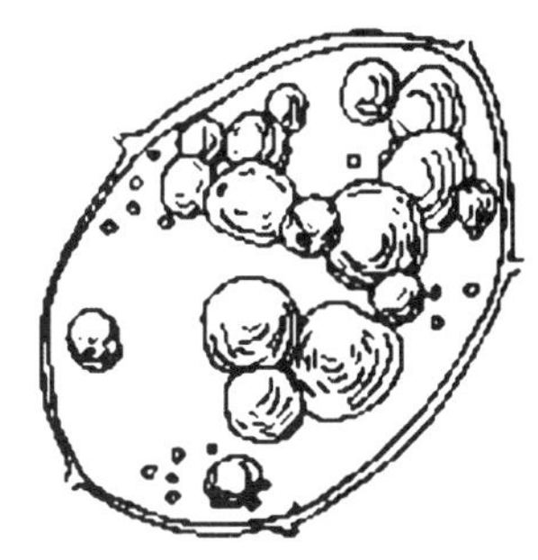

图1-10　脂肪油（椰子胚乳细胞）

脂肪和脂肪油不溶于水，易溶于有机溶剂，遇碱则皂化，遇苏丹Ⅲ溶液显橙红色，遇锇酸变成黑色。有些脂肪油可供食用和工业用；有的可供药用，如蓖麻油常用作泻下剂，大风子油用于治疗麻风病等。

（5）晶体　植物细胞中常见的晶体有如下两种类型。

① 草酸钙结晶　植物体内的草酸钙结晶，被认为有解毒作用，即可使对植物有毒害的多量草酸被钙中和。在器官中，随着组织衰老，草酸钙结晶也逐渐增多。

草酸钙常为无色透明的结晶，并以不同的形态分布在细胞液中。一般一种植物只能见到一种形态，但少数也有两种或三种的，如臭椿根皮除含有簇晶外尚有方晶，曼陀罗叶含有簇晶、方晶和砂晶。草酸钙结晶的形状有以下几种（图1-11）。

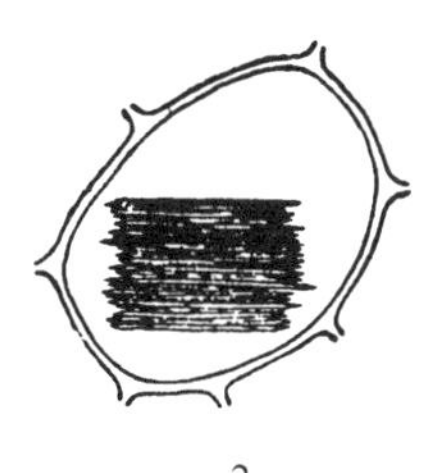

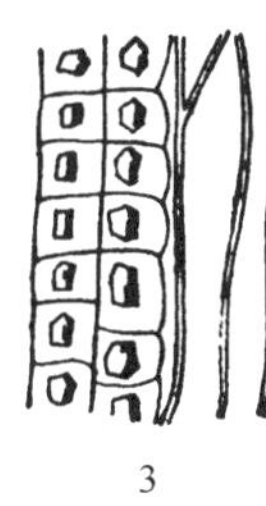

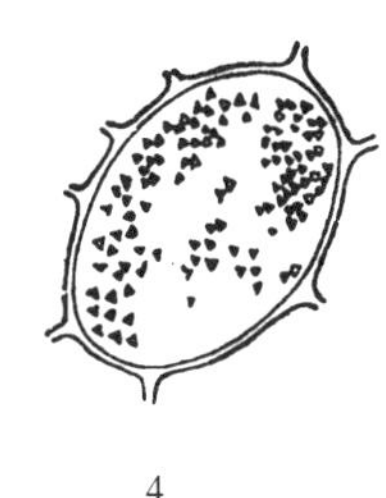

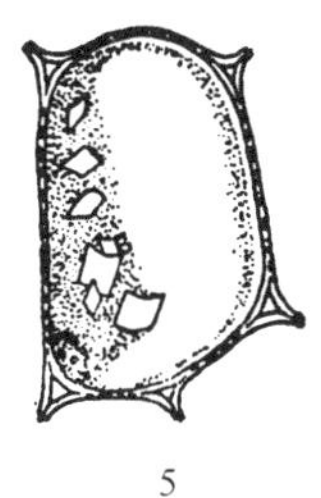

图1-11　各种草酸钙结晶

1—簇晶（大黄根茎）；2—针晶束（半夏块茎）；3—方晶（甘草根）；4—砂晶（颠茄根）；5—棱形及菱形晶体（买麻藤）

a. 单晶　又称方晶或块晶，通常呈斜方形、菱形、长方形等，如甘草、黄柏。有时单晶交叉呈双晶，如莨菪。

b. 针晶　为两端尖锐的针状，在细胞中大多成束存在，称为针晶束，常存在于黏液细胞中，如半夏、黄精等。有的针晶不规则地散布在薄壁细胞中，如苍术、山药等。

c. 簇晶　由许多菱状晶集合而成，一般呈多角形星状，如大黄、人参等。

d. 砂晶　为细小的三角形、箭头状或不规则形，聚集在细胞里，如颠茄等茄科、牛膝等苋科植物。

e. 柱晶　为长柱形，长度为直径的四倍以上，如淫羊藿、射干等鸢尾科植物。

不是所有植物都含有草酸钙结晶，含有的草酸钙结晶又因植物种类不同而有不同的形状和大小，这种特征可作为鉴别生药的依据。草酸钙结晶不溶于乙酸，但遇20%硫酸便溶解并形成硫酸钙针状结晶析出。

② 碳酸钙结晶　多存在于植物叶的表层细胞中，其一端与细胞壁连接，形状如一串悬垂的葡萄，形成钟乳体。钟乳体多存在于爵床科、桑科、荨麻科等植物体中，如穿心莲叶、大麻叶等的表层细胞中均含有。碳酸钙结晶加乙酸则溶解并放出二氧化碳气泡，可与草酸钙相区别（图1-12）。

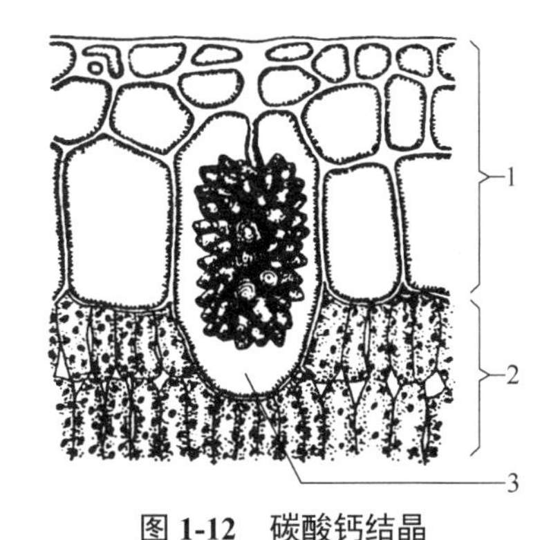

图1-12　碳酸钙结晶

1—表皮和皮下层；2—栅栏组织；3—钟乳体和细胞腔

此外，在细胞质中还有酶、维生素、生长素等物质，这些物质统称为生理活性物质，它们与植物的生长发育有着密切关系。

5. 利用根部结构识别药用植物实例

（1）**广防己** 根质坚硬，横切面略粉性，可见细密的放射状纹理。

横切面特征：木栓层为 10 ～ 15 列细胞。栓内层为 3 ～ 5 列细胞。石细胞环带与栓内层连接，其下有多列薄壁细胞。韧皮部射线宽广；筛管群皱缩；有少数石细胞散在。形成层环不甚明显。木质部射线宽 20 ～ 30 列细胞；导管较大，直径 45 ～ 220μm；木纤维束位于导管旁，纤维直径约 20μm，壁较厚。薄壁细胞含淀粉粒，有的含草酸钙簇晶（图 1-13）。

彩图 1-13

图 1-13 广防己根横切面

（2）**牛膝** 表面黄色或淡棕色，具细微纵皱纹，有细小、横长皮孔及稀疏的细根痕。质硬而脆，易折断，断面平坦，黄棕色。

横切面特征：木栓层为数列细胞，皮层狭窄。中柱占根的大部分，分布有多数维管束，断续排列成 2 ～ 4 轮，最外轮维管束较小，形成层几乎连接成环；向内数轮维管束较大，射线宽狭不一；木质部由导管、木纤维及木薄壁细胞组成，根中心部的次生木质部集成 2 ～ 3 叉状，初生木质部 2 ～ 3 原型。断面中心维管束木质部较大、黄白色。薄壁细胞中含草酸钙砂晶（图 1-14）。

彩图 1-14

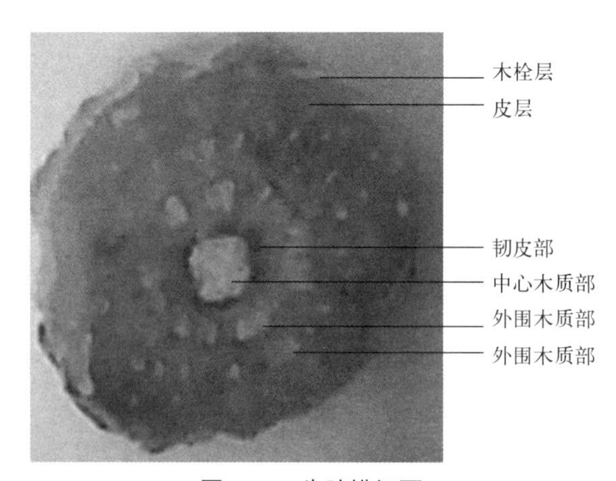

图 1-14 牛膝横切面

（3）**银柴胡** 根表面黄白色或淡黄色，纵皱纹明显。向下渐呈向左扭曲状，疏具孔状凹陷（细根痕），习称“沙眼”。顶端根头部略膨大，密集灰棕黄色、疣状突起的茎痕及不育芽胞，习称“珍珠盘”。质硬而脆，易折断，断面有裂隙；皮层甚薄，木质部有黄色、白色相间的放射状纹理（射线与木质部束相间而致）。气微，味淡、略甘。以根条细长、表面黄白色并显光泽、顶端有“珍珠盘”者为佳。

横切面特征：木栓细胞数列至十余列，扁长方形或类方形，棕黄色。皮层窄，为 4 ～ 8 列切向延长的薄壁细胞；韧皮部筛管群明显；形成层成环；木质部发达，导管略作放射状排列，木射线宽至十余列细胞。薄壁细胞含草酸钙砂晶，尤以射线细胞中为多。如图 1-15 所示。

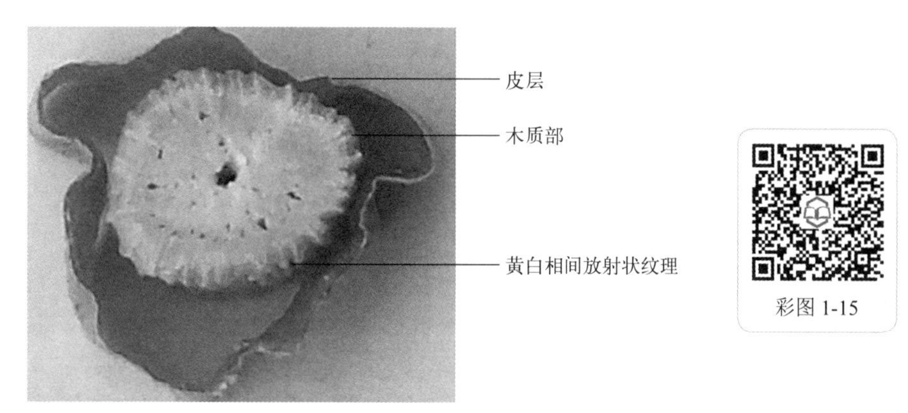

图 1-15　银柴胡横切面

（4）防己　根呈不规则圆柱形，或剖切成半圆柱形或块状，常弯曲，弯曲处有缢缩的横沟而呈结节状。表面淡灰黄色，可见残存的灰褐色栓皮、细皱纹、皮孔；纵剖面黄白色，有导管束条纹。质坚实，断面灰白色，粉性，木质部占大部分，棕色导管束作放射状排列。

横切面特征：切面黄白色，皮部薄，形成层环明显，棕黑色的导管束与黄白色的射线形成放射状或不规则的花纹。木栓层有时残存。皮层散有石细胞群，常切向排列。韧皮部较窄。形成层成环。木质部占大部分，射线较宽；导管稀少，呈放射状排列；导管旁有木纤维（图 1-16）。

图 1-16　防己横切面

（5）人参　主根呈纺锤形或圆柱形，长 3 ～ 15cm，直径 1 ～ 2cm。表面灰黄色，上部或全体有疏浅断续的粗横纹及明显的纵皱，下部有支根 2 ～ 3 条，并着生多数细长的须根，须根上常有不明显的细小疣状突起。根茎（芦头）长 1 ～ 4cm，直径 0.3 ～ 1.5cm，多拘挛而弯曲，具不定根和稀疏的凹窝状茎痕（芦碗，一年仅长一个）。质较硬，断面淡黄白色，显粉性，形成层环纹棕黄色，皮部有黄棕色的点状树脂道及放射状裂隙。

横切面特征：木栓层为数列细胞。皮层窄。韧皮部外侧有裂隙，内侧薄壁细胞排列较紧密，有树脂道散在，内含黄色分泌物。形成层成环。木质部射线宽广，导管单个散在或数个相聚，断续排列成放射状，导管旁偶有非木化的纤维。薄壁细胞含草酸钙簇晶（图 1-17）。

彩图 1-17

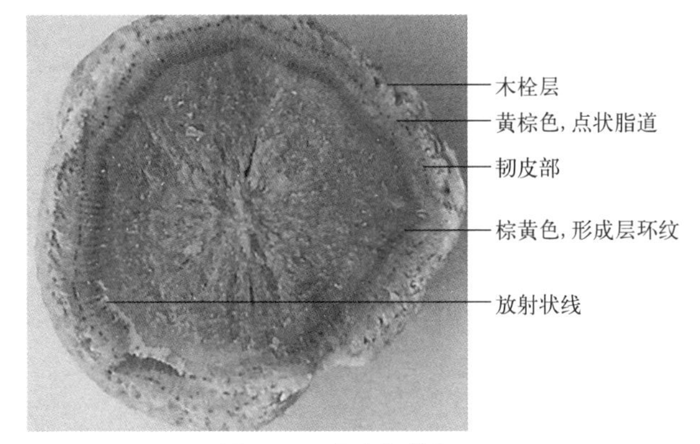

图 1-17　人参根横切面

（6）**防风**　根呈长圆锥形或长圆柱形，下部渐细，有的略弯曲，长 15 ～ 30cm，直径 0.5 ～ 2cm。表面灰棕色，粗糙，有纵皱纹、多数横长皮孔及点状突起的细根痕。根头部有明显密集的环纹，有的环纹上残存棕褐色毛状叶基。体轻，质松，易折断，断面不平坦，皮部浅棕色，有裂隙，散生黄棕色油点，木部浅黄色。气特异，味微甘。以条粗壮、断面皮部浅棕色、木部浅黄色者为佳。

横切面特征：木栓层为 5 ～ 30 列木栓细胞。皮层窄，有较大的椭圆形油管。韧皮部较宽，有多数类圆油管，周围分泌细胞 4 ～ 8 个，管内可见金黄色分泌物；射线多弯曲，外侧常成裂隙；形成层明显。木质部具黄色分泌物；射线多弯曲，外侧常成裂隙；形成层明显；导管甚多，呈放射状排列。根头处有髓。薄壁组织中偶见石细胞（图 1-18）。

（7）**南沙参**　表面黄色或浅棕色。根上部有深陷横纹，如蚯蚓体表横纹；下部有浅纵沟槽及纵皱纹，并有深色突起及须根疤痕。体轻，质松泡，易折断，断面不平坦，黄白色，多裂隙，状如海绵。无臭，味微甘。

根横切面特征（图 1-19）：落皮层厚 68 ～ 358μm。木栓层有厚化木栓细胞环带 1 ～ 3 个，每环厚 1 列细胞，细胞长方形，外壁厚 4 ～ 5（～ 23）μm，侧壁常增厚而呈倒“U”字形，有的外壁呈脊状增厚突入细胞腔内；木栓细胞 2 ～ 4 环，每环 2 ～ 7 列，壁薄。皮层窄，可见横向的乳汁管。中柱为三生构造，略偏心；近中央三生维管组织与次生维管组织相嵌列；

彩图 1-18

彩图 1-19

图 1-18　防风横切面

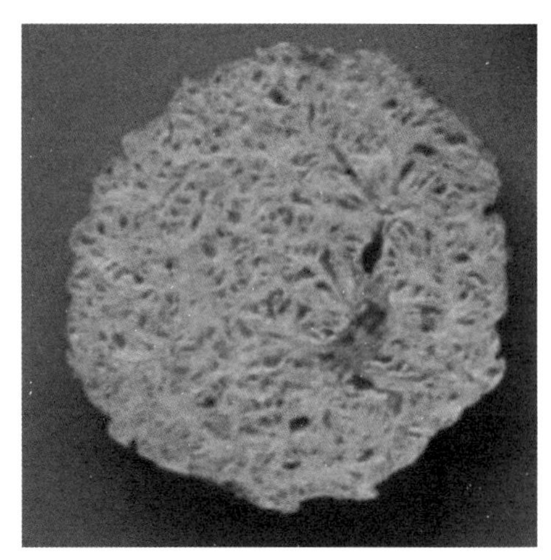
图 1-19　南沙参根横切面

形成层及三生形成层呈短弧状，不成连续的环三生维管组织束状或木质部束向外多分叉；射线明显，常挤压破碎。本品乳汁管多与筛管群伴存；极少数细胞含菊糖。

彩图 1-20

（8）川乌 根呈不规则圆锥形，稍弯曲，顶端常有残茎，中部多向一侧膨大，长2～7.5cm，直径1.2～2.5cm。表面棕褐色或灰棕色，有小瘤状侧根及子根脱离后的痕迹。质坚实，断面类白色或浅灰黄色，形成层环纹呈多角形。

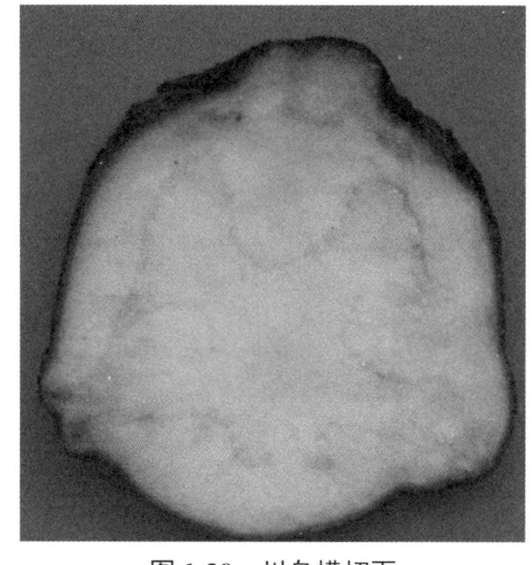
图 1-20　川乌横切面

横切面特征（图 1-20）：后生皮层为棕色木栓化细胞；皮层薄壁组织偶见石细胞，单个散在或数个成群，类长方形、方形或长椭圆形，胞腔较大；内皮层不甚明显。韧皮部散有筛管群；内侧偶见纤维束。形成层类多角形。其内、外侧偶有一至数个异型维管束。木质部导管多列，呈径向或略呈“V”形排列。髓部明显。薄壁细胞充满淀粉粒。

第二节　茎

茎起源于种子中幼胚的胚芽，有时还加上部分下胚轴，除少数生于地下外，一般是植物体生长于地上的营养器官。茎是联系根、叶，输送水分、无机盐和有机养料的轴状结构。多数茎的顶端能无限地向上生长，同时从叶腋内产生侧芽，不断地发育出新的分枝，连同上面着生的叶一起形成植物体的整个地上部分。

一、茎的形态

1. 茎的外形

茎是植物地上部分的轴状结构，其上着生叶、花和果实。多数植物茎的外形呈圆柱形，但有的茎也比较特别，呈方形（如薄荷、益母草）、三棱形（如香附、黑三棱）、扁平形（如仙人掌、昙花）等。茎的中心一般为实心，但有些植物的茎是空心的，如川芎、南瓜等。禾本科植物（如稻、麦、竹等）的茎中空且有明显的节，特称“秆”。

茎上着生叶的部位称为节，两个节之间的部分称为节间。在茎的顶端和节处的叶腋内均生有芽。具有节和节间是茎的本质特征，也是茎与根在外形上的主要区别。多数植物的节只在叶着生的部位稍有膨大，但有些植物的茎节特别明显，如石竹、玉米、竹的节呈环状膨大，而莲的根状茎（藕）的节却特别细缩。各种植物的节间长短也很不一致，如葫芦科植物的节间可长达数十厘米，而蒲公英的节间仅1mm左右，其叶则簇生于极度缩短的茎上。

一般植物体的地上部分是由茎和叶共同组成的，凡着生叶的茎称为枝或枝条。枝有时有长枝和短枝之分。在植物生长的过程中，枝条的伸长有强有弱，因此造成节间的长短也不一致。节间显著伸长的枝条称长枝；节间短，各个节间紧密相接，甚至难以分辨的枝条称为短枝。一

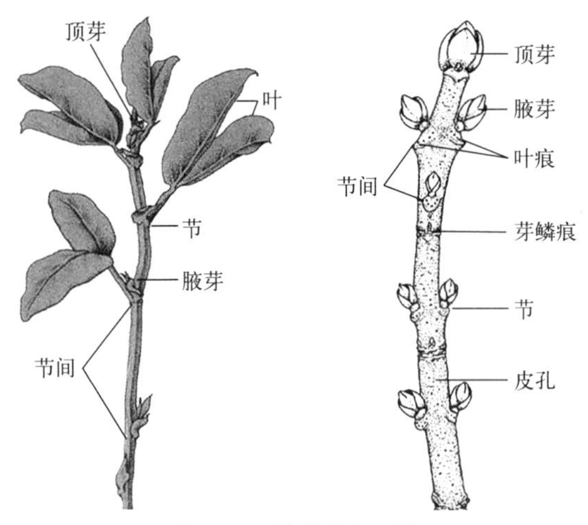

图 1-21　茎的外部形态

般短枝着生于长枝上，能生花结果，因此又称为果枝，如梨、苹果和银杏等都具有果枝。

多年生木本植物的茎枝上，除节、节间和芽外，还分布有叶痕、托叶痕、芽鳞痕和皮孔等。

叶痕是叶脱落后留下的叶柄痕迹；**托叶痕**是托叶脱落后留下的痕迹；**芽鳞痕**是顶芽开展时，包被着顶芽的外围鳞片脱落后留下的痕迹，顶芽每年在春季开展一次，因此，可根据芽鳞痕来辨别茎的生长量和生长年龄；**皮孔**是茎枝表面隆起呈裂隙状的小孔，是木质茎与外界气体交换的通道。以上各种痕迹在不同植物上均具有一定的特征，可作为鉴别植物种类、植物生长年龄等的依据（图 1-21）。

2. 芽

芽是处于幼态而未伸展的枝、花或花序，也就是枝、花或花序尚未发育的原始体。发育成枝的芽称为枝芽，发育成花的芽称为花芽。芽的类型可从各种不同角度进行分类，如根据其生长位置、发育性质、芽鳞有无、将形成器官的性质，以及生理活动状态的不同而区分（图 1-22）。

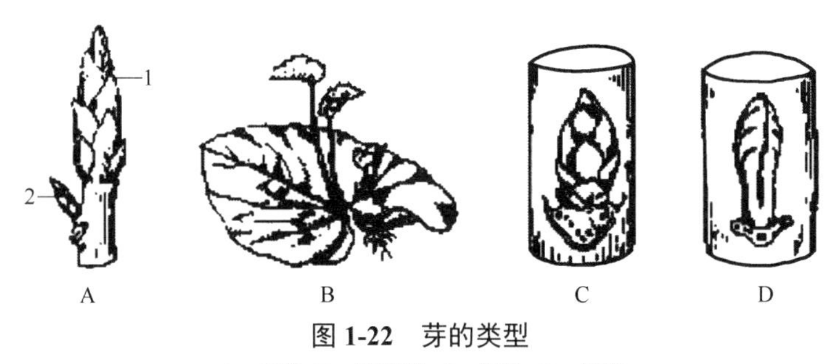

图 1-22　芽的类型

A—定芽；B—不定芽；C—鳞芽；D—裸芽
1—顶芽；2—腋芽

（1）定芽与不定芽　按芽在茎上发生的位置不同而分，可分为定芽和不定芽两大类。

定芽在茎上有一定的生长位置，依生长位置的不同可分为顶芽和腋芽两种。生于茎枝顶端的称为顶芽；生于叶腋的称为腋芽，由于腋芽生于枝的侧面，故亦称之为侧芽。在有些植物的顶芽和腋芽旁边，可生出 1 ～ 2 个较小的芽，称之为副芽，如金银花、桃等。还有些植物的腋芽生长位置较低，并为叶柄膨大的基部所覆盖，直到叶落后，腋芽才露出来，故又称为叶柄下芽，如悬铃木、刺槐等。

不定芽是在茎上无一定生长位置的芽，即不是生长于枝顶或叶腋内。如甘薯根上的芽，秋海棠叶上的芽，柳、桑等的茎枝或创伤切口上产生的芽等，均为不定芽。不定芽常被利用在植物的营养繁殖上，具有很重要的价值。

（2）叶芽、花芽与混合芽　按芽所形成的器官发展性质的不同，可分为叶芽、花芽和混合芽。

叶芽包括叶原基、腋芽原基和幼叶，经发育形成枝和叶，故又称枝芽。花芽为花的原始体，由花原基或花序原基组成，可发育成花或花序。一个芽若含有叶芽和花芽的组成部分，能同时发育成枝、叶、花或花序，则称为混合芽，如苹果、梨等。

（3）鳞芽与裸芽 按芽外的鳞片有无，可分为鳞芽和裸芽。

鳞芽为外面有鳞片包被的芽，如杨、柳、辛夷等多数多年生木本植物的越冬芽。鳞片是叶的变态，一般有厚的角质层，有时还覆被着毛茸。裸芽则外面无鳞片包被，多见于草本植物和少数木本植物，如油菜、薄荷、枫杨等。

（4）活动芽与休眠芽 按芽的生理活动状态，可分为活动芽和休眠芽。

活动芽是指正常发育且在生长季节活动的芽，即能在当年萌发或第二年春天萌发而形成新枝、新叶、花或花序的芽，如一年生草本植物和一般木本植物的顶芽及距顶芽较近的芽。**休眠芽**又称潜伏芽，即在生长季节长期保持休眠状态而不萌发的芽，如一般木本植物中大部分靠下部的腋芽在生长季节均不生长，呈休眠状态。休眠芽的存在是植物长期适应外界环境的结果，它能使生长期植物体内的养料大量贮存，可供活动芽利用，也可准备未来需要时使用。

多年生植物的芽可随季节交替而成为活动芽或休眠芽，如冬季时的休眠芽，当进入生长季时又可成为活动芽。在一定条件下，休眠芽和活动芽是可相互转变的。如在生长季节突遇高温、干旱时，会引起一些植物的活动芽转入休眠；树木砍伐后，树桩上的芽往往由休眠芽转化为活动芽，萌发出许多新枝条。此外，一般植物的顶芽有优先发育并抑制腋芽的作用（顶端优势），如果摘掉顶芽，可以促进下部休眠腋芽的活动。

3. 茎的分枝

分枝是植物生长时普遍存在的现象，是植物的基本特性之一。每种植物的茎都有一定的分枝方式。各种植物由于芽的性质和活动情况不同，所产生的枝的组成和外部形态也不相同，但分枝是有一定规律性的。常见的分枝类型有单轴分枝、二叉分枝、合轴分枝、假二叉分枝四种（图 1-23）。

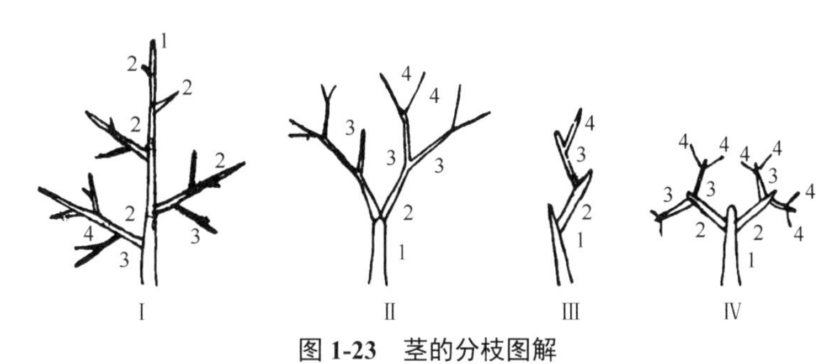

图 1-23 茎的分枝图解

Ⅰ—单轴分枝；Ⅱ—二叉分枝；Ⅲ—合轴分枝；

Ⅳ—假二叉分枝（1、2、3、4 表示分枝级数）

二、茎的类型

1. 按茎的质地分

（1）木质茎 木质部发达、质地坚硬的茎称为木质茎。具有木质茎的植物称为木本植物。由于形态不同，又可分为乔木、灌木和木质藤本。

乔木的植株高大，主干明显，基部少分枝，如杨树、杜仲、厚朴等。灌木的植株矮小，无明显主干，基部多发出分枝，形成几个丛生的枝干，如夹竹桃、连翘等；若介于木本和草本之间，仅在基部木质化的，则称为亚灌木或半灌木，如麻黄、牡丹等。茎长而柔韧，常缠绕或攀附他物向上生长的，称为木质藤本，如葡萄、木通等。

木本植物均为多年生，其叶在冬季或旱季脱落的，分别称为落叶乔木、落叶灌木、落叶藤本；叶在冬季或旱季不脱落的，则分别称为常绿乔木、常绿灌木、常绿藤本。

（2）**草质茎** 木质部不发达的茎称为草质茎，其质地较柔软。具有草质茎的植物称为草本植物。由于生长期长短与生活状态的不同，又可分为一年生草本、二年生草本、多年生草本。

其中，在一年内完成全部生命周期，开花结果后即枯死的，称为一年生草本，如水稻、红花、马齿苋等。种子在第一年萌发、第二年开花结果，然后整个植株枯死的，称为二年生草本，如萝卜、菘蓝、油菜等。生命周期在两年以上的，称为多年生草本。多年生草本又可分为两种，一种是植株的地上部分每年枯死，而地下部分不死，第二年再长出新苗，如人参、大黄、姜黄等；另一种是整个植株多年不死而呈常绿状态，如麦冬、黄连等。若植物的茎细长柔软，为缠绕或攀援性的，则称为草质藤本，如牵牛、扁豆、党参等。

（3）**肉质茎** 茎的质地柔软多汁，呈肉质肥厚状的称为肉质茎，如芦荟、景天、仙人掌等。

2. 按茎的生长习性分（图1-24）

（1）**直立茎** 为最常见茎的类型，茎垂直于地面生长，如松、杉、紫苏等。

（2）**缠绕茎** 茎一般细长，自身不能直立，仅依靠缠绕他物呈螺旋状向上生长。其中有的呈顺时针方向缠绕，如五味子、忍冬等；有的呈逆时针方向缠绕，如牵牛、马兜铃等；也

图 1-24 茎的类型

1—乔木；2—灌木；3—草本；4—攀援茎；5—缠绕茎；6—匍匐茎

有的缠绕方向无一定规律，如何首乌、猕猴桃等。

（3）攀援茎 茎细长，不能直立，而是以卷须、不定根、吸盘或其他特有的卷附器官等攀附他物向上生长。葡萄、栝楼、豌豆等借助于茎或叶形成的卷须攀援他物；常春藤、络石等借助于不定根攀援他物；而爬山虎则借助于短枝形成的吸盘攀援他物。

（4）匍匐茎 茎一般细长，平卧于地面，沿水平方向蔓延生长，节上生不定根，如甘薯、连钱草等。若节上无不定根，则称为平卧茎，如蒺藜、马齿苋等 。

三、茎的变态

有些植物由于长期适应不同的生活环境，其茎产生了一些变态。茎的变态类型很多，分为地上茎的变态和地下茎的变态两大类。地下茎与根类似，但仍具有茎的基本特征，即其上有节与节间，具退化的鳞叶，并具有顶芽、侧芽等，可与根明显区别。地下茎变态后的作用主要为贮藏各种营养物质。

1. 地上茎的变态（图 1-25）

（1）叶状茎（叶状枝） 有些植物的一部分茎或枝变成扁平、绿色的叶状或针状，代替叶行使光合作用，而真正的叶则完全退化或不发达，变为膜质鳞片状、线状或刺状，如竹节蓼、天冬、仙人掌等。

（2）枝刺（茎刺） 茎变为起保护作用的刺状，常粗短坚硬。枝刺生于叶腋，由腋芽发育而成，不易脱落，可与叶刺相区别。枝刺有不分枝或分枝的，如山楂、酸橙、木瓜的枝刺不分枝，而皂荚、枸橘的枝刺有分枝。

（3）钩状茎 由茎的侧枝变态而成，位于叶腋内，通常弯曲，呈钩状，粗短坚硬而无分枝，如钩藤。

图 1-25 地上茎的变态

1—叶状枝（天冬）；2—叶状茎（仙人掌）；3—刺状茎（皂荚）；4—茎卷须（葡萄）；
5—小块茎（山药的珠芽——零余子）；6—小鳞茎（洋葱花序）

（4）茎卷须 攀援植物的部分茎枝变为卷须状，柔软卷曲而常有分枝，用以攀援或缠绕他物向上生长，如葡萄、栝楼、丝瓜等。

（5）小块茎和小鳞茎 有些植物的腋芽常形成小块茎，如山药的珠芽（零余子）。半夏叶柄上的不定芽也可形成小块茎。有些植物在叶腋或花序处由腋芽或花芽形成小鳞茎，如大蒜、洋葱等。小块茎和小鳞茎均有繁殖作用。

2. 地下茎的变态

（1）根茎 又称根状茎，常横卧地下，肉质膨大，呈根状，与根很相似。但根茎有明显的节和节间，节上有退化的鳞叶，先端有顶芽，节上有腋芽，可发育为地上枝。根茎上常生有不定根。根茎的形态及节间长短因种类而异，有的细长，如白茅、芦苇；有的粗肥肉质，如姜、玉竹；有的短而直立，如人参、三七；有的呈不规则团块状，如苍术、川芎；有的还具有明显的茎痕（地上茎死后留下的痕迹），如黄精。

（2）块茎 由地下茎的顶端膨大而成，其节间很短，节间有芽，叶退化成小的鳞片或早期枯萎脱落，如半夏、天麻、马铃薯等。其中马铃薯块茎的顶端常有顶芽，四周表面凹陷处即为退化茎节所形成的芽眼，每个芽眼内常生有几个芽，芽眼着生处即相当于茎节的部位。

（3）球茎 球茎为短而肥大的地下茎，常呈球状或扁球状，节和节间明显。节间短缩，节上有起保护作用的膜质鳞叶；芽发达，腋芽常生于上半部。球茎的基部具不定根。如慈姑、荸荠等。

（4）鳞茎 由许多鳞叶包围的扁平、呈圆盘状的地下茎称为鳞茎。鳞茎上最中央的基部为节间极度缩短的部分，称为鳞茎盘，盘上生有许多肉质肥厚的鳞叶。鳞茎顶端生有顶芽，将来发育成花序。鳞叶内生有腋芽，基部具不定根。

鳞茎可分为无被鳞茎和有被鳞茎。前者鳞叶狭，呈覆瓦状排列，外面未被覆盖，如百合、贝母等；后者鳞片阔，内层被外层完全覆盖，如洋葱、大蒜等。大蒜鳞茎盘上的顶芽在开启后即枯萎，周围的腋芽逐渐发育膨大形成蒜瓣。地下茎的变态如图 1-26 所示。

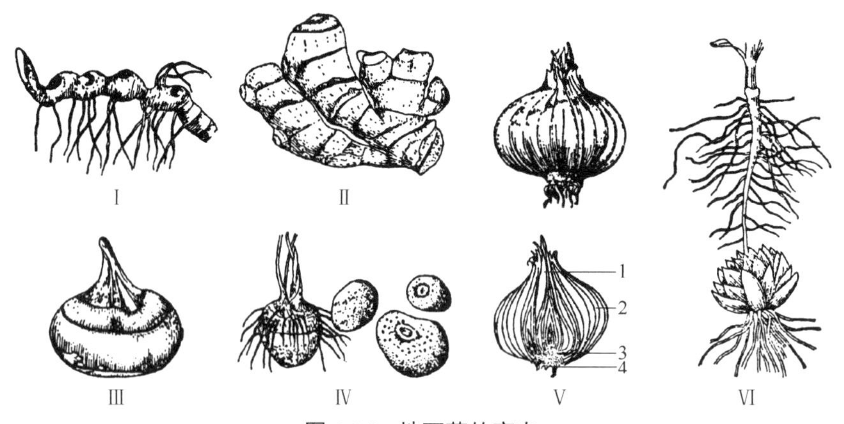

图 1-26 地下茎的变态

Ⅰ—根茎（玉竹）；Ⅱ—根茎（姜）；Ⅲ—球茎（荸荠）；Ⅳ—块茎（半夏）；
Ⅴ—鳞茎（洋葱）（1—顶芽；2—鳞片叶；3—鳞茎盘；4—不定根）；Ⅵ—鳞茎（百合）

四、茎的内部构造

种子植物的主茎起源于种子内幼胚的胚芽，主茎上的侧枝则由主茎上的侧芽（腋芽）发育而来。无论是主茎还是侧枝，一般在其顶端均具有顶芽，能保持顶端生长的能力，使植物体不断长高。要充分地了解茎的次生结构及鉴定木类药材，常需采用三种切面，即横切面、径向切面和切向切面，以便进行比较观察（图 1-27）。

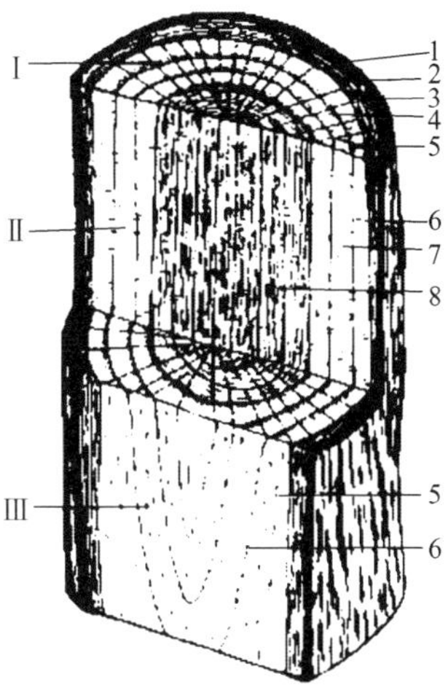

图 1-27　木类药材的三种切面

Ⅰ—横切面；Ⅱ—径向切面；Ⅲ—切向切面

1—外树皮；2—韧皮部；3—形成层；4—次生木质部；5—射线；6—年轮；7—边材；8—心材

1. 双子叶植物茎的初生构造

双子叶植物茎的初生构造与根的初生构造有相似之处，在茎的成熟区作一横切面，从外至内可观察到表皮、皮层和维管柱三部分。

（1）表皮　位于茎的最外层，由一层形状扁平、排列整齐而紧密的生活细胞构成。表皮细胞通常不含叶绿体，外壁常角质化，并在表面形成连续的角质层，有的在角质层上还有蜡被，其有防止水分散失的作用。表皮上常具有气孔、毛茸或其他附属物。

① 气孔　在表皮上（特别是叶的下表皮）可见一些星散或成行分布的小孔，称为气孔，是气体交换的通道，也是调节水分蒸发的通道。气孔是由两个半月形的保卫细胞对合而成的。保卫细胞的细胞质比较丰富，细胞核比较明显，含有叶绿体，它的细胞壁厚薄不均，其上下壁和外侧壁的角隅处较厚，而外侧壁的中部和内侧壁较薄。因此，当保卫细胞充水膨胀时，气孔隙缝就张开；当保卫细胞失水萎缩时，气孔隙缝就闭合。气孔的关闭受外界环境条件的影响，如温度、光照、湿度等。

与保卫细胞相邻的表皮细胞称为副卫细胞。保卫细胞和副卫细胞排列的方式称为气孔的轴式类型，其随植物科属的不同而有所不同。因此，这些类型可用于叶类、全草类药材的鉴定。

② 毛茸　是由表皮细胞分化而成的突起物，具有保护和减少水分蒸发或分泌物质的作用。毛茸主要有两类：一类具分泌功能，称为腺毛；另一类没有分泌功能，仅具保护作用，称为非腺毛。在茎表皮上具有毛茸结构的植物，通常在其叶表皮上也有相似的毛茸。

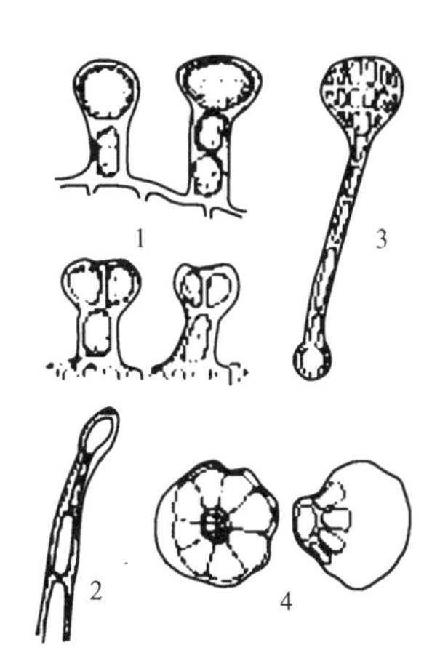

图 1-28　双子叶植物的各种腺毛

1—洋地黄叶的腺毛；2—曼陀罗叶的腺毛；3—金银花的腺毛；4—薄荷叶的腺毛（腺鳞）

a. 腺毛　有头部和柄部之分，头部膨大，位于毛的顶端，能分泌挥发油、黏液、树脂等物质。由于组成头、柄细胞的数量不同而有多种类型的腺毛。另外，还有一种无柄或柄很短的腺毛，腺头常由 8 个细胞组成，表面观呈扁球形，称为腺鳞，如薄荷、紫苏等唇形科植物的茎（图 1-28）。

b. 非腺毛　无头、柄之分，顶端不膨大，也无分泌功能。有的细胞壁表面常具不均匀的角质增厚，形成多数小凸起，称为疣点。有的细胞内壁常具硅质化增厚，因而变得坚硬。由于组成的细胞数目、分枝状况不同而有多种类型的非腺毛，如多细胞体腺毛、分枝毛、星状毛、“丁”字毛、线状毛、鳞毛等（图 1-29）。

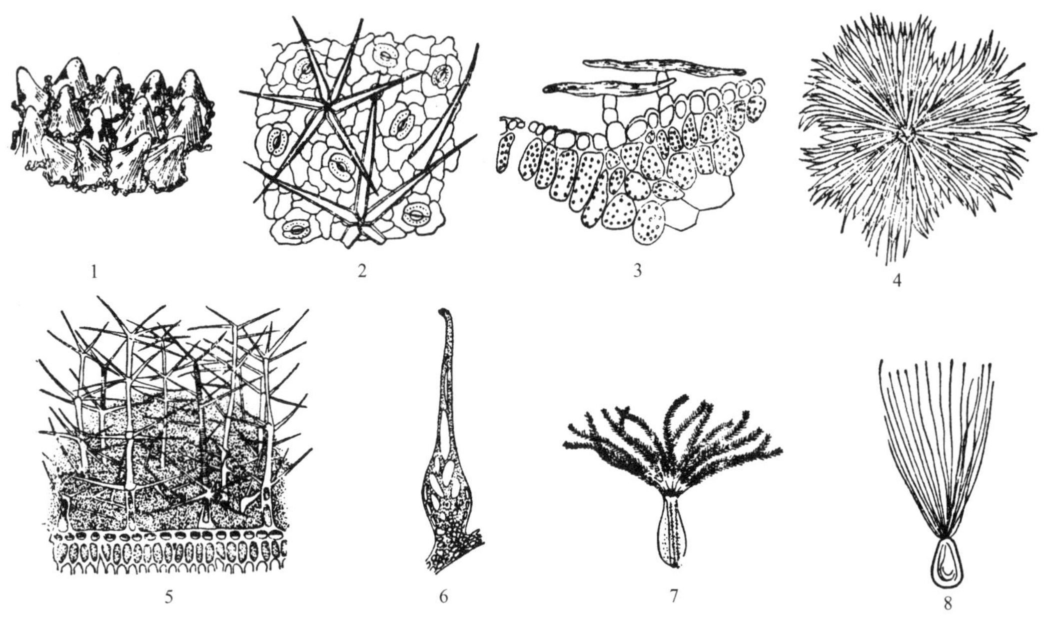

图 1-29　双子叶植物的各种非腺毛

1—三色堇花瓣的乳突；2—蜀葵的星状毛；3—苦艾的丁字毛；4—胡颓子的鳞毛；
5—毛蕊花的分枝毛；6—荨麻的螯毛；7—缬草果实的冠毛；8—萝藦科植物种子的种缨

（2）**皮层**　位于表皮内方，由多层细胞构成，一般不如根的皮层发达，仅占有茎中较小的部分。细胞壁薄而大，排列疏松，常具细胞间隙，近表皮部分的细胞常含叶绿体，故嫩茎一般呈绿色。

组成皮层的细胞一般为薄壁组织，但贴近表皮的几层细胞常分化为厚角组织，可加强茎的韧性。厚角组织有的排列成环状（如葫芦科和菊科的一些植物），有的聚集在茎的棱角处（如薄荷、芹菜等植物），有的植物茎的皮层中还有纤维、石细胞或分泌组织。而水生植物茎的皮层薄壁组织中，具有发达的胞间隙。

大多数双子叶植物茎的皮层中最内一层没有形态上可以明显分辨出的内皮层结构。

（3）**维管柱**　维管柱位于皮层以内，由维管束、髓射线和髓组成，占茎的较大部分。

① 初生维管束　包括初生韧皮部、初生木质部和束中形成层。

a. 初生韧皮部　位于维管束的外侧，由筛管、伴胞、韧皮薄壁细胞和初生韧皮纤维组成。原生韧皮部在外方，后生韧皮部在内方。

b. 初生木质部　位于维管束的内侧，由导管、管胞、木薄壁细胞和木纤维组成。先成熟的木质部在内方，导管的口径较小；后生木质部居外方，导管组成孔径较大。

c. 束中形成层　位于初生韧皮部与初生木质部之间，能使茎不断加粗。

植物茎的维管束一般是初生韧皮部在外方，初生木质部位于内方，束中形成层居三者之间，因而称为无限外韧维管束。也有少数植物茎中的维管束在初生木质部的内方还有韧皮部，这种维管束称为双韧维管束，如茄科的曼陀罗、颠茄、莨菪，葫芦科的南瓜，桃金娘科的桉树等植物茎中都有双韧维管束存在。

② 髓射线　髓射线由基本分生组织分化而成，亦称为初生射线，为各个初生维管束之间的薄壁组织。其外连皮层，内接髓部，在横切面上呈放射状排列，具横向运输和贮藏养料的作用。一般草本植物的髓射线较宽，而木本植物的髓射线则较窄。

③ 髓　位于茎的中央，被维管束紧紧围绕。主要由体积较大的薄壁细胞组成，细胞排列疏松，常含有淀粉粒，细胞间常有明显的胞间隙。有的含有石细胞或晶体。有些植物的髓部呈局部破坏，形成一系列片状的横隔，如胡桃、猕猴桃；也有些植物茎的髓部在发育过程中，由于细胞成熟较早，常因死亡而解体消失，形成髓腔，此时茎呈现为中空，如连翘、芹菜、南瓜等。

双子叶植物茎的初生构造见图 1-30。

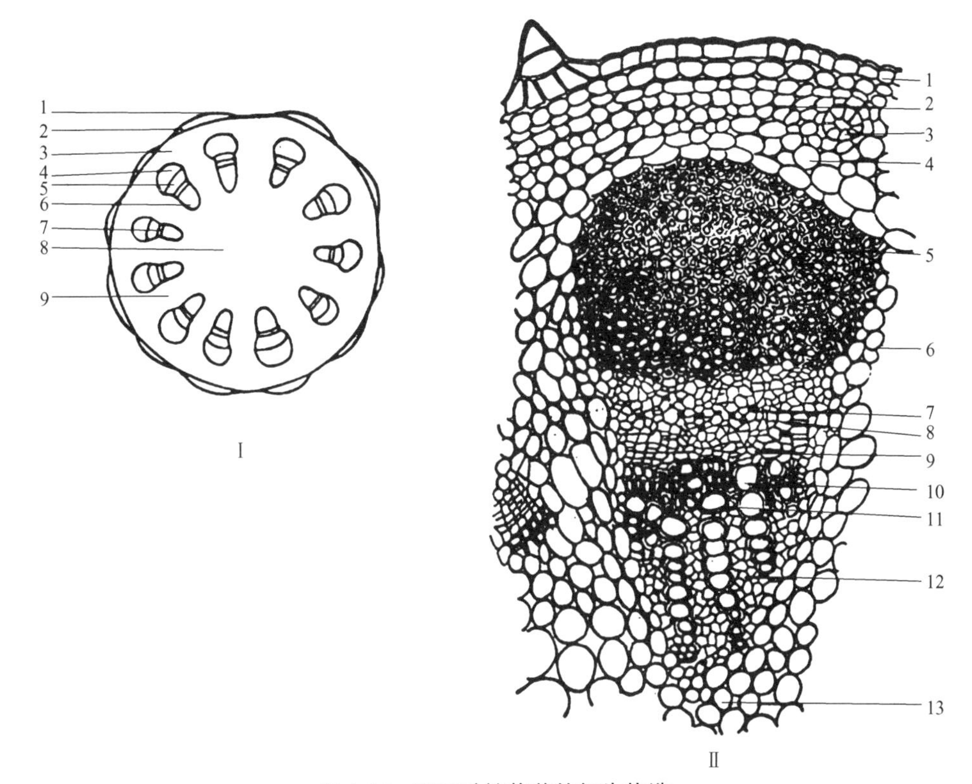

图 1-30　双子叶植物茎的初生构造

Ⅰ—向日葵嫩茎横切面简图

1—表皮；2—皮层厚角组织；3—皮层；4—初生韧皮部；5—韧皮部；6—木质部；7—形成层；8—髓；9—髓射线

Ⅱ—向日葵嫩茎横切面详图

1—表皮；2—厚角组织；3—分泌道；4—皮层；5—初生韧皮纤维；6—髓射线；7—纤维；8—筛管；9—形成层；10—导管；11—木纤维；12—木薄壁细胞；13—髓

2. 双子叶植物茎的次生构造

大多数双子叶植物的茎在初生构造形成后，随维管形成层和木栓形成层的分裂活动进行次生生长，产生次生构造，使茎不断加粗。木本植物的次生生长一般可持续多年，因此其次生构造很发达。

（1）双子叶植物木质茎的次生构造

① 形成层发生及其活动　形成层细胞具有强烈的分生能力，向内分裂产生次生木质部，添加于初生木质部的外方；向外分裂产生次生韧皮部，添加于初生韧皮部的内方，并将初生韧皮部向外推移。同时，形成层中的射线原始细胞也不断进行切向分裂，产生次生射线的薄壁细胞，贯穿于次生木质部与次生韧皮部，形成横向的联系组织，称为维管射线。形成层的束间部分，或产生维管组织，或继续产生薄壁组织，以增加髓射线的长度。

② 次生木质部　次生木质部为茎次生构造的主要部分。当形成层活动时，向内形成次生木质部的量远比向外形成次生韧皮部的量为多。就木本植物来说，茎的绝大部分是次生木质部，树木愈大，次生木质部所占的比例也愈大。

茎的次生木质部是由导管、管胞、木薄壁细胞、木纤维和木射线组成的。其中导管与木纤维是次生木质部的主要组成部分，木薄壁细胞的数量相对较少。次生木质部中的导管为梯纹导管、网纹导管和孔纹导管。导管、管胞、木薄壁细胞和木纤维细胞均为纵列，是次生木质部中的纵向系统。

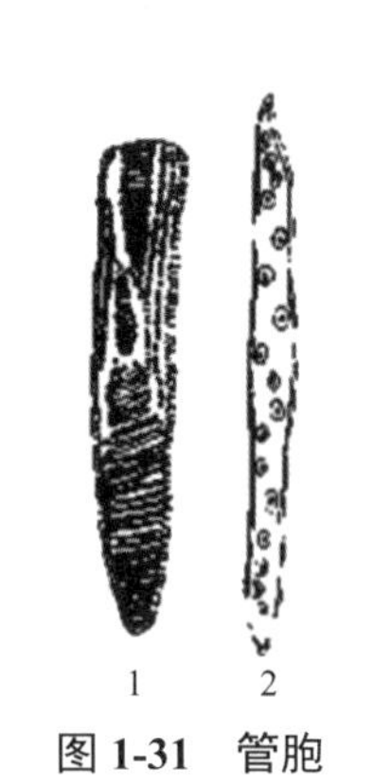

图 1-31　管胞

1—梯纹管胞；2—具缘纹孔管胞

管胞是绝大多数蕨类植物和裸子植物主要的输导组织，同时兼有支持作用。有些被子植物或被子植物的某些器官也有管胞，但不是主要的输导组织。管胞是单个的细胞，呈狭长形，两端尖斜，末端不穿孔，细胞无生命，细胞壁木质化加厚形成各种纹理，以梯纹及具缘纹孔管胞较为多见。管胞互相连接并集合成群，管径较小，末端无穿孔，依靠侧壁上的纹孔（未增厚部分）运输水分。因此液流的速度缓慢，是一类较原始的输导组织（图 1-31）。

导管是被子植物最主要的输导组织，少数裸子植物（如麻黄）也有导管。导管由多数纵长端、壁具穿孔的管状死细胞纵向连接而成，每个管状细胞称为导管分子。导管分子的侧面观与管胞极为相似，但其上、下两端往往不如管胞尖细倾斜，而且相接处的横壁常贯通成大的穿孔，因而输导水分的作用远较管胞为快。细胞壁一般木质化增厚，不是均匀加厚，而是呈各种纹理加厚，形成的纹理或纹孔有环纹（如半夏、玉米幼茎中的导管）、螺纹、梯纹（如葡萄茎、香附块茎中的导管）、网纹（如大黄根及根茎、南瓜茎等的导管）、单纹孔和具缘纹孔等类型（图 1-32）。

在次生木质部中，还有各种木纤维细胞，其细胞壁木质化，细胞腔小，起支持作用。有的纤维细胞壁外层密嵌草酸钙方晶，有的纤维束外包围着含晶体的薄壁细胞（图 1-33）。

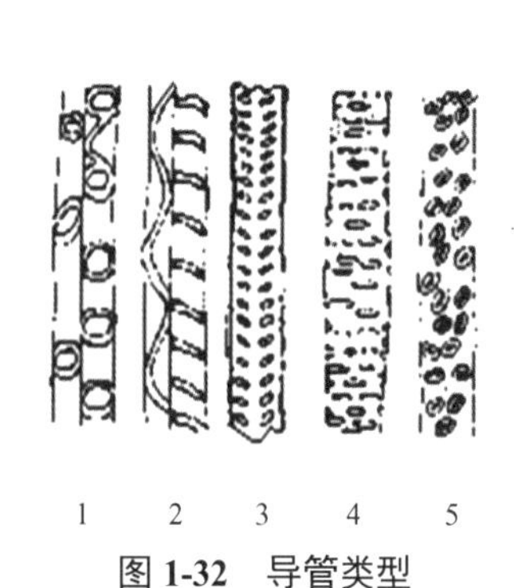

图 1-32　导管类型

1—环纹导管；2—螺纹导管；3—梯纹导管；4—网纹导管；5—具缘纹孔导管

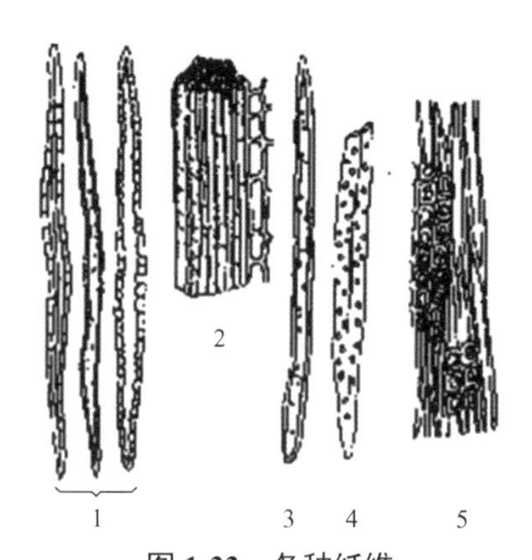

图 1-33　各种纤维

1—单纤维；2—纤维束；3—分隔纤维；4—嵌晶纤维（南五味子）；5—晶纤维（甘草）

此外，由形成层中的射线原始细胞衍生所形成的细胞径向延长，形成维管射线。位于次生木质部的部分称为木射线。木射线常有多列细胞，也有一列细胞的，为薄壁细胞，细胞壁木质化。木薄壁细胞单个或成群散在于木质部中，或包围在导管或管胞的外方。

木本植物茎的木质部或木材的横切面上常可观察到许多同心轮层。每一个轮层都是形成层在一年的次生生长中所产生的次生木质部，其构成的生长轮，称为年轮。根据树木主干基部的年轮数目，可以推断出树木的年龄。

年轮的形成与形成层的分裂活动受环境气候变化的影响。生长在温带与寒带的植物，其维管形成层的活动具有周期性。春季，气候温暖，雨量充沛，形成层细胞的分裂活动比较强烈，所产生的细胞生长快、体积大，导管或管胞直径大、数目多，纤维较少，因此材质较疏松、颜色较淡，称为早材或春材；到了秋季，气温下降，雨量稀少，形成层的分裂活动能力降低，生长变慢，所产生的细胞体积较小，细胞壁较厚，导管的直径小、数量少，木纤维多，因而材质较密、颜色较深，称为晚材或秋材。同一年中，早材和晚材是逐渐转变的，中间无明显的界限。而到了冬季，维管形成层基本停止活动，第一年的晚材与第二年的早材之间界限分明，因此形成了年轮。

双子叶植物茎的次生构造见图 1-34。

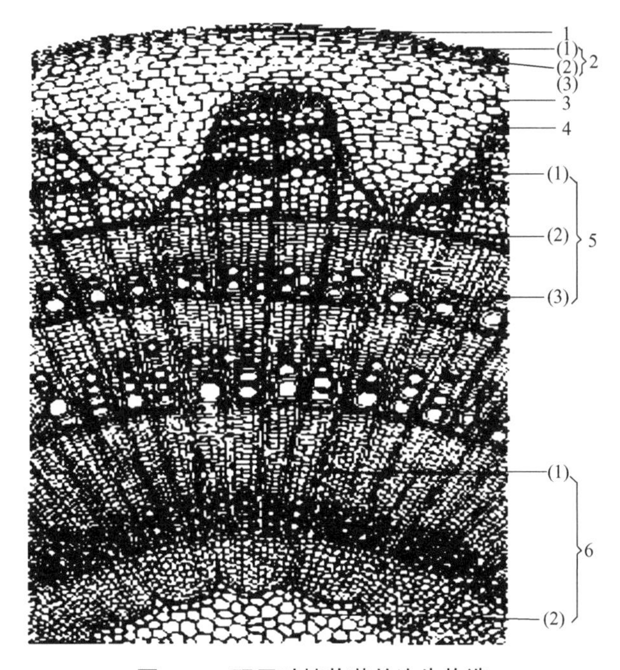

图 1-34　双子叶植物茎的次生构造

1—表皮层；2—周皮［(1）木栓层；(2）木栓形成层；(3）栓内层］；3—皮层；4—韧皮纤维；5—维管束［(1）韧皮部；(2）形成层；(3）木质部髓部］；6—髓部［(1）髓射线；(2）髓］

在多年生老茎的次生木质部横切面上，依位置和颜色不同，可以分为边材与心材。靠近形成层的部分颜色较浅，质地较松软，称为边材。边材具有输导作用。而中心部分，颜色较深，质地较坚硬，称为心材。由于心材为较老的次生木质部，远离韧皮部，因此氧气与养料进入困难，会引起木薄壁细胞老化与死亡。心材中的导管常被侵填体所堵塞，还常常积累一些代谢产物，如单宁、树脂、树胶等（图 1-35），加重了导管和管胞的堵塞，使其失去输导能力。心材虽无输导作用，但对植物体有加强支持的作用。有些植物的心材中常含有各种色素，使心材呈现褐、红、黑等色泽。心材比较坚固，又不易腐烂，且常含有特殊的成分，因此在药材的利用上价值要比边材高，药材中如沉香、降香、檀香等都是取心材入药。

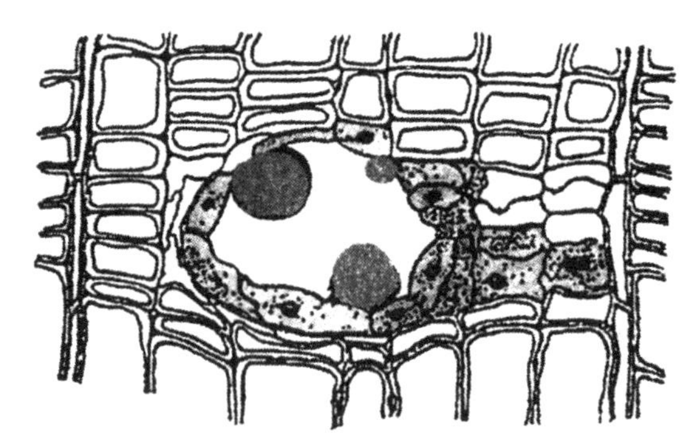

图 1-35　松树树脂道的横切面

③ 次生韧皮部　茎中次生韧皮部由筛管、伴胞、韧皮薄壁细胞、韧皮纤维和韧皮射线所组成，有的还具有石细胞、乳汁管（图 1-36）等。形成层活动向外分裂形成次生韧皮部。当次生韧皮部形成时，初生韧皮部被推向外方并被挤压破裂，形成颓废组织。

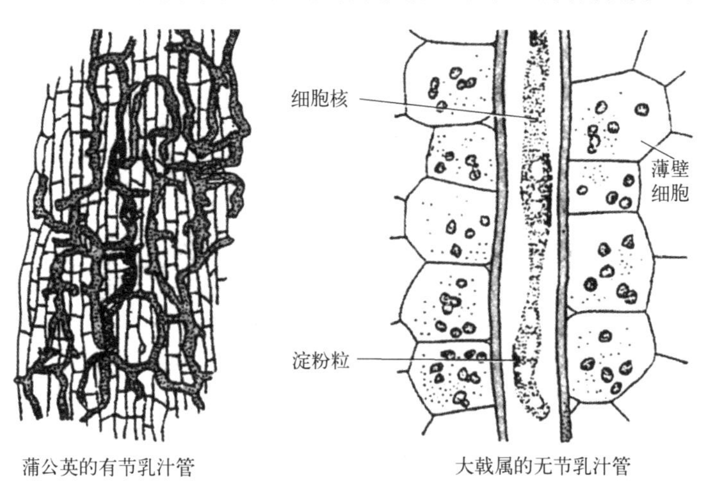

蒲公英的有节乳汁管　　大戟属的无节乳汁管

图 1-36　乳汁管

茎的次生韧皮部薄壁细胞中除含有糖类、油脂等营养物质外，有的还含有鞣质、橡胶、生物碱、皂苷、挥发油等，具有一定的药用价值，如杜仲、黄柏、金鸡纳皮、苦楝皮、肉桂等茎皮类药材。

④ 木栓形成层及其活动　双子叶植物茎的外围有木栓形成层。木栓形成层向外产生木栓层，向内产生栓内层。栓内层由生活细胞组成，细胞中常含有叶绿体。木栓层、木栓形成层、栓内层一同组成了周皮，以代替表皮行使保护作用。当新周皮形成后，其外方所有的组织，由于水分和营养供应的终止，相继全部死亡。这些新周皮及其被隔离的颓废组织的综合体，称为落皮层。

⑤ 树皮　广义概念的树皮指的是维管形成层以外的所有组织，包括历年产生的周皮、皮层、次生韧皮部等。多数皮类药材，如黄柏、厚朴、杜仲等，均为广义的树皮。

狭义的树皮是指可脱落的周皮。

⑥ 周皮　周皮是取代表皮的次生保护组织，因而只有在进行次生生长的器官上才能产生，它是由木栓形成层产生的。木栓形成层向外分生细胞扁平、排列整齐紧密、细胞壁木栓化的木栓层，向内分生薄壁细胞的栓内层。茎中的栓内层常含有叶绿体，所以又称为绿皮层。木栓层、木栓形成层和栓内层三部分合称为周皮。

⑦ 皮孔　皮孔是植物枝条上一些颜色较浅而凸出或下凹的点状物。当周皮形成时，原来位于气孔下面的木栓形成层向外分生许多非木栓化的薄壁细胞——填充细胞。由于填充细胞增多，将表皮突破，从而形成圆形或椭圆形的裂口，即为皮孔，它是气体交换的通道（图1-37）。

（2）双子叶植物草质茎的次生构造　双子叶植物草质茎的生长期较短，与木质茎相比较，草质茎一般较柔软，没有或只有极少数的木质化组织。具草质茎的植物称为草本植物，其草质茎的主要构造特点如下（图1-38）。

① 表皮多长期存在，表皮上有气孔，表皮细胞中含叶绿体，因此草质茎常呈绿色，具有进行光合作用的能力。

② 组织中次生构造不发达，多数或完全是初生构造。

③ 髓部发达，髓射线一般较宽，有的髓部中央破裂而呈空洞状。

（3）双子叶植物根状茎的次生构造　双子叶草本植物根状茎的结构与地上茎类似。其特点为：根茎表面通常具木栓组织，少数有表皮；皮层中常有根迹维管束和叶迹维管束；皮层内侧有的有厚壁组织，维管束排列呈环状；中央髓部明显；机械组织一般不发达；薄壁细胞中常有较多的贮藏物质（图1-39）。

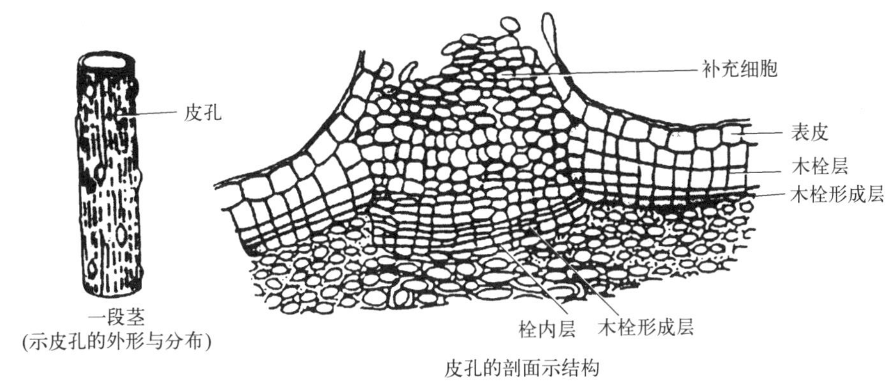

图1-37　皮孔的横切面

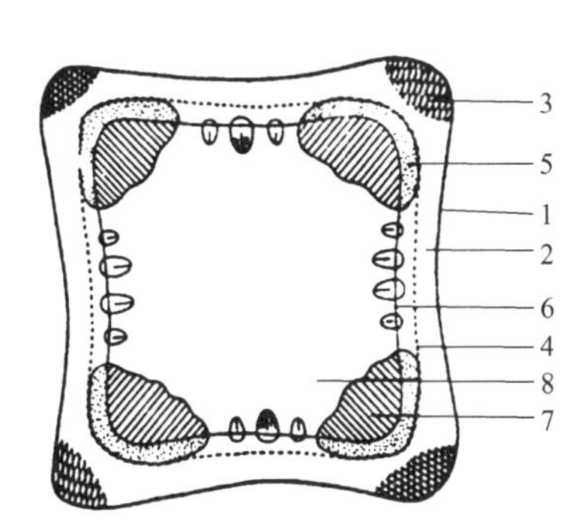

图1-38　薄荷茎横切面简图

1—表皮；2—皮层；3—厚角组织；4—内皮层；5—韧皮部；6—形成层；7—木质部；8—髓

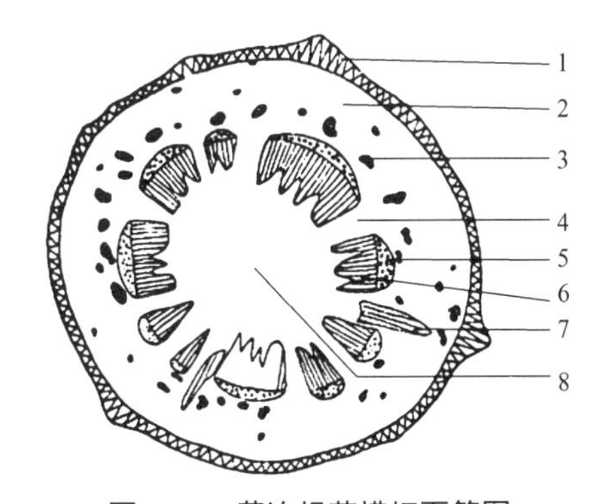

图1-39　黄连根茎横切面简图

1—木栓层；2—皮层；3—石细胞群；4—射线；5—韧皮部；6—木质部；7—根迹维管束；8—髓

3. 单子叶植物茎和根茎的构造特点

单子叶植物的茎和根茎中只有初生构造而没有次生构造，因此不能进行次生生长，与双子叶植物茎和根茎在组织构造上最大的不同点如下。

（1）单子叶植物茎中一般无形成层和木栓形成层，除少数热带单子叶植物（如龙血树、芦荟等）外，一般单子叶植物只具有初生构造。

（2）单子叶植物的维管束主要是有限外韧维管束（如玉米、石斛）或周木维管束（如香附、重楼），而双子叶植物为无限外韧维管束。

（3）横切面观，单子叶植物维管束散在排列，而双子叶植物维管束呈环状排列。

有的单子叶植物茎的表皮以内均为薄壁细胞组成的基本组织，维管束多数并散布于其中，因此很难分辨皮层与髓（如玉米、石斛）；有的单子叶植物茎中维管束呈内、外两轮排列，外轮的维管束较小且大部分深藏于机械组织中，内轮的维管束体积较大，茎的中央部分萎缩破裂，形成中空的茎秆。

单子叶植物根茎的内皮层大多明显，因而皮层与维管柱之间有明显的分界，皮层常占较大部分，其中往往有叶迹维管束散在（如石菖蒲）（图 1-40）。

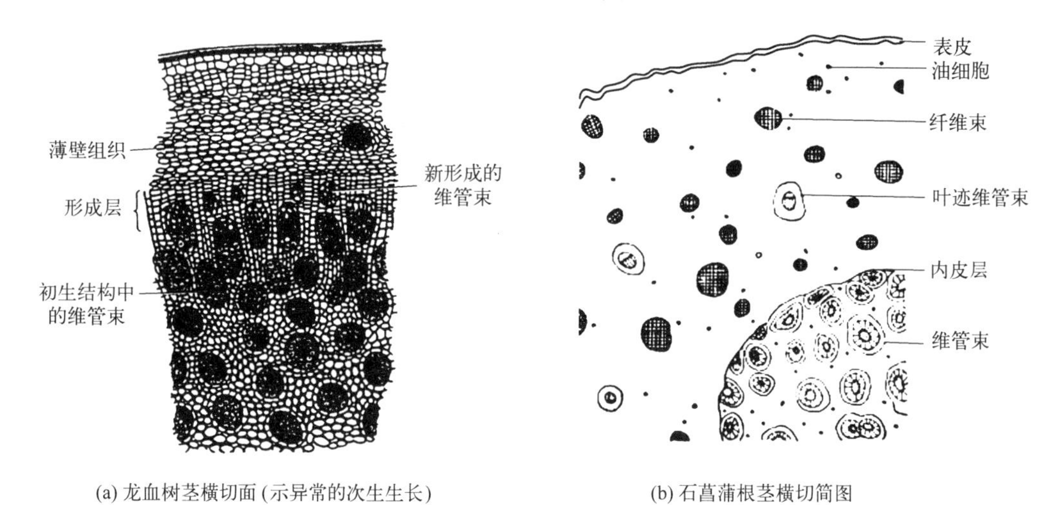

(a) 龙血树茎横切面 (示异常的次生生长)　　(b) 石菖蒲根茎横切简图

图 1-40　单子叶植物茎与根茎构造

单子叶植物气孔的轴式很多，下面仅介绍禾本科植物气孔的特征。禾本科植物气孔的保卫细胞呈哑铃形，两端的细胞壁较薄，中间狭窄部分的细胞壁较厚，当保卫细胞充水、两端膨胀时，气孔缝隙就张开。同时在保卫细胞的两边，还有两个平行排列而略呈三角形的副卫细胞，对气孔的开闭有辅助作用，因此称为辅助细胞。如淡竹叶、芸香草等（图 1-41）。

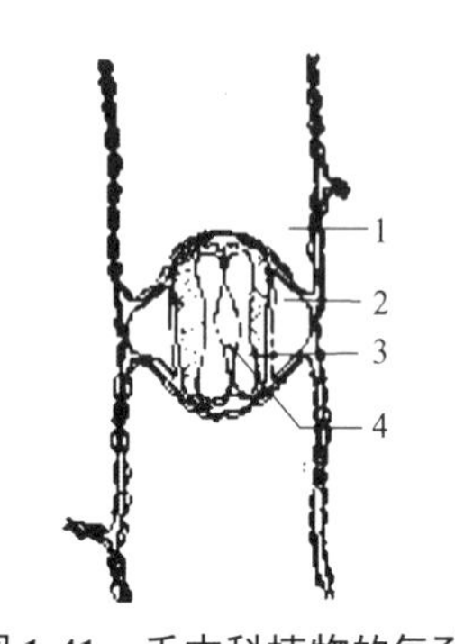

图 1-41　禾本科植物的气孔

1—表皮细胞；2—辅助细胞；3—保卫细胞；4—气孔缝

4. 茎部结构识别药材实例

（1）小木通　茎呈长圆柱形。表面黄棕色或黄褐色，有纵向凹沟及棱线；节多膨大。质坚硬，不易折断。横切面边缘不整齐，残存皮部黄棕色，木部浅黄棕色或浅黄色，有黄白色放射状纹理及裂隙，其间布满导管孔，髓部较小（图 1-42）。

显微特征：① 木栓细胞数列；栓内层细胞含有草酸钙小棱晶。② 皮层细胞有的也含有数个小棱晶。③ 中柱鞘部位含晶纤维束与含晶石细胞群交替排列成连续的浅波浪形环带。④ 有维管束。⑤ 髓部细胞明显。

（2）大血藤　茎呈圆柱形，略弯曲，长 30 ～ 70cm，直径

6～45mm。表面灰棕色，粗糙，有多数颗粒状突起的皮孔和有浅纵沟及明显的横裂纹。栓皮有时呈鳞片状剥落而露出暗棕色韧皮部。节部略膨大，有时可见凹陷的枝痕及叶痕。质硬，体轻，折断面裂片状。横断面韧皮部红棕色，有六处向木质部内嵌。木质部黄白色，有多数细孔状导管及红棕色放射状排列射线（图 1-43）。气微，味微涩。以条匀、粗如拇指者为佳。

图 1-42　小木通

图 1-43　大血藤

彩图 1-42

彩图 1-43

显微特征：木栓层为多列细胞，含棕红色物。皮层石细胞常数个成群，有的含草酸钙方晶。 维管束外韧型。韧皮部分泌细胞常切向排列，与筛管群相间隔；有少数石细胞群散在。束内形成层明显。木质部导管多单个散在，类圆形，直径约 400μm，周围有木纤维。射线宽广，外侧石细胞较多，有的含数个草酸钙方晶。髓部可见石细胞群。薄壁细胞含棕色或棕红色物。

（3）鸡血藤　茎藤呈扁圆柱形，稍弯曲，直径 2～7cm。表面灰棕色，有时可见灰白色斑，栓皮脱落处显红棕色，有明显的纵沟及小型点状皮孔。质坚硬，难折断，折断面呈不整齐的裂片状。鸡血藤片为椭圆形、长矩圆形或不规则的斜切片，厚 3～10mm。

切面木质部红棕色或棕色，导管孔多数，不规则排列。韧皮部有树脂状分泌物，呈红棕色至黑棕色，并与木质部相间排列成 3～10 个偏心性半圆形或圆形环。髓小，偏于一侧。气微，味涩。以树脂状分泌物多者为佳。如图 1-44 所示。

彩图 1-44

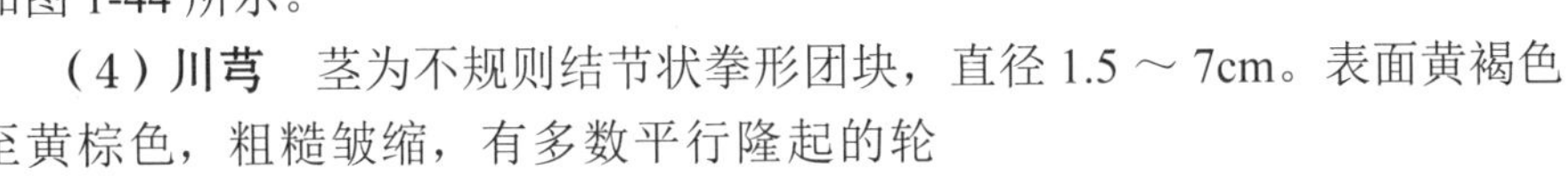

（4）川芎　茎为不规则结节状拳形团块，直径 1.5～7cm。表面黄褐色至黄棕色，粗糙皱缩，有多数平行隆起的轮节；顶端有类圆形、凹窝状茎痕，下侧及轮节上有多数细小的瘤状根痕。质坚实，不易折断，断面黄白色或灰黄色，具波状环纹形成层，全体散有黄棕色油点。香气浓郁而特殊，味苦、辛、微回甜，有麻舌感。以个大饱满、质坚实、断面色黄白、油性大、香气浓者为佳。

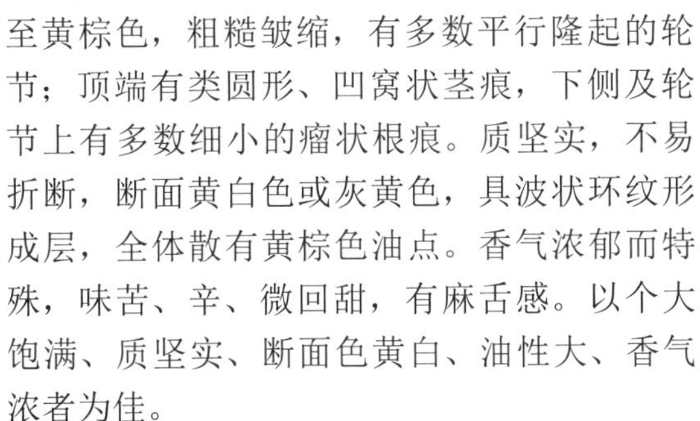

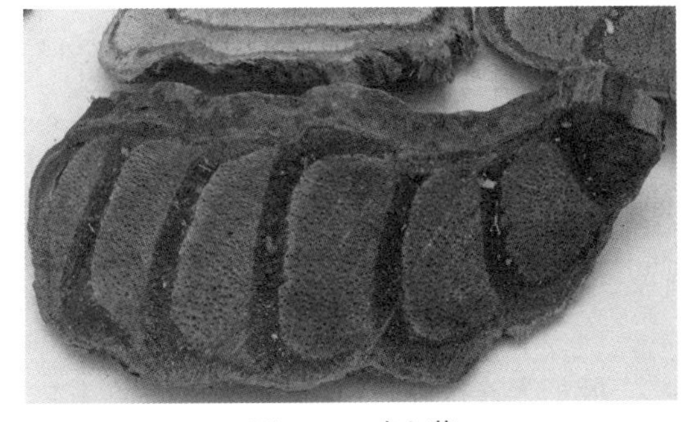

图 1-44　鸡血藤

茎横切面特征（图 1-45）：木栓层为十余列木栓细胞。皮层狭窄。韧皮部宽广，散生维管束。形成层环波状或不规则多角形。木质部不规则多角形。木质部导管多角形或类圆形，大多单列或排成“V”字形，偶有木纤维束。髓部较大。薄壁组织散有多数油室，类圆形、椭圆形或不规则形，淡黄棕色，近形成层的油室小。薄壁细胞富含淀粉粒，有的含草酸钙结晶。

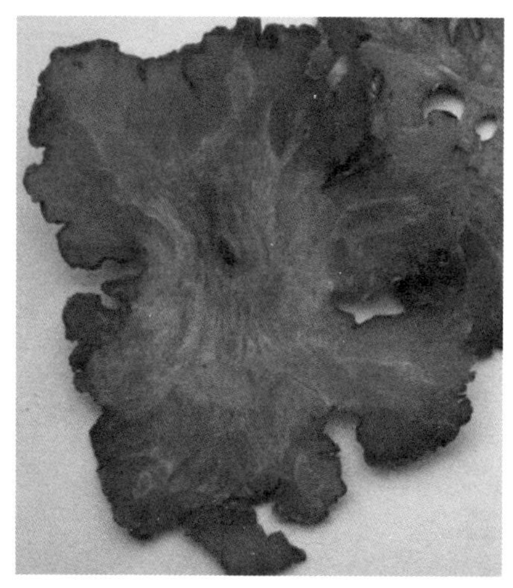

图 1-45　川芎茎横切面

第三节　叶

叶着生于茎节上，多数为绿色的扁平体，其内含有大量的叶绿体。叶具有向光性，是植物进行光合作用的场所，为植物制造有机养料的重要器官。故光合作用的进行，与叶绿体的存在与叶的整个构造有着紧密的关系。

一、叶的组成

叶的形态虽然变化多样，但其组成基本一致，一般由叶片、叶柄和托叶三部分组成（图 1-46）。三部分俱全的叶称之为完全叶，如桃、柳、月季等。有些植物的叶只具有其中的一或两个部分，称为不完全叶，其中无托叶的叶为最普遍，如丁香、茶、白菜等。还有些植物的叶同时缺少托叶和叶柄，只有叶片，也称无柄叶，如石竹、龙胆等。缺少叶片的叶极为少见（图 1-47）。

1. 叶片

叶片为叶的最主要部分，一般为绿色、薄状的扁平体，有上表面（腹面）与下表面（背面）之分。叶片的全形称为叶形，顶端称叶端或叶尖，基部称叶基，周边称叶缘。叶片内分布有叶脉。

2. 叶柄

叶柄为连接叶片和茎枝之间的轴，其内有维管束，是茎、叶之间水分与物质输导的通道，同时具有支持叶片的作用。叶柄一般呈类圆柱形、半圆柱形或稍扁平。有些植物，如当归、

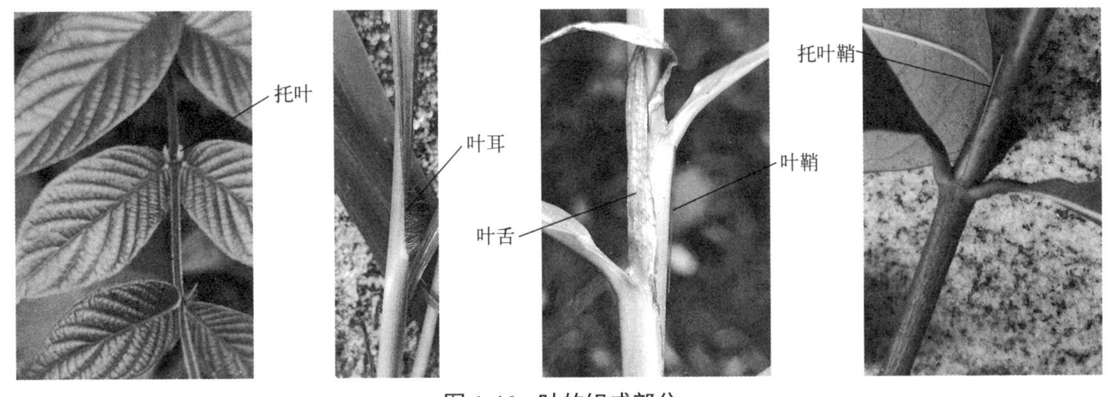

图 1-46　叶的组成部分

白芷等伞形科植物，叶柄基部或叶柄全部扩大成鞘状，称为叶鞘。而淡竹叶、芦苇、小麦等禾本科植物的叶也有叶鞘，是由相当于叶柄的部位扩大形成的，并且在叶鞘与叶片相接处还具有一些特殊结构，在其相接处的腹面的膜状突起物称为叶舌。在叶舌两旁有一对从叶片基部边缘延伸出来的突起物称为叶耳。叶耳与叶舌的有无、大小及形状等，常可作为鉴别禾本科植物种类的依据之一。

彩图 1-46

彩图 1-47

图 1-47　银叶金合欢（幼苗）

3. 托叶

托叶常成对着生于叶柄基部两侧，为叶柄基部的附属物。托叶的形状与作用多样，随植物的种类而异。有的托叶细小而呈线状，如梨、桑；有的与叶柄愈合成翅状，如月季、蔷薇、金樱子；有的变成卷须，如菝葜；有的呈刺状，如刺槐；有托叶大而呈叶状，如豌豆、贴梗海棠；有的形状与大小与叶片几乎一样，只是托叶的腋内无腋芽，如茜草；有的两片托叶边缘合生呈鞘状，包围着茎节的基部，称为托叶鞘，为何首乌、虎杖等蓼科植物的主要鉴别特征。

二、叶的形态

1. 叶片的全形

叶片通常扁平，呈绿色，其形状和大小随植物种类而异，但一般同一种植物上其叶片的形状特征是比较稳定的，可作为识别植物或植物分类的依据。叶片的长度差别极大，如柏的叶片细小，长仅数毫米，而芭蕉的叶片可长达数米。叶片的形状主要根据叶片长度与宽度的比例，以及最宽处的位置来确定。

一般叶片的基本形状如图 1-48 所示，其他常见的或较特殊的叶片形状还有：松树叶为针形，海葱、文殊兰叶为带形，银杏叶为扇形，紫荆、细辛叶为心形，积雪草、连钱草叶为肾形，蝙蝠葛、莲叶为盾形，慈姑叶为箭形，菠菜、旋花叶为戟形，车前叶为匙形，菱叶为菱形，蓝桉的老叶为镰形，白英叶为提琴形，杠板归叶为三角形，侧柏叶为鳞形，葱叶为管形，秋海棠叶为偏斜形等。此外，还有一些植物的叶并不属于上述的其中一种类型，而是两种形状的综合，如卵状椭圆形、椭圆状披针形等。还有的植物其基生叶与上部生叶片的形状不一，分属两种以上类型（图 1-49）。

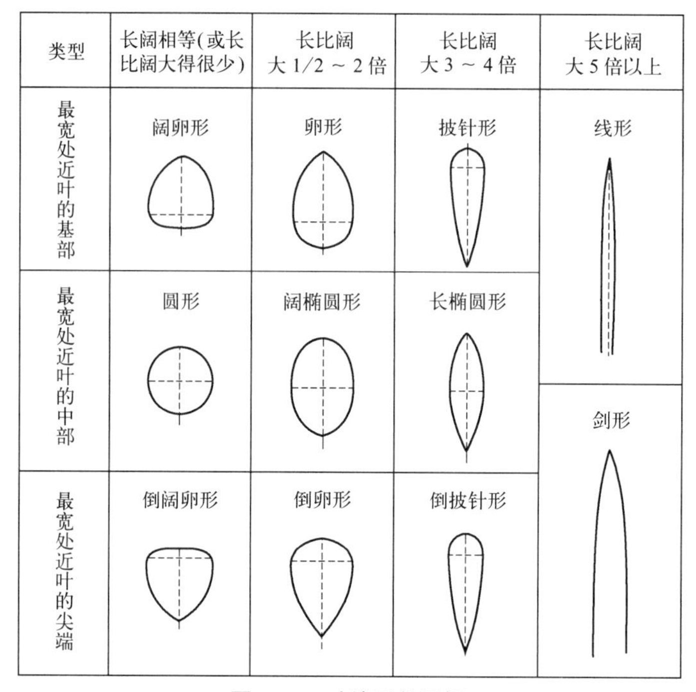

图 1-48　叶片形状图解

2. 叶端的形状

叶端又称叶尖，其形状主要有：圆形、钝形、截形、急尖、渐尖、渐狭、尾状、芒尖、短尖、微凹、微缺、倒心形等（图 1-50）。

3. 叶基的形状

叶基的形状与叶尖相类似，仅出现在叶的基部，主要有以下几种：楔形、钝形、圆形、心形、耳形、箭形、戟形、截形、渐狭、偏斜、盾形、穿茎、抱茎等（图 1-51）。

4. 叶缘的形状

叶缘的形状主要有：全缘、波状、皱缩状、锯齿状、重锯齿状、牙齿状、圆齿状、缺刻状等（图 1-52）。

5. 叶片的分裂

多数植物的叶片常为完整的或近叶缘处具齿或细小缺刻，但有些植物的叶片其叶缘缺刻既深且大，形成分裂状态。常见的叶片分裂有羽状分裂、掌状分裂和三出分裂等 3 种。依据叶片裂隙的深浅不同，又可分为浅裂、深裂和全裂。浅裂为叶裂深度不超过或接近叶片宽度的四分之一；深裂为叶裂深度超过叶片宽度的四分之一；全裂为叶裂深度几乎达主脉或叶柄顶部（图 1-53、图 1-54）。

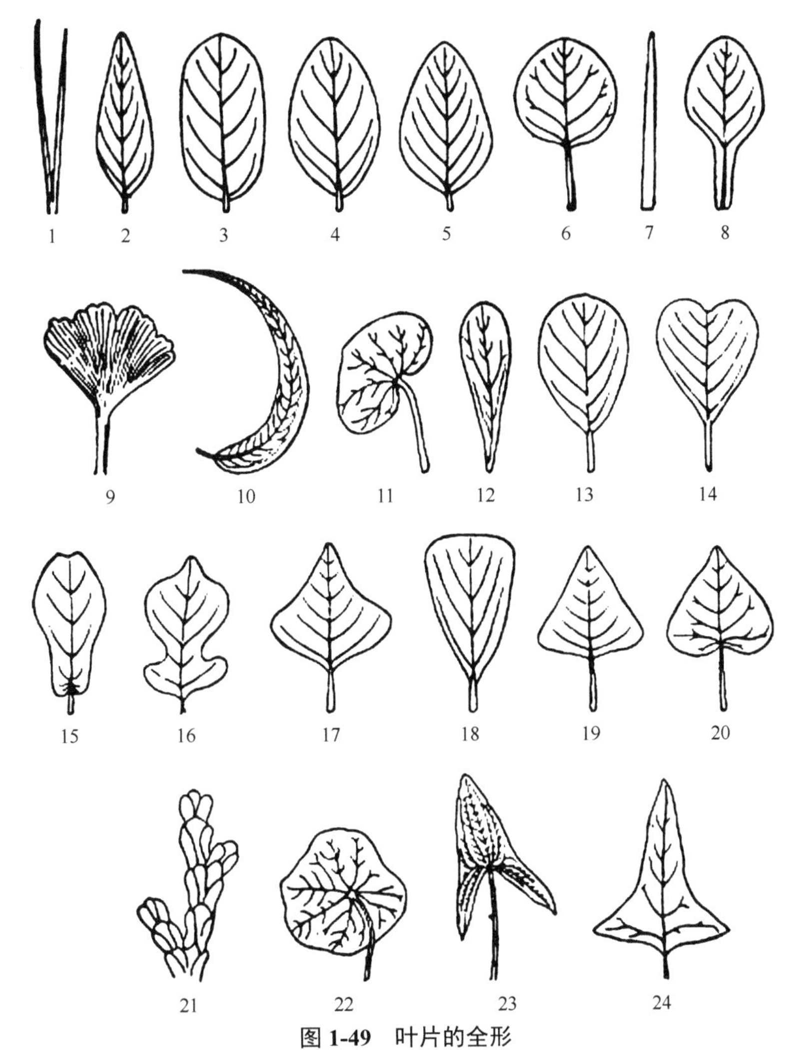

图 1-49　叶片的全形

1—针形；2—披针形；3—矩圆形；4—椭圆形；5—卵形；6—圆形；7—条形；8—匙形；9—扇形；10—镰形；11—肾形；12—倒披针形；13—倒卵形；14—倒心形；15，16—提琴形；17—菱形；18—楔形；19—三角形；20—心形；21—鳞形；22—盾形；23—箭形；24—戟形

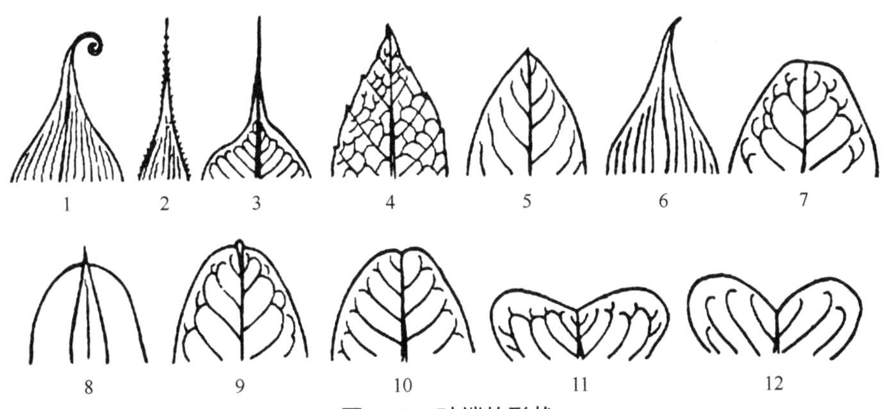

图 1-50　叶端的形状

1—卷须状；2—芒尖；3—尾状；4—渐尖；5—锐尖；6—骤凸；7—钝形；8—凸尖；9—微凸；10—尖凹；11—凹缺；12—倒心形

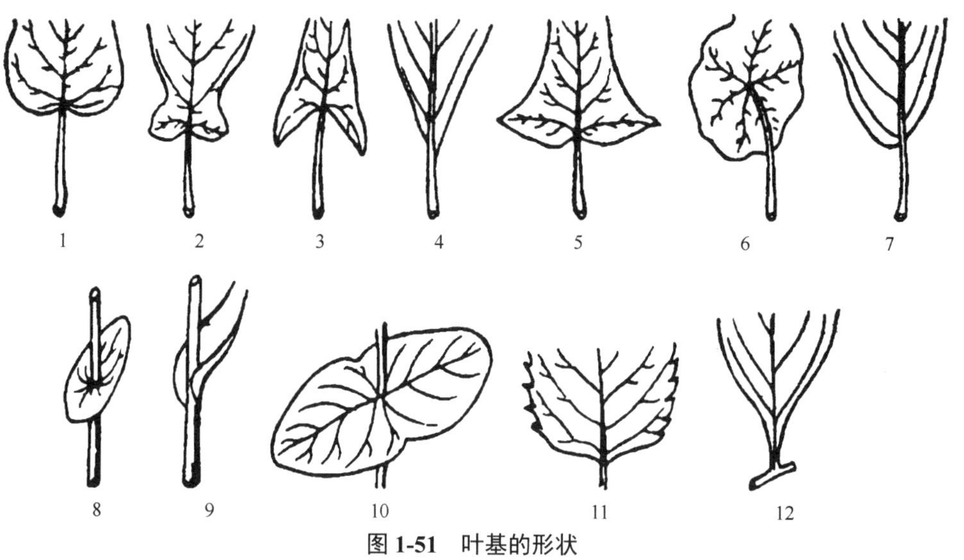

图 1-51　叶基的形状

1—心形；2—耳垂形；3—箭形；4—楔形；5—戟形；6—盾形；7—歪斜；
8—穿茎；9—抱茎；10—合生穿茎；11—截形；12—渐狭

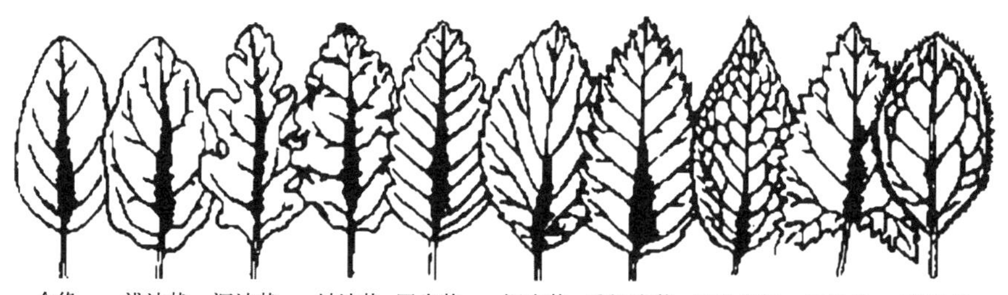

图 1-52　叶缘的形状

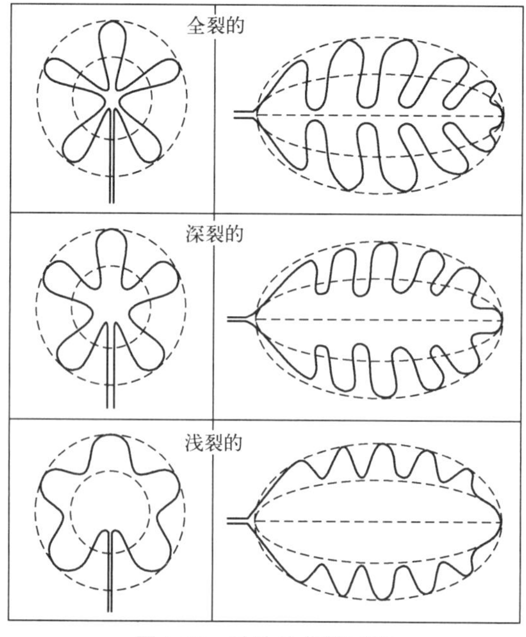

图 1-53　叶片的分裂图解

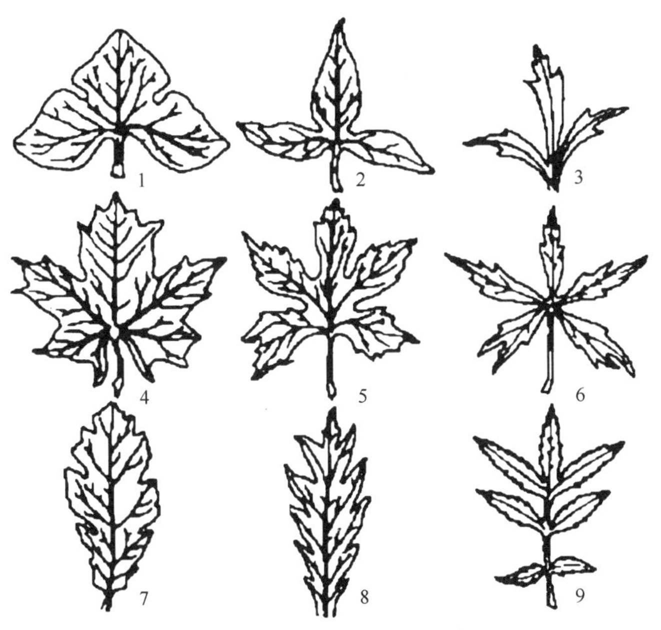

图 1-54 叶片的分裂类型

1—三出浅裂；2—三出深裂；3—三出全裂；4—掌状浅裂；5—掌状深裂；
6—掌状全裂；7—羽状浅裂；8—羽状深裂；9—羽状全裂

6. 叶脉与脉序

叶脉为贯穿于叶肉内的维管束，是叶内的输导和支持结构。叶脉维管组织通过叶柄与茎枝内的维管组织相连接。叶片上最粗大的叶脉称为主脉，主脉的分枝称为侧脉，其余较细小的称为细脉。

叶脉在叶片上呈各种有规律性的分布，其分布形式称脉序。脉序主要有以下三种（图 1-55）。

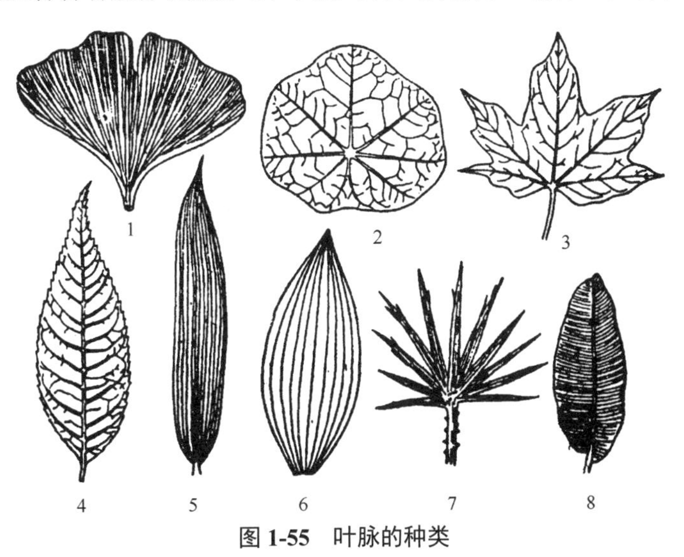

图 1-55 叶脉的种类

1—二叉分枝脉；2，3—掌状网脉；4—羽状网脉；5—直出平行脉；
6—弧形脉；7—射出平行脉；8—横出平行脉

（1）网状脉序 叶具有明显粗大的主脉，由主脉上分出许多侧脉，侧脉上再分出细脉，彼此连接形成网状。网状脉序为双子叶植物叶脉的主要特征，又因侧脉从主脉分出的方式不同而有如下两种形式。

① 羽状网脉　叶具有一条明显的主脉，两侧分出许多大小几乎相等并呈羽状排列的侧脉，侧脉再分出细脉，交织成网状，如桂花、茶、枇杷等。

② 掌状网脉　叶有数条主脉，由叶基部辐射状发出，伸向叶缘，并由主脉上一再分枝，形成许多侧脉及细脉，交织成网状，如南瓜、蓖麻等。

（2）**平行脉序**　多见于单子叶植物，各叶脉平行或近于平行排列。常见的平行脉可分为以下四种形式。

① 直出平行脉　又称直出脉，各叶脉从叶基发出，平行排列，直达叶端，如淡竹叶、麦冬等。

② 横出平行脉　又称侧出脉，中央主脉明显，侧脉垂直于主脉，彼此平行，直达叶缘，如芭蕉、美人蕉等。

③ 弧状平行脉　又称弧形脉，各叶脉从叶基平行出发，但彼此相互远离，中部弯曲形成弧形，最后汇合于叶端，如玉簪、铃兰等。

④ 辐射脉　又称射出脉，各叶脉均从基部辐射状分出，如棕榈、蒲葵等。

（3）**二叉脉序**　为比较原始的脉序，每条叶脉均呈多级二叉状分枝。常见于蕨类植物，裸子植物中的银杏亦为此种脉序。

7. 叶片的质地

（1）**膜质**　叶片薄而呈半透明状，如半夏叶。

（2）**干膜质**　叶片极薄而干脆，且不呈绿色，如麻黄的鳞片叶。

（3）**纸质**　叶片较薄而显柔韧性，似薄纸样，如糙苏叶。

（4）**草质**　叶片薄而较柔软，如薄荷、广藿香叶。

（5）**革质**　叶片较厚而坚韧，略似皮革，如山茶叶。

（6）**肉质**　叶片肥厚多汁，如芦荟、红景天、马齿苋叶等。

8. 叶片的表面特征

叶与植物的其他器官一样，有的表面常有各种附属物，而呈现出各种叶面特征。常见的有：表面光滑，叶面无任何毛茸或凸起，而具有较厚的角质层，如冬青、枸骨；表面被粉，叶面有一层白粉霜，如芸香；表面粗糙，叶面具极小突起，用手触摸有粗糙感，如紫草、蜡梅；表面被毛，叶面具各种毛茸，如薄荷、毛地黄等。

9. 异形叶性

通常每一种植物的叶均具有其特定形状，但也有一些植物在同一植株上具有不同形状的叶，这种现象称为异形叶性。

异形叶性的产生有两类情况：一类是由于植株的发育年龄不同，因而所形成的叶形各异，如小檗幼苗期的叶为扁平形，但在其后的生长过程中再长出的叶逐渐转变为刺状；又如蓝桉幼枝上的叶为对生无柄的椭圆形叶，而老枝上的叶则变为互生有柄的镰形叶。另一类是由于外界环境的影响，而引起叶的形态变化，如慈姑在水中的叶为线形，浮在水面的叶为肾形，而露出水面的叶则呈箭形。

三、单叶与复叶

一个叶柄上所生叶片的数目，在各种植物中是不相同的，一般有下列两种情况。

1. 单叶

在一个叶柄上只生有一个叶片的叶称为单叶，如厚朴、女贞、枇杷等。

2. 复叶

在一个叶柄上生有两个以上叶片的叶称为复叶。从来源上看，复叶是由单叶的叶片分裂而成的，即当叶裂深达主脉或叶基并具有小叶柄时，便形成了复叶。复叶的叶柄称为总叶柄，总叶柄上着生叶片的轴状部分称为叶轴。复叶上的每片叶子称为小叶，小叶的柄称为小叶柄。根据小叶的数目和在叶轴上排列的方式不同，又可将复叶分为三出复叶、掌状复叶、羽状复叶、单身复叶四种类型（图 1-56）。

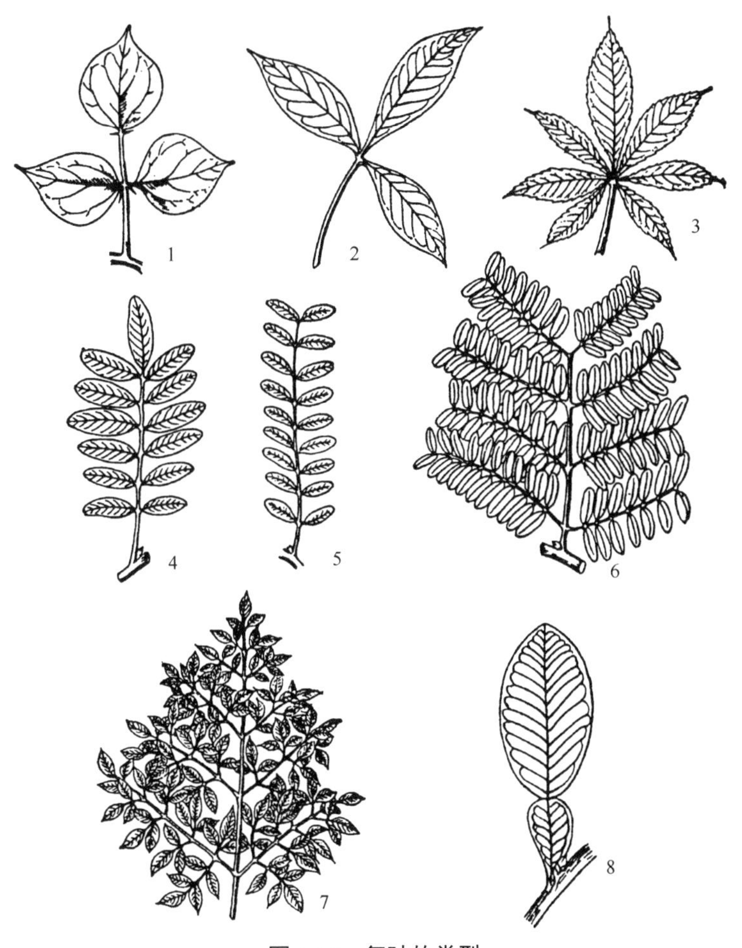

图 1-56　复叶的类型

1—羽状三出复叶；2—掌状三出复叶；3—掌状复叶；4—单数羽状复叶；
5—双数羽状复叶；6—二回羽状复叶；7—三回羽状复叶；8—单身复叶

（1）三出复叶　为叶轴上着生有三片小叶的复叶。如果顶生小叶具有柄，称为羽状三出复叶，如大豆、胡枝子叶等；如果顶生小叶无柄，称为掌状三出复叶，如半夏、酢浆草等。

（2）掌状复叶　叶轴短缩，在其顶端着生三片以上近等长、呈掌状展开的小叶，如刺五加、人参、五叶木通等。

（3）羽状复叶　叶轴较长，小叶片在叶轴两侧呈左右排列，类似羽毛状。

① 单（奇）数羽状复叶　其叶轴顶端只具一片小叶，如苦参、槐树等。

② 双（偶）数羽状复叶　其叶轴顶端具有两片小叶，如决明、蚕豆等。

③ 二回羽状复叶　羽状复叶的叶轴作一次羽状分枝，在每一分枝上又形成羽状复叶，如合欢、云实等。

④ 三回羽状复叶　羽状复叶的叶轴作二次羽状分枝，最后一次分枝上又形成羽状复叶，如南天竹、苦楝等。

（4）单身复叶　为一种特殊形态的复叶，单身复叶可能是三出复叶退化而形成的，即叶轴的顶端具有一片发达的小叶，而两侧的小叶退化成翼状，其顶生小叶与叶轴连接处有一明显的关节，如柑橘、柚等。

羽状复叶与具单叶的小枝条之间有时易混淆，识别时首先要弄清叶轴和小枝的区别：①叶轴先端无顶芽，而小枝先端具顶芽；②小叶叶腋无腋芽，仅在总叶柄腋内有腋芽，而小枝上每一单叶叶腋内均具腋芽；③复叶的小叶与叶轴常呈一平面，而小枝上单叶与小枝常呈一定的角度；④落叶时复叶为整个脱落或小叶先落，然后叶轴连同总叶柄一起脱落，而小枝在落叶季节一般不落，只有叶脱落。

除此之外，全裂叶与复叶在外形上亦很相近。其区别在于全裂叶的裂片往往大小不一，通常先端的裂片较大，向下裂片渐小，且裂片的边缘不甚整齐，常出现锯齿间距不等、大小不一或有不同程度缺刻等现象，尤其是全裂叶的裂片基部常下延至中肋，无小叶柄形成，外形扁平，并明显可见裂片的主脉与叶的中脉相连，如败酱、紫堇等。而复叶的小叶大小均较一致，边缘整齐，基部具有明显的小叶柄。

叶片的分裂和复叶的形成有利于增大叶片的光合面积，减少对风雨的阻力，是植物长期适应自然环境而发展的结果。

四、叶序

叶在茎枝上具有一定规律的排列方式，称为叶序。叶序有三种基本类型，即互生、对生和轮生（图 1-57）。

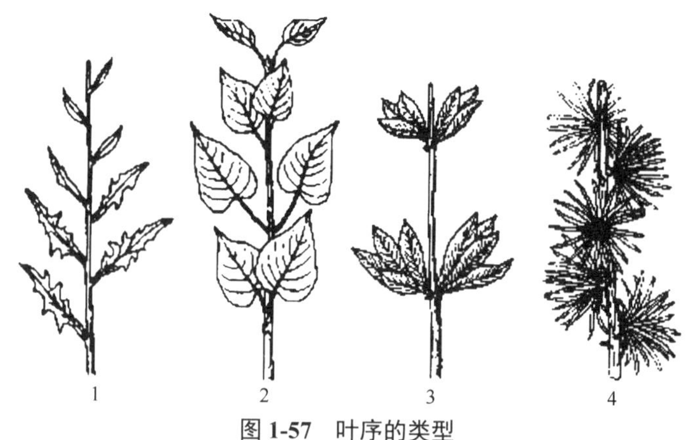

图 1-57　叶序的类型

1—互生；2—对生；3—轮生；4—簇生

1. 互生叶序

互生叶序为在茎枝的每一节上只生一叶，交互而生，沿茎枝呈螺旋状排列，如桃、柳、桑等。

2. 对生叶序

对生叶序为在茎枝的每一节上相对着生两片叶，呈相对排列，如丁香、石竹等；有的对生叶还与相邻两叶呈“十”字形排列，称交互对生，如薄荷、龙胆等；有的对生叶排列于茎的两侧，呈二列式对生，如女贞、水杉等。

3. 轮生叶序

轮生叶序为在茎枝的每一节上轮生三片或三片以上的叶，呈辐射状排列，如夹竹桃、轮叶沙参等。

在以上三类叶序中，以互生叶序最为常见。

除上述三类基本叶序外，还有一些植物的节间极度缩短，使叶在侧生短枝上成簇长出，称为簇生叶序（图 1-57），如银杏、枸杞、落叶松等。此外，有些植物的茎极为短缩，节间不明显，其叶如同从根上生出一样，呈莲座状，称为基生叶，如蒲公英、车前等。

无论是哪一种叶序，相邻两节的叶子均不相重叠、彼此呈相当的角度镶嵌着生的现象，称为叶镶嵌。叶镶嵌现象比较明显的有常春藤、爬山虎、烟草等。叶镶嵌使茎枝上的叶片不致相互遮盖，有利于叶片充分接受阳光，进行光合作用。另外，叶在茎枝上的均匀排列也使茎枝的各侧受力均衡。

五、叶的变态

叶也与根、茎一样，因受各种环境条件的影响，以及其生理功能的改变，而产生各种变态。常见的变态类型有以下几种。

1. 苞片和总苞

生在花或花序下面的变态叶，称为苞片，其中生于花序外围或下面的苞片称为总苞片，花序中每朵小花的花柄上或花萼下的苞片称为小苞片。苞片的形状大多与普通叶形不同，一般较小，绿色，亦有大型而呈各种颜色的。如向日葵等菊科植物花序下的总苞由多数绿色的总苞片组成；鱼腥草花序下的总苞由四片白色的花瓣状总苞片组成；半夏、马蹄莲等天南星科植物的花序外面常有一片形状特异的大型总苞片，称为佛焰苞。

2. 鳞叶

叶特化或退化成鳞片状，称为鳞叶。鳞叶有肉质和膜质两类。肉质鳞叶肥厚多汁，含有丰富的营养物质，如百合、贝母、洋葱等鳞茎上的鳞叶；膜质鳞叶质地菲薄，常呈干膜状而不呈绿色，如麻黄的叶、洋葱鳞茎外层包被以及慈姑、荸荠球茎上的鳞叶等。此外，木本植物的冬芽外常具褐色膜质鳞叶，亦称芽鳞，常具茸毛或有黏液，起保护芽的作用。

3. 刺状叶

刺状叶为叶片或托叶变态，呈刺状，起保护作用或有利于适应干旱的生态环境。如小檗、仙人掌类植物的刺为叶退化而成（图 1-58）；刺槐、酸枣的刺由托叶变态而成；红花、

图 1-58　庐山小檗的刺状叶

彩图 1-58

枸骨上的刺由叶尖、叶缘变化而成。根据植株上刺的来源和生长位置的不同，可区别为刺状叶、刺状茎或皮刺。如月季、玫瑰等茎上的许多刺，是由茎的表皮向外突起所形成的，其位置常不固定，且易剥落，称之为皮刺；而山楂、酸橙叶腋内的刺为刺状茎。

4. 叶卷须

叶卷须是由叶的全部或一部分变成卷须，借以攀援他物。如豌豆的卷须是由羽状复叶先端的小叶变成的；菝葜的卷须是由托叶变成的。根据植株上卷须的来源及生长位置，可将其与茎卷须相区别。

5. 根状叶

根状叶是指某些水生植物如槐叶萍、金鱼藻等，其沉浸于水中的叶常变态为丝状细裂，呈须根状，表皮上常无角质层，有吸收养料和通气的作用。

6. 捕虫叶

有些植物生有能捕食小虫的变态叶，称为捕虫叶。具有捕虫叶的植物称为食虫植物或肉食植物。捕虫叶常呈盘状、瓶状或囊状，以利于捕食昆虫。其叶的结构上有许多能分泌消化液的腺毛或腺体，并具有感应性，当昆虫触及时能立即自动闭合，将昆虫捕获，并使其被消化液所消化，如茅膏菜、猪笼草等。

六、叶的内部构造

当芽形成时，在芽的生长锥后方的外围产生许多侧生的突起，称为叶原基。叶即由叶原基发育而成。幼叶上没有生长锥，因而叶的生长期较短，与根和茎的无限生长不一样，是一种有限生长。叶通过叶柄与茎有着直接的联系。

1. 双子叶植物叶的构造

（1）叶柄的构造　叶柄的结构与幼茎的结构大致相似，由表皮、皮层和维管组织三部分组成。叶柄的横切面常呈半月形、圆形、三角形等。叶柄的最外层是表皮，表皮以内为皮层。皮层的外围常有多层厚角组织，有时也有一些厚壁组织，这是叶柄的主要机械组织，能增强叶柄的支持作用。皮层的内方为薄壁组织。维管束的数目不定，大小各异，常呈弧形、环形、平列形排列于薄壁组织中。维管束的基本结构与幼茎中的维管束相似，但由于系从茎中向外方、侧向地进入叶柄，便形成了木质部位于上方（近轴面）、韧皮部位于下方（远轴面）的排列方式。在每个维管束外，常有厚壁细胞包围。

（2）叶片的构造　双子叶植物的叶片多有腹面（上面或近轴面）、背面（下面或远轴面）之分。一般腹面为深绿色，背面为淡绿色，这是由于叶片在枝上的着生位置为横向的，即叶片近于和枝的长轴相垂直，使叶片两面受光的情况不同，腹背两面的色泽与内部结构也出现较大的差异，这种叶称为两面叶或异面叶。还有些植物的叶着生于枝上，近于和枝的长轴平行，或与地面相垂直，叶片两面的受光情况差异不大，因而叶片两面色泽与内部结构也就相似，即上、下两面均有气孔和栅栏组织等，这种叶称为等面叶。

无论是两面叶还是等面叶，尽管其外形上表现多种多样，但叶片的内部构造却基本相似，均由三种基本结构组成，即表皮、叶肉和叶脉（图 1-59）。

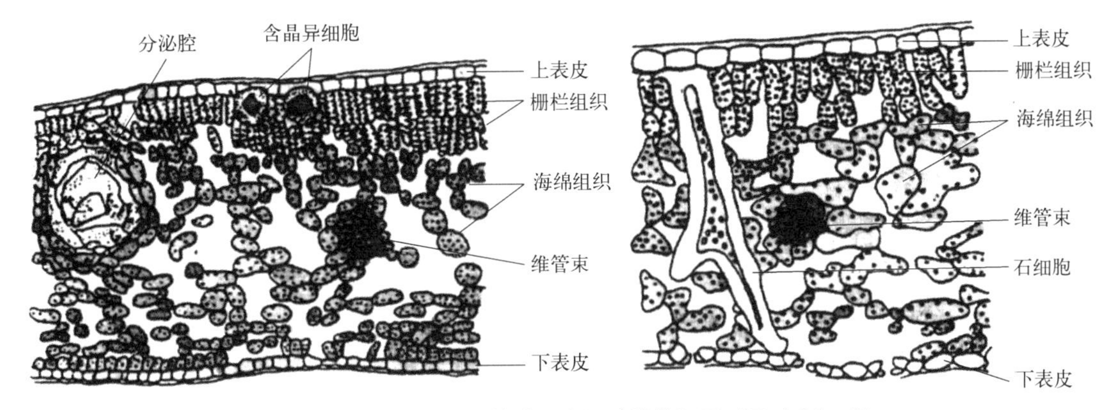

图 1-59　蜜柑（左）和茶叶（右）叶片横切面（示叶肉组成）

① 表皮　表皮覆盖在整个叶片的外表上，分为上、下表皮。覆盖在叶片腹面的称上表皮，覆盖于背面的称下表皮。表皮通常由一层生活细胞组成，包括表皮细胞、气孔器、表皮毛等。但也有少数植物，叶片表皮由多层细胞组成，称之为复表皮，如夹竹桃具有由 2 ～ 3 层细胞组成的复表皮，印度橡胶树叶具有由 3 ～ 4 层细胞组成的复表皮。表皮细胞中一般不含叶绿体。

大多数双子叶植物叶片的表皮细胞顶面观呈不规则形，侧壁（径向壁）往往凸凹不齐，细胞间彼此犬牙交错地紧密嵌合，除气孔外没有细胞间隙。横切面观，表皮细胞呈方形或长方形，外壁较厚，角质化并具角质层，其上表皮的角质层较发达。多数植物在叶的角质层外面，还有一层不同厚度的蜡质层。角质层对叶片起着保护作用，可以控制水分蒸腾，加固机械性能，防止病菌侵入，对于喷洒的药液也有着不同程度的吸收能力。因此，角质层的厚度，可作为作物优良品种选育的根据之一。

双子叶植物叶的气孔轴式类型有直轴式、平轴式、不定式、不等式、环式等五种（图 1-60）。气孔的轴式为叶类生物的重要鉴别特征。

a. 直轴式　气孔周围的副卫细胞常为 2 个，其长轴与气孔长轴垂直。如唇形科的薄荷、益母草，石竹科的石竹、瞿麦，爵床科的穿心莲等。

b. 平轴式　气孔周围的副卫细胞常为 2 个，其长轴与气孔长轴平行。如茜草科的茜草，豆科的番泻叶、落花生、补骨脂，虎耳草科的常山和马齿苋科的马齿苋等。

c. 不定式　气孔周围的副卫细胞数目不定，其大小基本相同，并与其他表皮细胞形状相似。如菊科的艾，桑科的桑，玄参科的洋地黄、地黄，毛茛科的毛茛等。

d. 不等式　气孔周围的副卫细胞为 3 ～ 4 个，但大小不等，其中一个特别小。如十字花科的菘蓝、萚菜，茄科的烟草、曼陀罗等。

e. 环式　气孔周围的副卫细胞数目不定，其形状较其他表皮细胞狭窄，围绕气孔周围排列成环状。如山茶科的茶、桃金娘科的桉等。

有些植物的叶片表面上常常有形态与结构各异的毛茸（非腺毛、腺毛、鳞片等）。毛茸

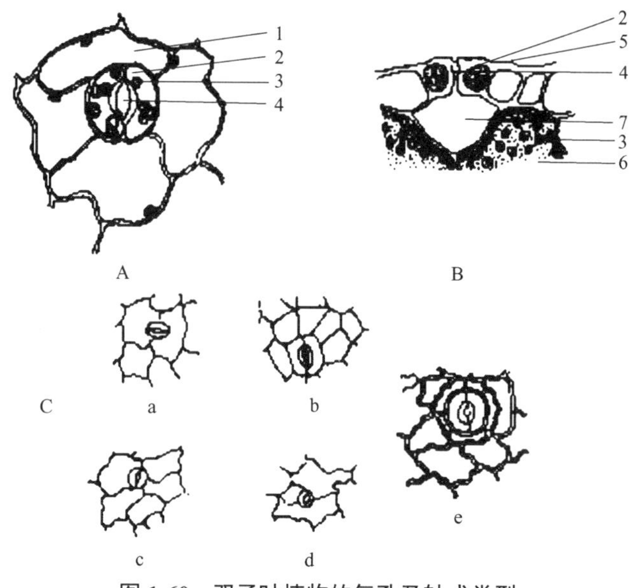

图 1-60　双子叶植物的气孔及轴式类型

A—表面观；B—切面观

1—表皮细胞；2—保卫细胞；3—叶绿体；4—气孔；5—角质层；6—栅栏组织细胞；7—气室

C—气孔的轴式类型（a—直轴式；b—平轴式；c—不定式；d—不等式；e—环式）

的有无和毛茸的类型因植物的种类而异，其结构与茎表皮的毛茸相似。此外，有的植物还有晶细胞，有的在叶片的边缘存在排水器。在植物分类及叶类生药的显微鉴定时，这些结构特征通常是重要的鉴别依据。

② 叶肉　叶肉位于上表皮与下表皮之间，为叶片中最发达、最重要的部分，其细胞中含有大量的叶绿体，是绿色植物进行光合作用的主要场所，因而属于同化基本组织。大多数被子植物的叶片中，叶肉组织可明显地可分为栅栏组织和海绵组织两部分（图 1-61）。

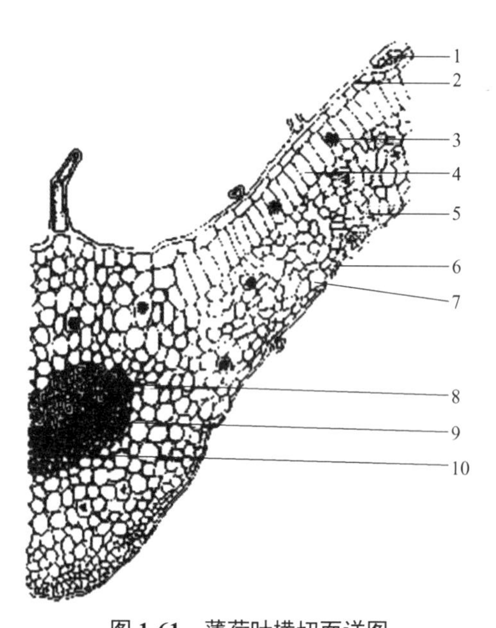

图 1-61　薄荷叶横切面详图

1—腺毛；2—上表皮；3—橙皮苷结晶；4—栅栏组织；5—海绵组织；6—下表皮；7—气孔；8—木质部；9—韧皮部；10—厚角组织

a. 栅栏组织　位于上表皮之下，细胞呈长柱形，排列整齐紧密，细胞的长轴与上表皮垂直相交，形如栅栏。细胞内含有大量叶绿体，所以叶片上表面的颜色较深。其光合作用效能较强。各种植物叶肉中栅栏组织细胞排列的层数，可作为叶类药材鉴别的特征依据。

b. 海绵组织　位于栅栏组织与下表皮之间，由一些近圆形或不规则形的薄壁细胞构成，细胞间隙较大，排列疏松，呈海绵样。海绵细胞中所含的叶绿体一般较栅栏组织为少，所以叶片下面的颜色常较浅。

叶肉组织在上表皮和下表皮的气孔处常有较大的空隙，称为孔下室。这些空隙与栅栏组织和海绵组织的胞间隙相通，构成叶片的通气组织，有利于内外气体的交换。

有些植物叶片的叶肉组织中含有分泌腔，如桉叶；有的含有各种单个分布的石细胞，如茶叶；还有的在薄壁细胞中含有结晶体，如曼陀罗叶。

③ 叶脉　叶脉主要由维管束和机械组织组成，在叶肉中呈束状结构，通过叶柄与茎的维管束相连接。其维管束的构造和茎的维管束大致相同，起输导和支持叶片的作用。随着侧脉越分越细，其构造也越趋简化。细脉广泛分布于叶肉中，对叶片中水分和营养物质的运输有着重要的意义。

叶片主脉部位的上、下表皮内方，一般为厚角组织和薄壁组织，而无栅栏组织和海绵组织。但有些植物的叶片在主脉的上方有一层或几层栅栏组织，与叶肉中的栅栏组织相连接，如番泻叶、石楠叶，形成叶类药材的鉴别特征。

2. 单子叶植物叶的构造

单子叶植物叶片的形态构造比较复杂，以禾本科植物叶片为例，其叶片同样分为表皮、叶肉和叶脉三部分，但各部分均有不同的特点。

表皮细胞的形状较规则，分为长、短两种细胞。长细胞构成表皮的主要部分，细胞长径与叶的纵轴方向一致，呈纵行排列，横切面观近于方形；细胞外壁不仅角质化，而且含有硅质，在表皮上形成一些角质或硅质的乳头状突起、刺或毛茸，因此叶片表面比较粗糙。短细胞又分为硅细胞和栓细胞两种，与长细胞交替排列成整齐的纵行，分布于叶脉的上、下方。

上表皮中还有一些特殊的大型薄壁细胞，称泡状细胞。这些细胞壁较厚，胞内有大型的液泡，一般无叶绿体。泡状细胞在横切面上略呈展开的扇形排列，中间的一个细胞最大，两侧的细胞较小。当气候干燥时，叶片蒸腾失水过多，泡状细胞收缩，使叶片卷曲呈筒状，可减少水分蒸发；当气候湿润时，蒸腾作用减少，泡状细胞吸水膨胀，使叶片重新展开。由于泡状细胞与叶片的卷曲和张开有关，因此也称之为运动细胞。

禾本科植物表皮的上、下两面都分布有气孔，其数目上、下相差不多。由于禾本科植物叶片生长多呈直立状态，两面受光条件相近，因此，叶肉中无栅栏组织和海绵组织的明显分化，属于等面叶。

禾本科植物的叶脉为平行脉，中脉明显粗大，维管束中无形成层，为有限外韧维管束。在维管束的上、下方，常有一至多层细胞，其细胞壁增厚，构成了维管束鞘，增强了叶片的支持作用。维管束鞘可以作为禾本科植物分类上的鉴别特征（图 1-62）。

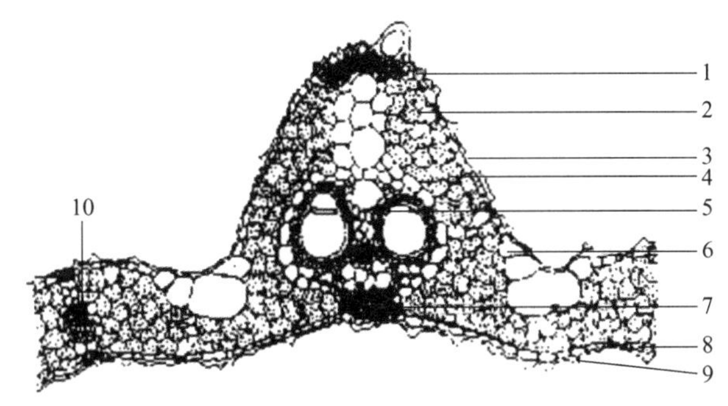

图 1-62　水稻叶片的横切面详图

1—上表皮；2—气孔；3—表皮毛；4—薄壁细胞；5—主脉维管束；
6—泡状细胞；7—厚壁细胞；8—下表皮；9—角质层；10—侧脉维管束

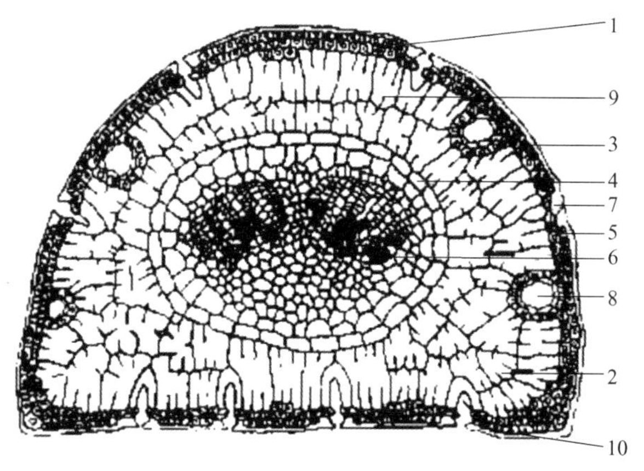

图 1-63　松针叶横切面详图

1—下表皮；2—叶肉细胞；3—表皮；4—内皮层；5—角质层；6—维管束；7—下陷的气孔；8—树脂道；9—薄壁组织；10—孔下室

3. 裸子植物叶的构造

裸子植物的叶多为针叶，其叶小，横切面呈半圆形或三角形。以裸子植物中松属植物马尾松的针叶为例：其表皮细胞壁较厚，胞腔小，角质层发达；表皮下有一至多层厚壁细胞，细胞壁木化，称为下皮层；气孔器纵向排列，保卫细胞内陷，呈旱生植物的特征；叶肉细胞的细胞壁向内凹陷，有无数的褶壁，叶绿体沿褶壁分布，扩大了细胞光合作用的面积，叶肉细胞实际上就是绿色折叠的薄壁细胞；叶肉中具树脂道；维管组织两束，居于叶的中央；维管束周围由转输组织包围，这种组织由管胞与薄壁细胞组成，是叶肉与维管组织间的物质运输通道，称为内皮层（图 1-63）。

第四节　花

花为种子植物所特有的繁殖器官，是植物产生雌、雄性生殖细胞的场所，通过开花、传粉、受精过程形成果实和种子，执行生殖功能，繁衍后代。种子植物包括裸子植物和被子植物，其花的特化程度不同。裸子植物的花较简单原始，而被子植物的花高度进化、结构复杂，常有美丽的形态、鲜艳的颜色和芬芳的气味，通常所说的花，即是被子植物的花。花的形态结构变化较小，具有相对保守性和稳定性，对植物分类、药材的原植物鉴别及花类药材的鉴定等均具有重要意义。

一、花的组成及形态构造

花由花芽发育而成，可形成于茎的顶端，也可自叶的腋部发生，是节间极度缩短、适应生殖的一种变态短枝。花一般由花梗、花托、花萼、花冠、雄蕊群和雌蕊群等部分组成。其中雄蕊群和雌蕊群是花中最重要的部分，位于花的中心，执行生殖功能；花萼和花冠合称花被，位于花的外围，具有保护和引诱昆虫传粉的作用；花梗及花托位于花的下面，主要起支持作用（图 1-64）。

图 1-64　花的组成部分

1. 花梗

花梗又称花柄，是着生花的小枝，是花与茎相连处的一绿色柱形柄状体，其粗细、长短随植物种类而异。多数植物的花都具有花梗，但也有无梗的花，如车前、地肤等的花。

2. 花托

花梗顶端稍膨大的部分称花托，花的各组成部分可以螺旋式地着生在花托上，也可以成轮地着生于花托上。花托一般呈平坦或稍凸起的圆顶状，但也有呈其他形状的。如木兰、厚朴的花托呈圆柱状，草莓的花托膨大成圆锥状，桃花的花托呈杯状，金樱子、玫瑰的花托呈瓶状，莲的花托（莲蓬）膨大成倒圆锥状。有的植物的花托顶部形成扁平状或垫状的盘状体，可分泌蜜汁，称花盘，如柑橘、卫矛、枣等。

3. 花被

花被是花萼和花冠的总称，在花萼和花冠形态相似不易区分时多称花被，如贝母、西红花、麦冬等。

（1）**花萼**　花萼多为绿色，其萼片的结构和叶相似。花萼位于花的最外层，由绿色叶片状的萼片组成。一朵花中萼片的数目随植物科属的不同而异，但以 3 ～ 5 片者多见。萼片相互分离的称离生萼，如毛茛、油菜；萼片存在合生的称合生萼，如地黄、丁香，其中下部连合部分称萼筒，上部分离部分称萼齿或萼裂片。有的萼筒一侧还向外延长成管状或囊状突起，称距（图 1-65）。距内储有蜜汁，有招引昆虫传粉的作用，如凤仙花、金莲花、翠雀等。有的植物在花萼之外还有一轮萼状物，称副萼（图 1-66），如棉花、木槿等。若花萼大而鲜艳，似花冠状的，称瓣状萼（图 1-65），如乌头、飞燕草等。菊科植物的花萼变态成毛状，称冠毛（图 1-67）。另外还有的变成干膜质，如青葙、牛膝等。

彩图 1-65、彩图 1-66、彩图 1-67

图 1-65　距及瓣状萼

图 1-66　副萼

图 1-67　冠毛

花萼通常在花开放后脱落。但有些植物花开过后萼片不脱落，并随果实长大而增大，称宿存萼，如番茄、柿、茄等；另有一些植物的花萼在开花前就脱落，称早落萼，如白屈菜、虞美人等。

（2）**花冠**　花冠位于花萼的内侧，由颜色鲜艳的花瓣组成。花瓣多为大于萼片的叶状扁平体形，常呈一轮排列，其数目一般与同一朵花的萼片数相等。若花瓣呈二至数轮排列，则称重瓣花。花瓣彼此分离的称离瓣花，如桃、油菜等；花瓣全部或部分合生的称合瓣花，如牵牛、益母草等。合瓣花下部连合部分称花冠筒，上部不连合部分称花冠裂片，花冠筒与宽展部分的交界处称喉。有些植物在花冠与雄蕊之间生有瓣状附属物，称副花冠，如萝藦、水仙等。还有的花瓣基部延长成管状或囊状，也称距，如紫花地丁、延胡索等。

花冠除花瓣彼此分离或合生外，花瓣的形状和大小也有变化，而使整个花冠呈现特定的形状。这些花冠形状往往成为不同类别植物所独有的特征。其中常见的有以下几种类型（图1-68）。

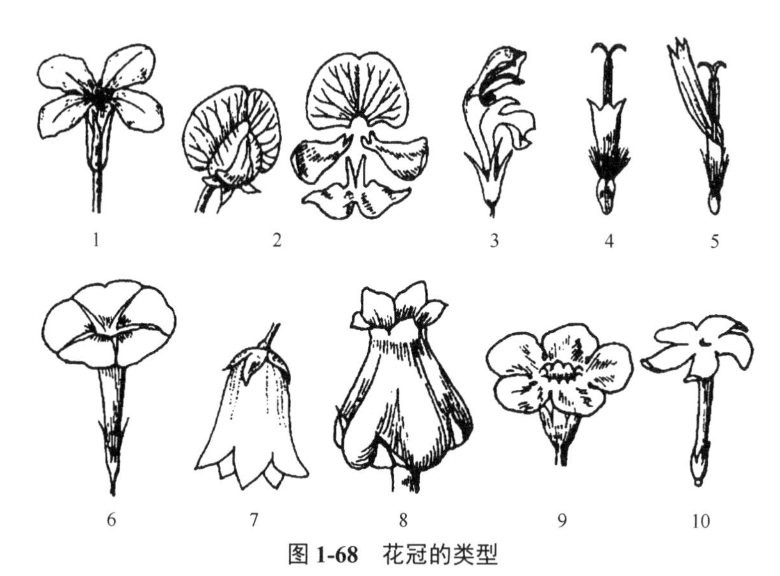

图 1-68　花冠的类型

1—十字形花冠；2—蝶形花冠；3—唇形花冠；4—管状花冠；5—舌状花冠；
6—漏斗状花冠；7—钟状花冠；8—坛（壶）状花冠；9—辐（轮）状花冠；10—高脚碟状花冠

① 十字形花冠　花瓣4片，分离，上部外展呈“十”字形，如油菜、菘蓝、葶苈子等十字花科植物。

② 蝶形花冠　花瓣5片，分离，排成蝶形。上面一片最大的称旗瓣，侧面两片较小的称翼瓣，最下面两片形小且上部稍连合并向上弯曲成龙骨状，称龙骨瓣。如白扁豆、甘草、黄芪等豆科植物。

③ 唇形花冠　花冠合生成二唇形，下部筒状，通常上唇2裂、下唇3裂，如丹参、益母草等唇形科植物。

④ 管状花冠　又称筒状花冠。花冠大部分合生，呈细长管状，如红花、小蓟等菊科植物。

⑤ 舌状花冠　花冠基部连合成一短管，上部连合成扁平舌状，向一侧展开，如向日葵、蒲公英等菊科植物。

⑥ 漏斗状花冠　花冠筒较长，自基部向上逐渐扩大成漏斗状，如牵牛、甘薯等旋花科植物和曼陀罗等部分茄科植物。

⑦ 钟状花冠　花冠筒宽短，上部扩大成钟状，如桔梗、党参等桔梗科植物。

⑧ 坛（壶）状花冠　花冠合生，靠下部膨大成圆形或椭圆形，上部收缩成一短颈，顶部裂片向外展，如君迁子、石楠等。

⑨ 高脚碟状花冠　花冠下部合生成细长管状，上部水平展开成碟状，如迎春花、长春花、水仙花等。

⑩ 辐（轮）状花冠　花冠筒很短，裂片呈水平状向四周展开，形似车轮，如茄、枸杞、

龙葵等茄科植物。

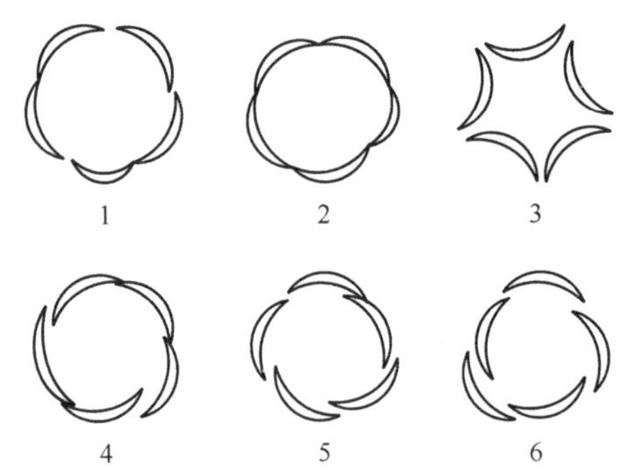

图 1-69 花被卷迭式

1—镊合状；2—内向镊合状；3—外向镊合状；4—旋转状；5—覆瓦状；6—重覆瓦状

花瓣或花被在花芽内有不同的排列方式，其排列形式及关系称花被卷迭式，不同的植物种类具有不一样的花被卷迭式，常见的有以下几种（图 1-69）。

① 镊合状　花被各片边缘彼此靠近，但互不覆盖，排成一圈，如桔梗、葡萄。若镊合状花被的边缘微向内弯，称内向镊合，如沙参；若各片边缘微向外弯，称外向镊合，如蜀葵。

② 旋转状　花被各片边缘依次相互压覆，呈回旋状，即花瓣的一边覆盖着相邻花瓣的一边，如夹竹桃、黄栀子。

③ 覆瓦状　花被各片边缘彼此覆盖，但有一片完全在外、一片完全在内，如三色堇、山茶。若有两片完全在外、两片完全在内，称重覆瓦状，如桃、杏等。

4. 雄蕊群

雄蕊群是一朵花中所有雄蕊的总称。雄蕊位于花被内侧，常生于花托上，也有基部着生于花冠或花被上的。雄蕊的数目一般与花瓣同数或为其倍数，有时较多（十枚以上），称雄蕊多数，最少可到一朵花仅一枚雄蕊，如京大戟、白及、姜等。

（1）雄蕊的组成　典型的雄蕊由花丝和花药两部分组成。花丝通常细长，下部着生于花托或花被基部，上部支持花药。花药为花丝顶端膨大的囊状物，是雄蕊的主要部分。花药通常由四个或两个花粉囊组成，分成左右两半，中间由药隔相连。花粉囊中产生花粉。花粉成熟后，花粉囊自行开裂，花粉粒由裂口处散出。

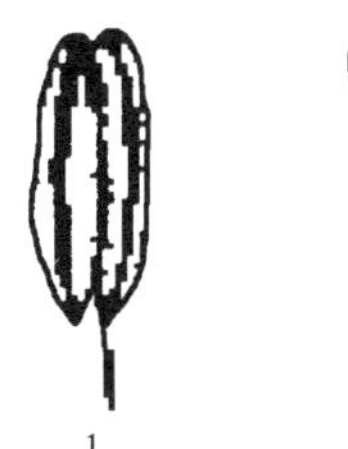

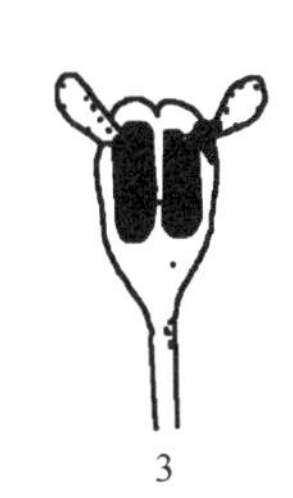

图 1-70 花药的开裂方式

1—纵裂；2—孔裂；3—瓣裂

花粉囊开裂的方式各不相同。常见的有：纵裂，花粉囊沿纵轴开裂，如水稻、百合；横裂，花粉囊沿中部横向开裂，如木槿、蜀葵；瓣裂，花粉囊侧壁上裂成几个小瓣，花粉由瓣下的小孔散出，如樟、淫羊藿；孔裂，花粉囊顶部开一小孔，花粉由小孔散出，如杜鹃、茄等（图 1-70）。

此外，花药在花丝上的着生方式也有几种不同情况（图 1-71）。

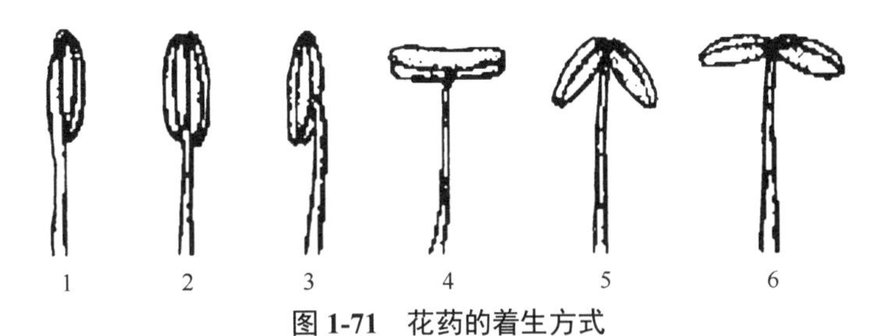

图 1-71 花药的着生方式

1—全着药；2—基着药；3—背着药；4—丁字药；5—个字药；6—广歧药

① 全着药　花药全部附着在花丝上，如紫玉兰。

② 基着药　花药基部着生于花丝顶端，如樟、茄。

③ 背着药　花药背部着生于花丝上，如杜鹃。

④ 丁字药　花药横向着生于花丝顶端而与花丝呈“丁”字形，如百合、小麦等。

⑤ 个字药　花药上部连合，着生在花丝上，下部分离，略呈“个”字形，如地黄、水蓑衣等。

⑥ 广歧药　花药左右两半完全分离平展，与花丝呈垂直状着生，如薄荷、益母草等。

（2）雄蕊的类型　雄蕊的数目、长短、排列及离合情况随植物种类的不同而异，常见的有以下几种类型（图 1-72）。

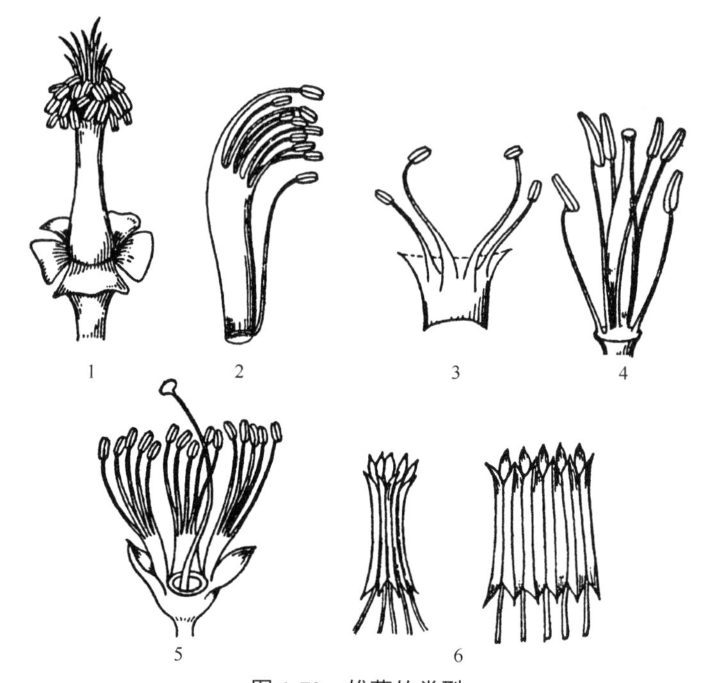

图 1-72　雄蕊的类型

1—单体雄蕊；2—二体雄蕊；3—二强雄蕊；4—四强雄蕊；5—多体雄蕊；6—聚药雄蕊

① 离生雄蕊　雄蕊彼此分离，长度相似，是大多数植物所具有的雄蕊类型。

② 二强雄蕊　四枚，分离，两长两短，如益母草、地黄等唇形科和玄参科植物。

③ 四强雄蕊　六枚，分离，四长两短，如油菜、萝卜等十字花科植物。

④ 单体雄蕊　花药完全分离而花丝连合成一束，呈圆筒状，如蜀葵、木槿、棉花等锦葵科植物，以及苦楝、远志、山茶等植物。

⑤ 二体雄蕊　花丝连合成两束，如扁豆、甘草等。许多豆科植物的雄蕊共有十枚，其中九枚连合，一枚分离；而紫堇、延胡索等植物雄蕊有六枚连合成两束。

⑥ 多体雄蕊　多数，花丝分别连成多束，如金丝桃、元宝草、酸橙等植物。

⑦ 聚药雄蕊　花药连合成筒状，而花丝分离，如红花、向日葵等菊科植物。

还有少数植物的雄蕊发生变态而呈花瓣状，如姜、美人蕉等。有的植物的花中部分雄蕊不具花药，或仅留痕迹，称不育雄蕊或退化雄蕊，如鸭跖草。

5. 雌蕊群

雌蕊群位于花的中央，是一朵花中所有雌蕊的总称。

（1）雌蕊的组成　雌蕊由子房、花柱和柱头三部分组成。子房是雌蕊基部膨大的部分，内含胚珠；花柱是位于子房与花柱之间的细长部分，也是花粉进入子房的通道，花柱的粗细、长短随不同植物而异；柱头是雌蕊的顶端，是接受花粉的地方，通常膨大或扩展成各种形状，其表面多不平滑，常有分泌黏液的功能，有利于花粉的固着及萌发。

（2）**雌蕊的类型** 雌蕊和花的其他部分一样也是叶的变态，这种变态的叶称为心皮，即构成雌蕊的变态叶。当心皮卷合成雌蕊时，其边缘的合缝线称为腹缝线，心皮的背部相当于叶的中脉部分称背缝线，一般胚珠着生在腹缝线上（图 1-73）。

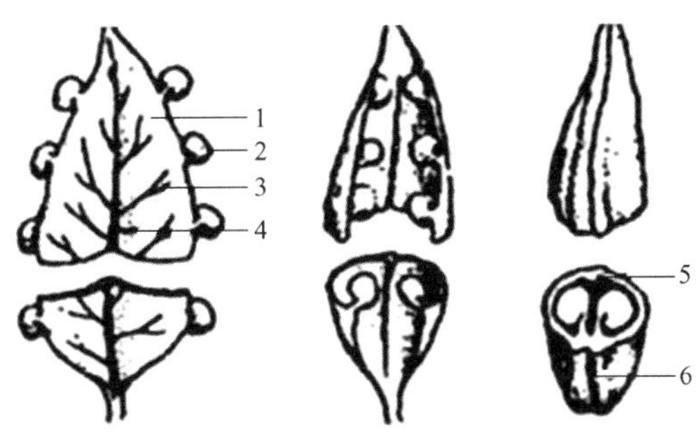

图 1-73 心皮边缘愈合，形成雌蕊过程的示意图

1—心皮；2—胚珠；3—心皮侧脉；4—心皮背脉；5—背缝线；6—腹缝线

根据构成雌蕊的心皮数目的不同，雌蕊可分为两大类型（图 1-74）。

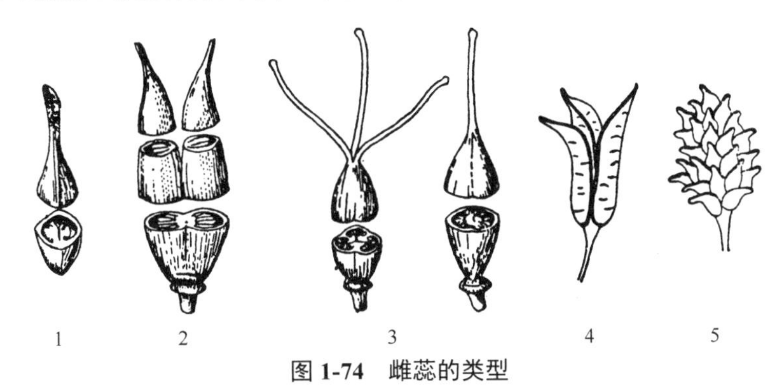

图 1-74 雌蕊的类型

1—单心皮雌蕊；2—二心皮复雌蕊；3—三心皮复雌蕊；4—三心皮单雌蕊；5—多心皮单雌蕊

① 单雌蕊 由一个心皮构成的雌蕊。有的植物在一朵花内仅具有单雌蕊，如扁豆、甘草、桃、杏等。也有的植物在一朵花内生有多数离生的单雌蕊，又称离心皮雌蕊，如八角茴香、五味子、草莓等。

② 复雌蕊 由两个以上的心皮彼此连合构成的雌蕊，又称合生心皮雌蕊，如连翘、百合、苹果、柑橘等。组成复雌蕊的心皮数往往可由花柱或柱头的分裂数目、子房上的主脉数以及子房室数来确定。

（3）**子房着生的位置** 子房着生在花托上的位置以及与花各部分的关系往往在不同植物种类中有所不同。一般常见的有下列几种（图 1-75）。

① 上位子房 子房仅底部与花托相连。若花托凸起或平坦，花萼、花冠和雄蕊均着生于子房下方的花托上，这种上位子房的花称下位花，如毛茛、百合等。若花托下陷不与子房愈合，花的其他部分着生于花托上端边缘，这种上位子房的花称周位花，如桃、杏等。

② 半下位子房 子房仅下半部与凹陷的花托愈合，而花的其他部分着生于子房四周的花托边缘，具有这种半下位子房的花也称周位花，如桔梗、马齿苋等。

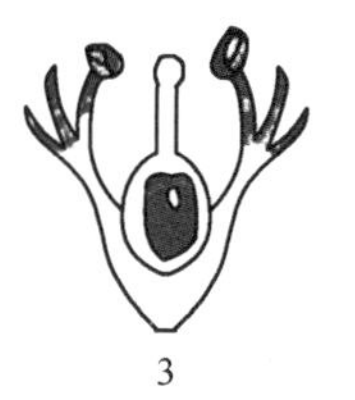

图 1-75　子房与花被的相关位置

1—上位子房（下位花）；2—上位子房（周位花）；
3—半下位子房（周位花）；4—下位子房（上位花）

③ 下位子房　子房全部与下凹的花托愈合，花的其他部分着生于子房的上方，称下位子房，而这种花则称上位花，如栀子、黄瓜、梨等。

（4）胎座的类型　胚珠在子房内着生的部位称胎座。常见的胎座有以下几种类型（图 1-76）。

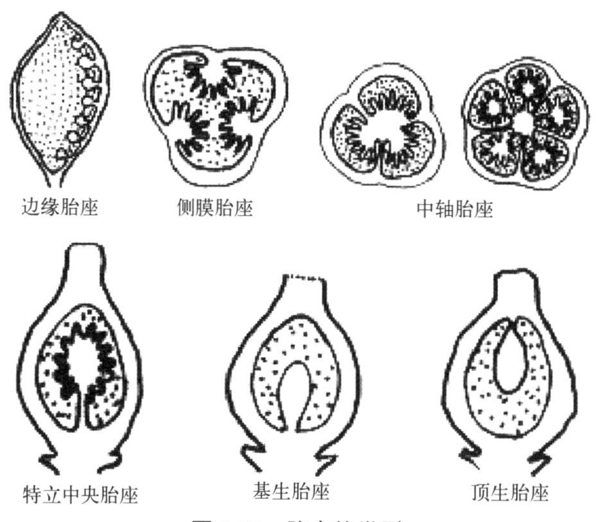

图 1-76　胎座的类型

① 边缘胎座　单心皮雌蕊，子房一室，胚珠沿腹缝线排列成纵行，如大豆、甘草等。

② 侧膜胎座　合生心皮雌蕊，子房一室，胚珠着生于相邻两心皮的腹缝线上，如南瓜、罂粟、紫花地丁等。

③ 中轴胎座　合生心皮雌蕊，子房多室，胚珠着生于心皮边缘向子房中央愈合的中轴上，如百合、柑橘、桔梗等。

④ 特立中央胎座　合生心皮雌蕊，子房一室，子房室底部伸起一游离柱状突起，胚珠着生于柱状突起上（由中轴胎座衍生而来），如石竹、马齿苋、报春花等。

⑤ 基生胎座　单心皮或合生心皮雌蕊，子房一室，胚珠一枚着生于子房室底部，如向日葵、大黄等。

⑥ 顶生胎座　单心皮或合生心皮雌蕊，子房一室，胚珠一枚着生于子房室顶部，如桑、杜仲等。

（5）胚珠及其类型　胚珠在子房的内部，着生于胎座上，其数目随植物种类不同而异。胚珠由珠心、珠被、珠孔、珠柄组成。珠心在内，外面由珠被包围。珠被在包围珠心时在顶端留有一孔，称珠孔，胚珠基部连接胚珠和胎座的短柄称珠柄。珠被、珠心基部和珠柄汇合处称合点。胚珠在发生时，由于各部分的生长速度不同，使珠孔、合点与珠柄的位置有所变化而形成胚珠的不同类型（图 1-77），胚珠的类型也是植物鉴定的依据之一。

① 直生胚珠　胚珠各部生长均匀，胚珠直立，珠孔、珠心、合点与珠柄在一条直线上，如大黄、胡椒、核桃等。

② 横生胚珠　胚珠一侧生长快，另一侧生长慢，整个胚珠横列，珠孔、珠心、合点呈一直线与珠柄垂直，如锦葵。

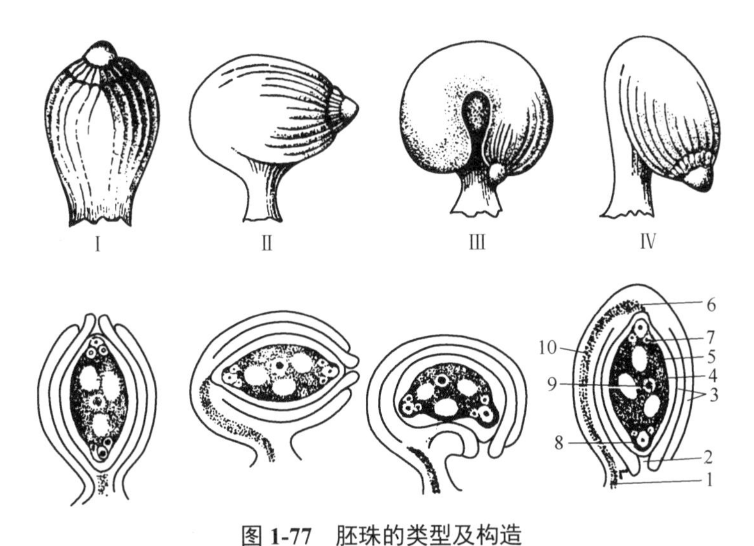

图 1-77　胚珠的类型及构造

Ⅰ—直生胚珠；Ⅱ—横生胚珠；Ⅲ—弯生胚珠；Ⅳ—倒生胚珠
1—珠柄；2—珠孔；3—珠被；4—珠心；5—胚囊；6—合点；7—反足细胞；
8—卵细胞和助细胞；9—极核细胞；10—珠脊

③ 弯生胚珠　珠被、珠心生长不均匀，胚珠弯曲成肾状，珠孔、珠心、合点与珠柄不在一条直线上，如大豆、石竹、曼陀罗等。

④ 倒生胚珠　胚珠一侧生长迅速，另一侧生长缓慢，胚珠向生长慢的一侧弯转而使胚珠倒置。珠孔靠近珠柄，珠柄很长，与珠被愈合，并在珠柄外面形成一条长而明显的纵行隆起，称珠脊。珠孔、珠心、合点几乎在一条直线上。如落花生、蓖麻、杏、百合等大多数被子植物。

二、花的类型

被子植物的花在长期的演化过程中，花的各部发生不同程度的变化，使花多姿多彩、形态多样，归纳起来，可划分为以下几种主要的类型。

1. 完全花和不完全花

凡是花萼、花冠、雄蕊、雌蕊四部分俱全的，称完全花，如桃、桔梗等；缺少其中一部分或几部分的花，称不完全花，如南瓜、桑、柳等。

2. 重被花、单被花和无被花

一朵花具有花萼和花冠的称重被花，如桃、杏、萝卜等。若只具花萼而无花冠，或花萼与花冠不分化的，称单被花。单被花的花萼应称花被，这种花被常具鲜艳的颜色而呈花瓣状，如百合、玉兰、白头翁等。不具花被的花称无被花，这种花常具苞片，如杨、柳、杜仲等（图 1-78）。

3. 两性花、单性花和无性花

一朵花中雄蕊与雌蕊都有的称两性花，如桃、桔梗、牡丹等。

仅具雄蕊或雌蕊的称单性花，其中只有雄蕊的称雄花，只有雌蕊的称雌花。若雄花和雌花在同一株植物上，称单性同株或雌雄同株，如南瓜、蓖麻；若雄花和雌花分别生于不同植株上，称单性异株或雌雄异株，如桑、柳、银杏等。若同一株植物既有单性花又有两性花，称杂性同株，如朴树；若单性花和两性花分别生于同种异株上，称杂性异株，如臭椿、葡萄。

一朵花中若雄蕊和雌蕊均退化或发育不全的称无性花，如八仙花花序周围的花、小麦小穗顶端的花等。

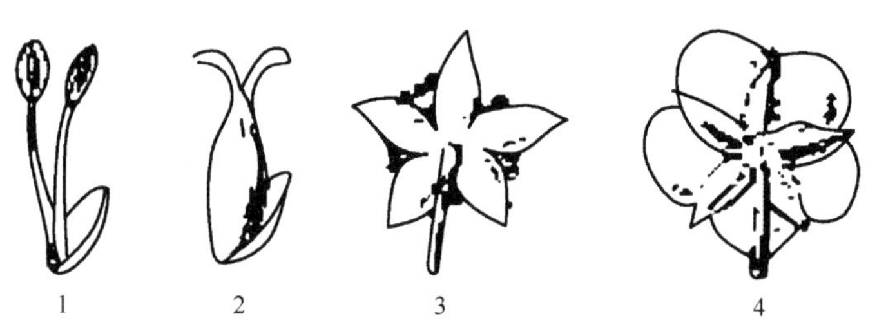

图 1-78　无被花、单被花和重被花

1，2—无被花；3—单被花；4—重被花

4. 辐射对称花、两侧对称花和不对称花

通过花的中心可作两个以上对称面的花，称辐射对称花或整齐花，如桃、桔梗、牡丹等。通过花的中心只能作一个对称面的花，称两侧对称花或不整齐花，如扁豆、益母草等。无对称面的花，称不对称花，如败酱、缬草、美人蕉等（图 1-79）。

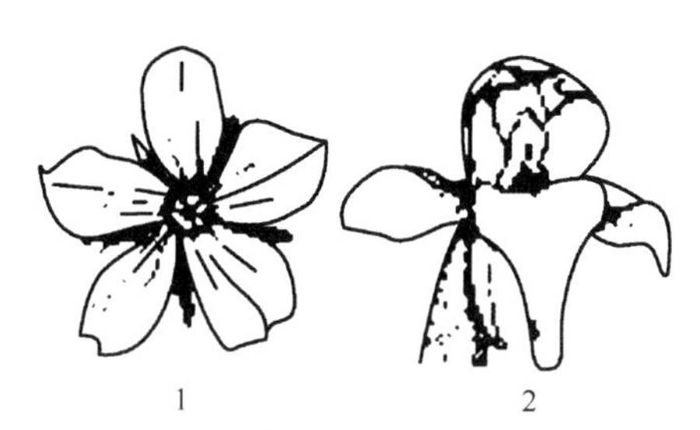

图 1-79　辐射对称花和两侧对称花

1—辐射对称花；2—两侧对称花

5. 风媒花、虫媒花、鸟媒花和水媒花

借风传粉的花称风媒花，风媒花常具有花小、单性、无被或单被、素色、花粉量多而细小、柱头面大和有黏质等特征，如杨、玉米、大麻、稻等。

借昆虫传粉的花称虫媒花。虫媒花的特征为：两性花，雌蕊和雄蕊不同期成熟，具有美丽鲜艳的花被及蜜腺和芳香气味，花粉量少但较大，表面多具突起并有黏性，花的形态常依传粉昆虫的特点形成相适应的结构。如丹参、益母草、桃、南瓜等。

风媒花和虫媒花是植物长期自然选择的结果，也是自然界最普遍的适应传粉的花的类型。另外，还有少数植物借助小鸟传粉，称鸟媒花，如某些凌霄属植物；或借助水流传粉，称水媒花，如金鱼藻、黑藻等一些水生植物。

三、花程式与花图式

为了简化对花的文字描述或叙述，一般利用一些符号、数字或标记等，以方程式或图解的形式来记载和表示出某类或某种花的构造和特征，这就是通常采用的花程式及花图式。

1. 花程式

花程式是用字母、数字和符号来表示花各部分的组成、排列、位置和彼此关系的公式。

（1）**以字母代表花的各部** 一般用花各部拉丁名词的第一个字母的大写表示：P 表示花被，K 表示花萼，C 表示花冠，A 表示雄蕊群，G 表示雌蕊群。

（2）**以数字表示花各部的数目** 数字写在代表字母的右下方。若超过 10 个或数目不定，用“∞”表示；如某部分缺少或退化，以“0”表示。雌蕊群右下角有三个数字，分别表示心皮数、子房室数、每室胚珠数，数字间用“：”相连。

（3）**以符号表示花的情况** “*”表示辐射对称花，“↑”表示两侧对称花；“⚥”“♂”“♀”分别表示两性花、雄花和雌花；“（ ）”表示合生；“+”表示花部排列的轮数关系；“—”表示子房的位置，“$\underline{G}$”表示子房上位、“$\overline{G}$”表示子房下位、“$\overline{\underline{G}}$”表示子房半下位。

例：油菜花 ⚥ * $K_4C_4A_{2+4}\underline{G}_{(2:2:\infty)}$

扁豆花 ⚥ ↑ $K_{(5)}C_5A_{(9)+1}\underline{G}_{(1:1:\infty)}$

桑花 ♂ P_4A_4；♀ $P_4\underline{G}_{(2:1:1)}$

桔梗花 ⚥ $K_{(5)}C_{(5)}A_5\overline{G}_{(5:5:\infty)}$

百合花 ⚥ * $P_{3+3}A_{3+3}\underline{G}_{(3:3:\infty)}$

2. 花图式

花图式是以花的横切面为依据所绘的图解式。它可以直观表明花各部的形状、数目、排列方式和相互位置等情况。

花图式的绘制规则（图 1-80）：先在上方绘一小圆圈表示花序轴的位置（如为单生花或顶生花可不绘出）。在轴的下面自外向内按苞片、花萼、花冠、雄蕊、雌蕊的顺序依次绘出各部的图解，通常以外侧带棱的新月形符号表示苞片，以斜线组成的带棱的新月形符号表示萼片，以空白的新月形符号表示花瓣。雄蕊和雌蕊分别用花药和子房的横切面轮廓表示。

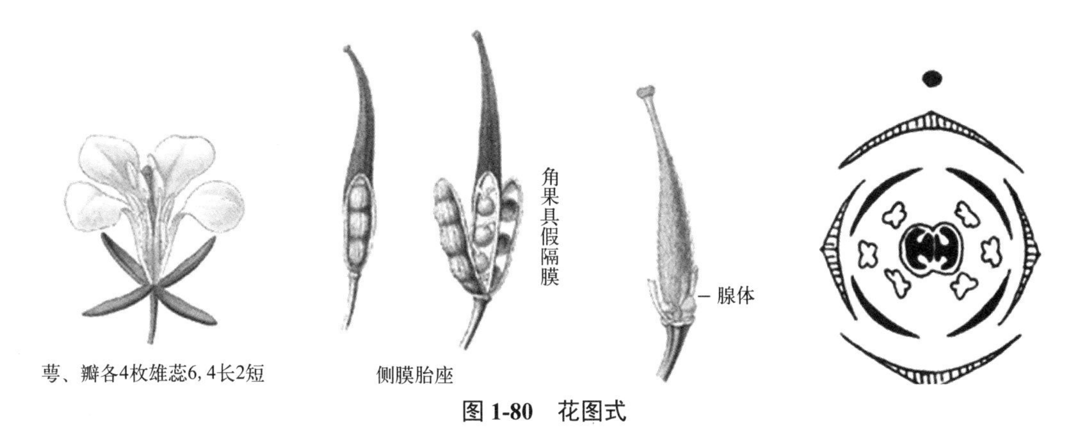

图 1-80 花图式

花程式和花图式虽均能较简明地反映出花的形态、结构等特征，但亦均有不足之处，如花图式不能表明子房与花被的相关位置，花程式不能表明各轮花部的相互关系及花被卷叠情况等，所以两者结合使用才能较全面地反映花的特征。

四、花序及其类型

被子植物的花，有的单独一朵着生在茎枝顶端或叶腋部位，称单生花，如玉兰、牡丹、木槿等。但大多数植物的花，为密集或稀疏地按一定方式、有规律地着生在花枝上形成花序。花序下部的梗称花序梗（总花梗）。总花梗向上延伸成为花序轴，花序轴可以不分枝或再分枝。花序上的花称小花，小花的梗称小花梗。小花梗及总花梗下面常有小型的变态叶，分别为小苞片和总苞片。无叶的总花梗称花葶。

根据花在花序轴上排列的方式和开放的顺序，花序一般分为无限花序和有限花序两大类。

1. 无限花序（总状花序类）

花序轴在开花期内可继续伸长，产生新的花蕾，花的开放顺序是由花序轴下部依次向上开放，或花序轴缩短，花由边缘向中心开放，这种花序称无限花序。

（1）**总状花序**　花序轴长而不分枝，其上着生许多花柄近等长且由基部向上依次成熟的小花，如油菜、荠菜、地黄等。

（2）**穗状花序**　似总状花序，但小花较密集并具极短的柄或无柄，如车前、牛膝、知母等。

（3）**柔荑花序**　花序轴柔软下垂，其上密集着生许多无柄、无被或单被的单性小花，花后整个花序脱落，如杨、柳、核桃等。

（4）**肉穗花序**　与穗状花序相似，但花序轴肉质，粗大，呈棒状，其上密生多数无柄的单性小花，花序外常具有一大型苞片，即佛焰苞，故又称佛焰花序，如天南星、半夏等天南星科植物。

（5）**伞房花序**　略似总状花序，但小花梗不等长，下部长，向上逐渐缩短，上部近平顶状，如山楂、绣线菊等。

（6）**伞形花序**　花序轴缩短，在总花梗顶端着生许多伞辐状排列、花柄近等长的小花，如人参、刺五加、葱等。

（7）**头状花序**　花序轴极度短缩成头状或盘状的花序托，其上密生许多无柄的小花，外围的苞片密集成总苞，如向日葵、红花、菊花、蒲公英等。

（8）**隐头花序**　花序轴肉质膨大而下陷成囊状，其内壁着生多数无柄单性小花，如无花果、薜荔等。

上述花序的花序轴都不分枝，为单花序。但也有的花序轴有分枝，称复花序。常见的有：复总状花序，又称圆锥花序，为具分枝的总状花序，下部分枝较长，上部分枝较短，整体呈圆锥状，如南天竹、女贞等；复穗状花序，花序轴每一分枝为一穗状花序，如小麦、香附等；复伞形花序，在总花梗的顶端有若干呈伞形排列的小伞形花序，如柴胡、当归等伞形科植物；复伞房花序，花序轴上的分枝呈伞房状排列，而每一分枝又为伞房花序，如花楸；复头状花序，由许多小头状花序组成的头状花序，如蓝刺头。

2. 有限花序（聚伞花序类）

有限花序与无限花序相反，由于顶花先开放，因而限制了花序轴的继续生长，开花的顺序是从上向下或从内向外开放的。通常根据花序轴上端的分枝情况，又分为以下几种类型。

（1）单歧聚伞花序 花序轴顶端生一花，然后在顶花下面一侧形成一侧枝，同样在枝端生花，侧枝上又可分枝着生花朵，如此连续分枝则为单歧聚伞花序。若花序轴下的分枝均向同一侧生出而呈螺旋状弯转，称螺状聚伞花序，如紫草、附地菜等。若分枝呈左右交替生出，则称蝎尾状聚伞花序，如射干、唐菖蒲等。

（2）二歧聚伞花序 花序轴顶花先开，后在其下两侧同时产生两个等长的分枝，每分枝以同样方式继续开花和分枝，如石竹、冬青卫矛等。

（3）多歧聚伞花序 花序轴顶花先开，其下同时发出数个侧轴，侧轴多比主轴长，各侧轴又形成小的聚伞花序，称多歧聚伞花序。若花序轴下面生有杯状总苞，则称杯状聚伞花序（大戟花序），如京大戟、甘遂、泽漆等大戟科大戟属植物。

（4）轮伞花序 聚伞花序生于对生叶的叶腋，呈轮状排列，称轮伞花序，如薄荷、益母草等唇形科植物。

此外，有的植物的花序既有无限花序又有有限花序的特征，称混合花序。如丁香、七叶树的花序轴呈无限式，但生出的每一侧枝为有限的聚伞花序，特称聚伞圆锥花序。

花序类型示意见图 1-81。

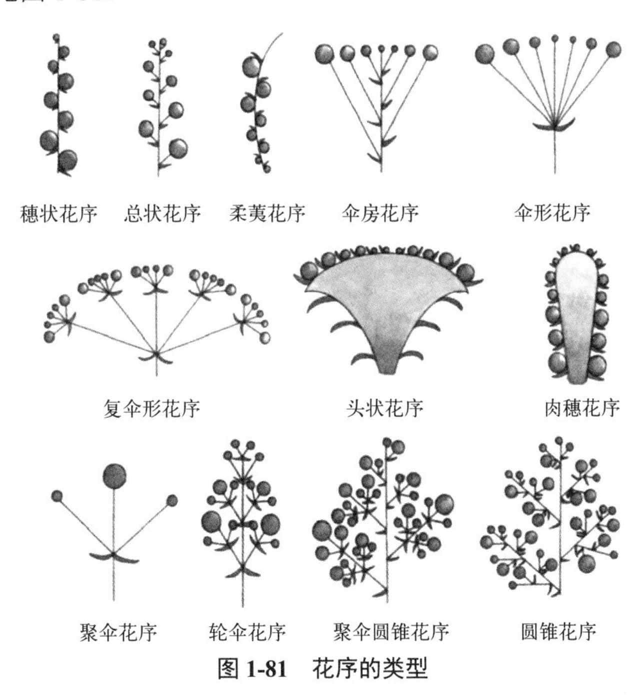

图 1-81 花序的类型

五、花的内部构造

花梗和花托以及花序轴的基本构造与茎相似，其横切面构造分为表皮、皮层和维管柱三部分。而花的组成部分，如萼片、花瓣、雄蕊、雌蕊等均可看成是叶的变态，其生理功能和叶不同，组织构造也有不同之处。

1. 萼片和花瓣的构造

萼片和花瓣的内部结构都很像叶子，它们由基本薄壁组织（相当于叶肉）、稍分枝的维管系统和表皮层组成，并可能有含晶体的细胞、分泌组织及其他异细胞。

（1）**萼片** 绿色的萼片中含有叶绿体，表皮层上可有气孔和表皮毛，但是叶肉很少分化成栅栏组织和海绵组织（图 1-82）。

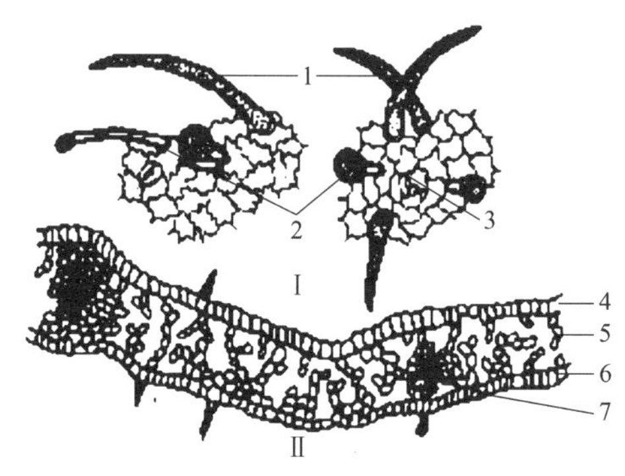

图 1-82 曼陀罗花萼的构造

Ⅰ—表面观（左：上表面，右：下表面）；Ⅱ—横切面

1—非腺毛；2—腺毛；3—气孔；4—上表皮；5—叶肉；6—下表皮；7—维管柱

（2）**花瓣** 上表皮细胞常呈乳头状或绒毛状，无气孔，下表皮细胞不呈乳头状，细胞壁有时呈波浪状弯曲，有时可见少数气孔和毛茸。相当于叶肉部位，由数层排列疏松的大型薄壁细胞组成，无栅栏组织的分化，有的可见分泌组织和贮藏物质，如丁香的花瓣中有油室，红花的花冠中有管状分泌组织且内贮红棕色物质，金银花的花冠中含草酸钙簇晶。维管组织不发达，有时只有少数螺纹导管（图 1-83）。

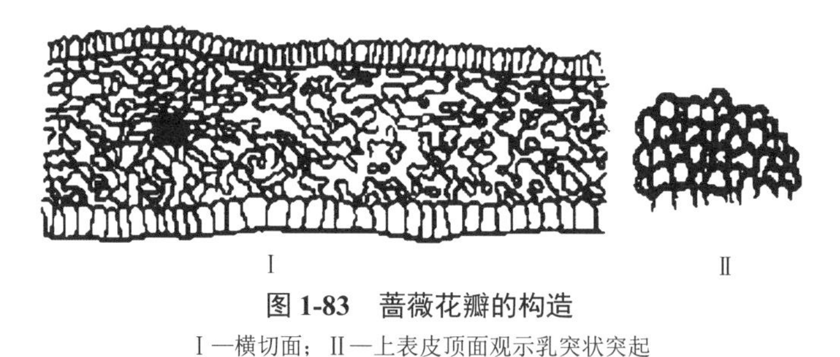

图 1-83 蔷薇花瓣的构造

Ⅰ—横切面；Ⅱ—上表皮顶面观示乳突状突起

2. 雄蕊的内部构造

（1）**花丝** 内部构造比较简单，表皮有表皮毛和气孔。有的表皮细胞呈乳头状突起，如莲。表皮以内为薄壁组织，包围着维管束。维管束穿过花丝，末端终止在花药的基部，或进入两半花药之间的药隔组织。

（2）**花药** 多数被子植物的花药由 4 个花粉囊组成，横切面呈蝴蝶形，分为左右两半，少数种类只有 2 个花粉囊，是产生花粉的场所。花粉囊内壁（又称药室内壁）细胞内含有淀粉粒，到花药成熟时，在垂周壁和内切向壁出现不均匀增厚，呈网状、螺旋状、环状或点状等，且大多木化，称纤维层。花粉囊内有花粉粒。纤维层细胞和花粉的形态构造，常为中药花类药材的鉴定依据。

药壁最内层是绒毡层。绒毡层对花粉粒的发育具有重要的营养作用和调节作用，在花粉粒成熟时，绒毡层细胞多已解体。

花粉囊内造孢细胞分裂成许多体积大的花粉母细胞。每个花粉母细胞成熟分裂后形成 4 个子细胞，每个子细胞发育成花粉粒，即 1 个花粉母细胞发育成 4 个花粉粒，在发育初期是连在一起的，称为四分体。绝大多数植物四分体的花粉粒会进一步分开，呈单个的花粉粒（图 1-84）。

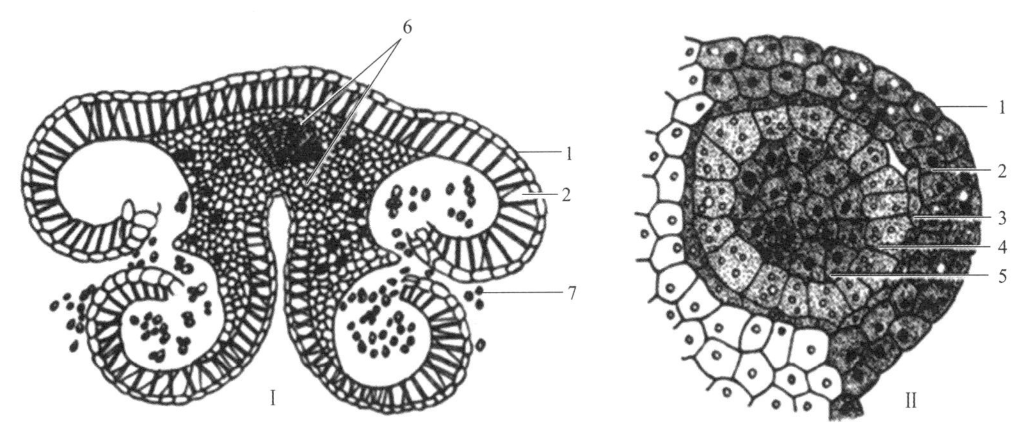

图 1-84　成熟后开裂的花药（Ⅰ）和幼期花药的一个花粉囊（Ⅱ）

1—表皮；2—纤维层；3—中层的薄层细胞；4—绒毡层；
5—花粉母细胞；6—药隔及维管束；7—花粉粒

（3）花粉粒的结构　花粉粒的形状、颜色、大小随植物种类而异。花粉粒形状常呈圆形、扁圆形、三角形、四角形等。不同植物的花粉粒，其颜色也不一样，有淡黄色、黄色、橘黄色、墨绿色、青色、红色及褐色等。多数植物花粉粒的直径在 15 ～ 50μm，常将花粉粒分成很小（小于 10μm）、小（10 ～ 25μm）、中等（25 ～ 50μm）、大（50 ～ 100μm）、很大（100 ～ 200μm）、极大（200μm 以上）6 个等级来记述它们的大小。

大多数植物的花粉粒在成熟时是单独存在的，称单粒花粉，有的植物的花粉粒是 2 个以上集合在一起的，称复合花粉。以组成花粉粒的数目不同，可形成 2 合、4 合、16 合、32 合花粉等。

成熟的花粉粒具二层壁。内壁薄而柔软，由果胶质和纤维素组成；外壁较厚，含大量孢粉素。外壁表面光滑或具有各种雕纹，如颗粒状、瘤状、条纹状、刺状、穴状、棒状、网状、脑纹状等。上述雕纹是鉴定花粉的重要特征。花粉粒的内壁上有的地方没有外壁，形成萌发孔或萌发沟。花粉萌发时，花粉管就由孔或沟处向外突出生长。各类植物的花粉粒所具有的萌发孔或萌发沟的结构、形状、位置、数目和大小也不相同，这是鉴定花粉的重要特征。有时遇见的花粉粒上的萌发孔不典型，孔、沟或孔沟不明显，可以在前面冠以“拟”字，如拟沟、拟孔。

常见的有单孔花粉，如香蒲科、禾本科；单沟花粉，如百合科、木兰科；二孔花粉，如桑科；二沟花粉，如罂粟科角茴香；三孔花粉，如沙参、葎草；三沟花粉，如商陆科；四孔花粉，如夹竹桃；四沟花粉，如凤仙花（图 1-85）。

3. 雌蕊的构造

（1）子房　外面是心皮围绕形成的子房壁，壁内的腔室称子房室。子房室的数目因植物

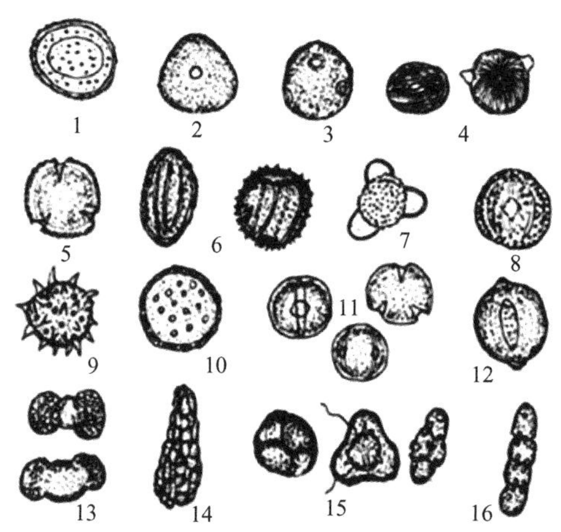

图 1-85　花粉类型示例

1—刺状雕纹花粉（番红花）；2—单孔花粉（水烛）；3—三孔花粉（大麻）；4—三孔沟花粉（曼陀罗）；
5—三沟花粉（莲）；6—螺旋孔花粉（谷精草）；7—三孔、齿状雕纹花粉（红花）；
8—三孔沟花粉（钩吻）；9—散孔、刺状雕纹花粉（木槿）；10—散孔花粉（芫花）；
11—三孔沟花粉（密蒙花）；12—三沟花粉（乌头）；13—具气囊花粉（油松）；
14—花粉块（绿花阔叶兰）；15—四合花粉，每粒花粉具 3 孔沟（羊踯躅）；
16—四合花粉（杠柳）

种类而有所不同。子房壁的构造和叶片相似，横切面观，可见内、外两层表皮，均由 1 列排列紧密的小型薄壁细胞组成，可有气孔和毛茸。两层表皮之间为多层薄壁细胞，无栅栏组织分化。心皮通常有 3 条维管束，即 1 条中央维管束（相当于背缝线）、2 条侧束（相当于腹缝线）。

（2）花柱　构造与子房壁相似，最外层是表皮，有时可具毛茸，其内方为薄壁组织。花柱有实心的和具沟的两类。大多数被子植物均具有实心的花柱。花柱中有一种特化组织，称引导组织，这种组织能提供营养物质，以帮助萌发的花粉管生长进入子房。

具有沟的花柱，引导组织形成腺体衬在沟内。花粉管沿着这种组织或深入到衬里生长，但显然没有穿入细胞。

（3）柱头　有的植物的柱头能分泌某种化学物质，诱导花粉萌发，这种柱头称为“湿柱头”，如矮牵牛；有的植物的柱头并不分泌出某种黏液，则称为“干柱头”，如棉花。湿柱头上有一种腺体组织，柱头上的表皮细胞通常延长成乳头状，有短毛或长的分枝毛，如番红花的柱头。

（4）胚珠和胚囊　在子房壁的内表皮下的胎座上，生有一团珠心组织，珠心基部的细胞分裂较快，逐渐向上扩展，包围珠心，形成珠被。珠被包裹着珠心，合称胚珠。胚珠发育时，靠近珠孔处的表皮下，一般只有一个细胞长大成孢原细胞，具有分生能力。孢原细胞可以直接成为胚囊母细胞（大孢子母细胞），经减数分裂成为 4 个子细胞，由其中一个发育成大孢子，其余 3 个逐渐消失。

常见的被子植物胚囊发育过程如下：首先是大孢子萌发，体积增大。大孢子细胞核进行第一次分裂，形成 2 个核，随即分别移到胚囊两端，然后再进行两次分裂，以致每端有 4 个核，以后每端各有一核移向中央，形成 2 个极核。有些植物这 2 个极核融合成为中央细胞，近珠孔一端的 3 个核成为 3 个细胞（中央的为卵细胞，两边各有 1 个助细胞），近合点端的 3 个核也形成 3 个细胞成为反足细胞，这样就形成了 8 个核的胚囊（即雌配子体）。

花的纵切面图解见图 1-86。

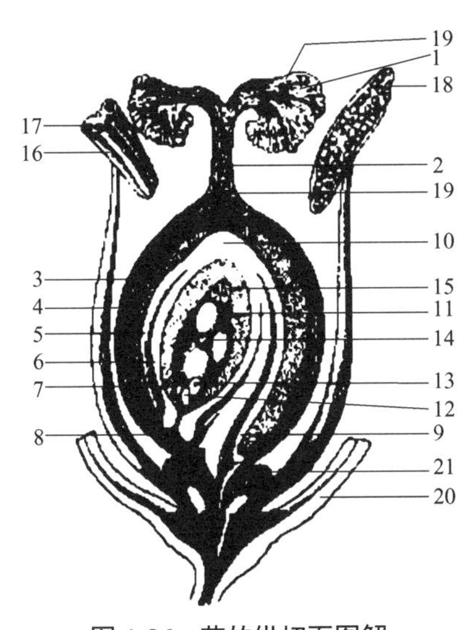

图 1-86　花的纵切面图解

1—柱头；2—花柱；3—子房；4—胚珠；
5—外珠被；6—内珠被；7—珠心；8—珠孔；9—珠柄；10—合点；11—胚囊；12—助细胞；
13—卵细胞；14—中央细胞；15—反足细胞；16—花药；17—花粉囊；18—花粉粒；
19—花粉管；20—花被；21—蜜腺

4. 被子植物的双受精

成熟花粉粒经传粉后落到柱头上，因柱头上分泌黏液，能使花粉粒附着于柱头上。花粉粒在柱头上开始萌发，自萌发孔长出若干个花粉管，而其中只有 1 个花粉管能继续伸长，沿着花柱伸入子房。如果是 3 个细胞的花粉粒，营养细胞和 2 个精子细胞都进入花粉管；有些植物的花粉粒只具 2 个细胞，即营养细胞和生殖细胞，亦均移入花粉管，生殖细胞在花粉管内分裂成 2 个精子。大多数植物的精子由珠孔进入胚囊，称为珠孔受精。花粉管进入胚囊后，先端破裂，精子进入胚囊（这时营养细胞大多已分解消失），其中 1 个精子和卵结合，形成二倍体的受精卵（合子），以后发育成为种子的胚。精子与卵结合的过程称为受精作用。另一枚精子则和 2 个极核结合或和 1 个次生核结合，形成三倍体的初生胚乳核，以后发育成胚乳。这一过程称为双受精，这是被子植物所特有的现象。一般认为胚乳也具有父母本的遗传性，而且双重遗传性的胚在胚乳中孕育，所以被子植物的后代具有更强的生活力和适应性（图 1-87）。

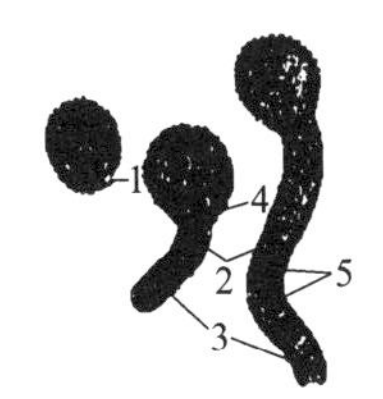

图 1-87　花粉粒的萌发，花粉管及精子的形成

1—萌发孔；2—花粉管；3—营养核；4—生殖细胞；5—两个精子

第五节　果实

果实是被子植物特有的繁殖器官，一般是花受精后由雌蕊的子房发育形成的特殊结构，外面包被果皮，内含种子。果实有保护种子和散布种子的作用。

一、果实的发育与形成

花经过传粉受精后，花的各部分变化显著，除少数植物保留有宿存花萼外，花萼、花冠一般脱落，雄蕊及雌蕊的柱头、花柱先后枯萎，仅子房连同其中的胚珠逐渐生长膨大而发育成果实。这种单纯由子房发育而来的果实称真果，如桃、李、杏、柑橘等。有些植物除子房外尚有花的其他部分（如花托、花萼以及花序轴等）参与果实的形成，这种果实称假果，如苹果、梨、南瓜、无花果、凤梨等。凡是由下位子房发育形成的果实一般都是假果。

大多数植物未经受精作用其雌蕊迟早枯萎脱落，不能形成果实，但有的植物只经过传粉而未经受精作用也能发育成果实，称单性结实，其所形成的果实称无子果实。由单性结实所形成的果实一般没有种子，或虽有种子但没有胚。单性结实有自发形成的，称自发单性结实，如香蕉、柑橘、柿、瓜类及葡萄的某些品种等。还有的是通过某种诱导作用而引起的，称诱导单性结实，例如用马铃薯的花粉刺激番茄的柱头而形成无子番茄；或用化学处理方法，如将某些生长素涂抹或喷洒在雌蕊柱头上，也能得到无子果实。

果实在生长发育过程中，其体积和重量不断增加，最后停止生长，并通过一系列生理、生化变化达到成熟。其中，由于表皮细胞中叶绿素分解，胡萝卜素或花青素等积累，果实的颜色由绿色转变为黄、红色或橙色等。果实内部因合成醇类、酯类和羧基化合物为主的芳香性物质而散发出香气。同时，果实中原有的单宁、有机酸减少，糖分增多，以致涩、酸减弱，甜味明显增加。此外，果实的另一明显变化则是通过水解酶的作用使胞间层水解，细胞间松散，组织软化。

二、果实的构造和功能

果实是由受精后的子房发育而成的，包括果皮和种子两部分。果皮通常可分为三层，由外向内分别是外果皮、中果皮和内果皮。

（1）**外果皮**　是果皮的最外层，通常较薄而坚韧。

（2）**中果皮**　占果皮的大部分，其结构在不同种类的果实中差异较大，肉质果实多肥厚，干果的中果皮多为干燥膜质。

（3）**内果皮**　为果皮的最内层，多呈膜质或为木质，如桃、李、杏等；少数植物的内果皮能生出充满汁液的肉质囊状毛，如柑橘。

三、果实的类型

果实的特征多种多样，不同的植物具有不同类型的果实。果实的类型一般根据果实的来源、结构和果皮性质的不同分为单果、聚合果和聚花果三大类。

彩图 1-88

1. 单果

一朵花中只有一个雌蕊（单雌蕊或复雌蕊），以后形成一个果实的称为单果。根据果皮质地不同，单果又分为肉果和干果两类。

（1）肉果　果皮肉质多汁，成熟时不开裂（图 1-88）。

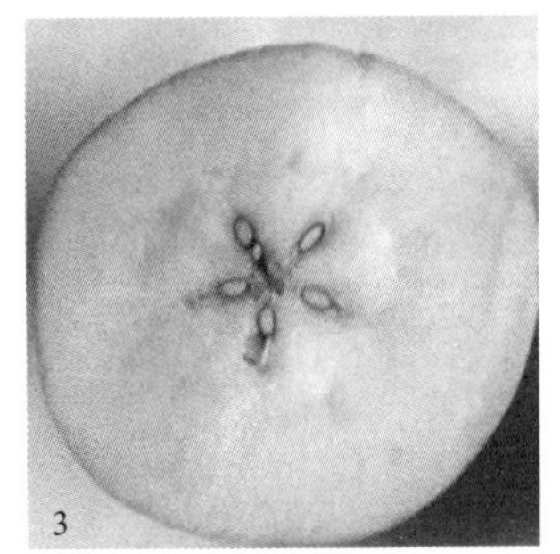

图 1-88　肉果的类型

1—浆果；2—核果；3—梨果；4—柑果；5—瓠果

① 浆果　由单心皮或合生心皮雌蕊发育而成，外果皮薄，中果皮和内果皮不易区分，肉质多汁，内含一至多粒种子。如葡萄、番茄、枸杞、茄等。

② 核果　多由单心皮雌蕊发育而成，外果皮薄，中果皮肉质肥厚，内果皮形成坚硬木质的果核，每核内含 1 粒种子。如桃、李、梅、杏等。

③ 梨果　由 5 心皮合生的下位子房连同花托和萼筒发育而成的一类肉质假果，其肉质可食部分主要来自花托和萼筒，外果皮和中果皮肉质，界限不清，内果皮坚韧，革质或木质，常分隔成 5 室，每室含 2 粒种子。如苹果、梨、山楂、枇杷等。

④ 柑果　由多心皮合生雌蕊具中轴胎座的上位子房发育而成。外果皮较厚，柔韧如革，内含油室；中果皮疏松海绵状，具多分枝的维管束（橘络），与外果皮结合，界限不清；内果皮膜质，分隔成多室，内壁生有许多肉质多汁的囊状毛。柑果为芸香科柑橘类植物所特有，如橙、柚、橘、柑等。

⑤ 瓠果　由 3 心皮合生具侧膜胎座的下位子房连同花托发育而成的假果，外果皮坚韧，中果皮和内果皮及胎座肉质，为葫芦科植物所特有，如南瓜、冬瓜、西瓜、栝楼等。

（2）干果　果实成熟时果皮干燥。根据果皮开裂与否，又分为裂果和闭果（不裂果）两类（图 1-89、图 1-90）。

图 1-89　裂果的类型

1—蓇葖果；2—荚果；3—短角果；4—长角果；5 ～ 8—蒴果

图 1-90　闭果的类型

1，2—瘦果；3，4—颖果；5—坚果；6—翅果；7—双悬果

① 裂果　果实成熟后自行开裂。根据心皮组成及开裂方式的不同分为以下几种。

a. 蓇葖果　由单心皮或离生心皮单雌蕊发育而成的果实，成熟后沿腹缝线或背缝线一侧开裂，如厚朴、八角茴香、芍药、淫羊藿、杠柳等。

b. 荚果　由单心皮发育而成，成熟时沿腹缝线和背缝线同时裂开成两片，为豆科植物所特有，如扁豆、绿豆、豌豆等。但荚果也有成熟时不开裂的，如紫荆、落花生；槐的荚果肉质，呈念珠状，亦不裂；含羞草、山蚂蝗的荚果呈节节断裂，但每节不开裂，内含 1 种子。

c. 角果　分为长角果和短角果，由两心皮合生具侧膜胎座的上位子房发育而成的果实，中间有由心皮边缘合生的地方生出的假隔膜，将子房隔成两室，种子着生在假隔膜两边，成熟时沿两侧腹缝线自下而上开裂成两片，假隔膜仍留在果梗上。角果为十字花科的特征，长角果细长，如油菜、萝卜；短角果宽短，如荠菜、菘蓝、独行菜等。

d. 蒴果　由合生心皮的复雌蕊发育而成，子房一至多室，每室含多数种子，是裂果中最普遍的一类果实。蒴果成熟时开裂方式较多，常见的有如下几类。

瓣裂（纵裂）：果实开裂时沿纵轴方向裂成数个果瓣。其中，沿腹缝线开裂的称室间开裂，如马兜铃、蓖麻；沿背缝线开裂的称室背开裂，如百合、射干；沿背、腹两缝线开裂，但子房间壁仍与中轴相连的称室轴开裂，如曼陀罗、牵牛。

孔裂：果实顶端呈小孔状开裂，如罂粟、桔梗等。

盖裂：果实中上部环状横裂成盖状脱落，如马齿苋、车前等。

齿裂：果实顶端呈齿状开裂，如石竹、王不留行等。

② 闭果（不裂果）　果实成熟后，果皮不开裂或分离成几部分，但种子仍包被在果实中。常见的闭果有以下几种。

a. 瘦果　果皮较薄而坚韧，内含 1 粒种子，成熟时果皮与种皮易分离，为闭果最普通的一种。如向日葵、白头翁、荞麦等。

b. 颖果　果实内含 1 粒种子，果皮薄，与种皮愈合，不易分离，如稻、麦、玉米、薏苡等，为禾本科植物所特有的果实。农业生产上常把颖果称为种子。

c. 坚果　果皮坚硬，内含 1 粒种子，果皮与种皮分离，如板栗、榛子等壳斗科植物的果实，这类果实常有总苞（壳斗）包围。有的坚果很小，无壳斗包围，称小坚果，如益母草、紫草等。

d. 翅果　果实内含 1 粒种子，果皮一端或周边向外延伸成翅状，如杜仲、榆、槭、白蜡树等。

e. 胞果　果皮薄而膨胀，疏松地包围种子，而与种子极易分离，如青葙、藜、地肤子等。

f. 双悬果　为伞形科植物特有的果实，由两心皮合生雌蕊的子房发育而成，果实成熟时，心皮分离成 2 个分果，双双悬挂在心皮柄的上端，心皮柄基部与果梗相连，每个分果内含 1 粒种子，如当归、白芷、小茴香等。

2. 聚合果

一朵花中的许多离生单雌蕊聚集生长在花托上，并与花托共同发育而成的果实称聚合果。每 1 离生雌蕊各形成 1 单果（小果），根据小果种类的不同，又可分为聚合蓇葖果（如八角茴香、芍药）、聚合瘦果（如草莓、毛茛）、聚合核果（如悬钩子）、聚合浆果（如五味子）、聚合坚果（如莲）等（图 1-91）。

3. 聚花果或复果

聚花果或复果是由整个花序发育而成的果实。如桑椹是雌花序开花后，每朵花的花被变为肥厚肉质，子房发育成瘦果；凤梨（菠萝）是由多数不孕的花着生在肥大肉质的花序轴

（食用部分）上所形成的果实；无花果由隐头花序形成，其花序轴肉质化并内陷成囊状，囊的内壁上着生许多小瘦果，这类果实又叫隐头果（图 1-92）。

图 1-91　聚合果

1，2—聚合瘦果；3—聚合核果；4—聚合坚果；
5，6—聚合蓇葖果；7—聚合浆果

图 1-92　聚花果

1—凤梨；2—桑果（桑葚）；3—无花果（隐花果）

四、果实的散布

果实散播种子的方法多种多样，如桃、梨、柑橘等果实被人和动物食后，由于种子有种皮或木质内果皮保护，不能消化而随粪便排出或被抛弃各地；苍耳、鬼针草、蒺藜、猪殃殃等果实具有特殊的钩刺突起或有黏液分泌，能挂在或黏附于动物的毛发或人的衣服上而散布到各地；而蒲公英、榆、槭等果实多质轻细小，且常有毛状、翅状等特殊结构，可借风力传播；莲蓬、椰子等果实常具有不透水的构造，质地疏松而有一定浮力，可借水流传播种子；还有一些植物，如大豆、油菜、凤仙花等，其果实成熟时多干燥开裂，借自身的力量使种子弹开散播。

五、果实的内部构造

果实的构造在果实类药材的鉴别上具有一定鉴别意义。果实的组织构造一般是指其果皮的构造。

1. 果实的一般构造

（1）外果皮 是果实的最外层。其由一列表皮细胞或表皮与某些相邻组织构成，外被角质层或蜡被，偶有气孔或毛茸，如桃、吴茱萸具有非腺毛及腺毛；有的在表皮中含有色物质或色素，如花椒；有的在表皮细胞间有油细胞，如北五味子。

（2）中果皮 是果实的中层，占果皮的大部分，多由薄壁细胞组成，具有多数细小维管束。有的含石细胞、纤维，如马兜铃、连翘；有的含油细胞、油室及油管等，如胡椒、陈皮、花椒、小茴香、蛇床子等。

（3）内果皮 是果皮的最内层，多由1层薄壁细胞组成。有的具一至多层的石细胞［核果的内果皮（果核）即由多层石细胞组成］，如杏、桃、梅；有的内果皮由多数（5～8个）长短不等的扁平细胞镶嵌状排列，此种细胞称镶嵌细胞，如伞形科植物的果实。

石细胞是细胞壁明显增厚且木质化，并渐次死亡的细胞。细胞壁上未增厚的部分呈细管状，有时分枝，向四周射出。 石细胞的形状大多是近于球形或多面体形，但也有短棒状或具分枝的，大小也不一致。石细胞常单个或成群地分布在植物的根皮、茎皮、果皮及种皮中，如党参、黄柏、八角茴香、杏仁；有些植物的叶或花亦有分布，这些石细胞通常呈分枝状，所以又称为畸形石细胞或支柱细胞（图1-93）。

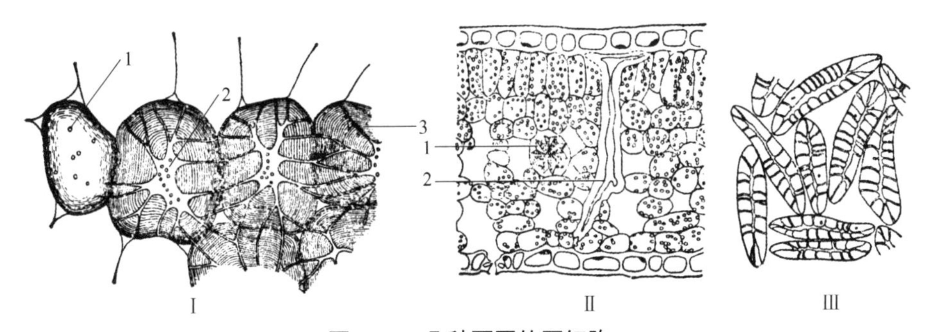

图1-93 几种不同的石细胞

I—梨的石细胞（1—纹孔；2—细胞腔；3—层纹）；
II—茶叶横切面的一部分［1—细晶体；2—支柱细胞（石细胞）］；
III—椰子果皮内的石细胞

纤维细胞和石细胞二者的区别在于细胞的形状和存在形式。纤维细胞长，常成环状或束状分布；石细胞相对短，形状多样，单一或成堆存在。

2. 肉质果的构造

以栀子为例，其果实长卵圆形或椭圆形，成熟时红黄色，从其横切面及粉末中可观察到以下构造（图1-94）。

（1）横切面 外果皮为1列长方形细胞，外壁增厚，被角质层；中果皮外侧具2～4列厚角细胞，其内侧为大量长圆形的薄壁细胞，含黄色色素，少数薄壁细胞内含草酸钙簇晶，外韧维管束稀疏分布，较大的维管束四周具木化的纤维束，并有石细胞夹杂其间；内果皮为2～3层石细胞，有的胞腔内有草酸钙方晶，偶见含簇晶的薄壁细胞镶嵌其中。外种皮为1层石细胞，近方形，外壁及侧壁增厚特甚，胞腔内含有棕红色物及黄色色素；内种皮为颓废压扁的薄壁细胞。胚乳细胞多角形，中央为2枚扁平的子叶细胞，胞腔内含有众多的糊粉粒。

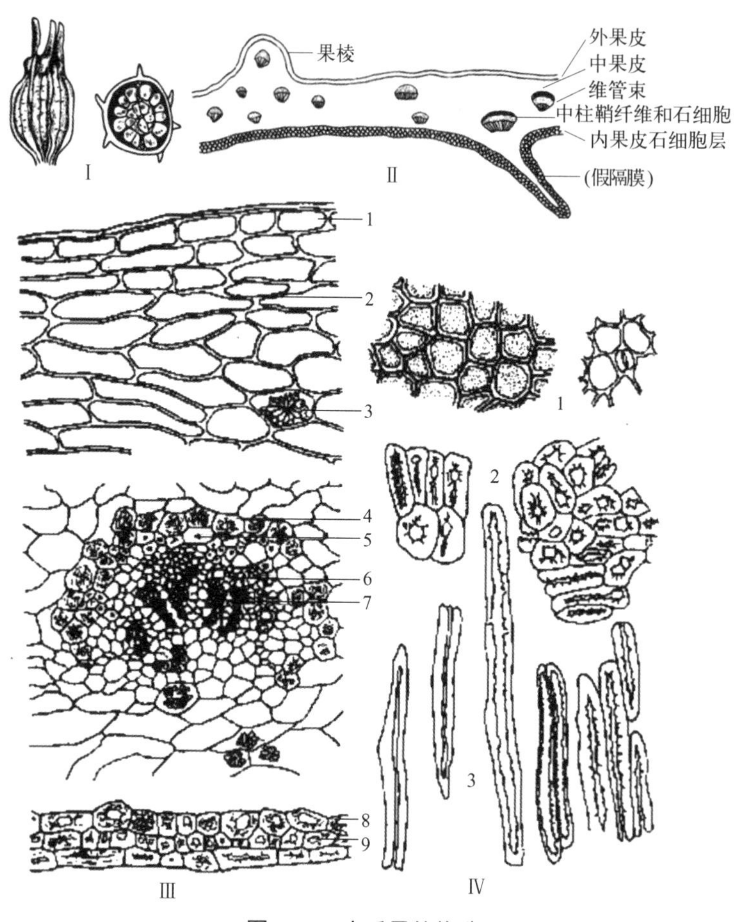

图1-94 肉质果的构造

Ⅰ—果实外形及横切面；Ⅱ—果皮横切面简图；Ⅲ—果皮横切面详图；
Ⅳ—粉末图（1—果皮表皮细胞；2—内果皮石细胞；3—纤维）
1—外果皮；2—中果皮；3—簇晶；4—石细胞；5—中柱鞘纤维；6—韧皮部；
7—木质部；8—内果皮石细胞；9—方晶

（2）粉末 红棕色，内果皮石细胞成群或单个散在，多角形或长方形，直径10～18～45μm，胞腔内含棕红色物质，有的尚含草酸钙方晶，长6～8μm，偶可见石细胞群中夹有单个或2个毗连的含簇晶薄壁细胞。种皮石细胞卵圆形或长圆形，直径40～95μm。纤维单个或成束，长150～240～320μm，宽13～19μm，木质化。果皮薄壁细胞稀含簇晶或方晶。外果皮表皮细胞偶可见不定式气孔。胚乳细胞多角形，含糊粉粒及脂肪油滴。

3. 干果的构造

以八角茴香为例，其为聚合蓇葖果，每个蓇葖果长卵形，成熟时红棕色，从其横切面及粉末中可看到以下构造。

（1）**横切面**　外果皮为1列表皮细胞，外被不规则、具小突起的角质层；中果皮为多层厚角细胞，其内为薄壁细胞，具散在的油细胞、维管束，在腹缝线处有数列石细胞；内果皮为1层排列整齐的柱状细胞，在腹缝线部分为石细胞，石细胞层从腹缝线向内逐渐加长，并与柱状细胞层衔接。种皮表皮细胞为1列排列紧密的长方形石细胞，其外壁与侧壁呈“U”形增厚，其内为数层含有淀粉粒的营养层薄壁细胞。胚乳细胞内含糊粉粒及脂肪油。

（2）**粉末**　果皮表皮细胞类多角形，壁厚，角质纹理致密。气孔不定式，副卫细胞4～8个。腹缝线石细胞类长方形或多角形。油细胞多已破碎，完整者圆形，木化，多具单斜纹孔或“十”字形纹孔对。种皮表皮石细胞淡黄色，矩形；纤维较粗长，纹孔明显，木化。

第六节　种子

种子是所有种子植物特有的器官，具有繁殖作用。花经过传粉、受精后，胚珠发育成种子，外被珠被发育成种皮，即种子是发育成熟的胚珠。

一、种子的形态结构

种子的形状、大小、色泽、表面纹理等，随不同的植物种类而有所差异。种子的形状多样，有球形、类圆形、椭圆形、肾形、卵形、圆锥形、多角形等。大小差异悬殊，大的有椰子、银杏、槟榔等，较小的有葶苈子、菟丝子等，极小的如天麻、白及等种子呈粉末状。种子的表面通常平滑具光泽，颜色各样，如绿豆、红豆、白扁豆等；但也有的表面粗糙，具皱褶刺突或毛茸（种缨）等，如天南星、车前、太子参、萝藦等。

种子的结构由种皮、胚和胚乳三部分组成。菜豆种子的结构如图1-95所示。

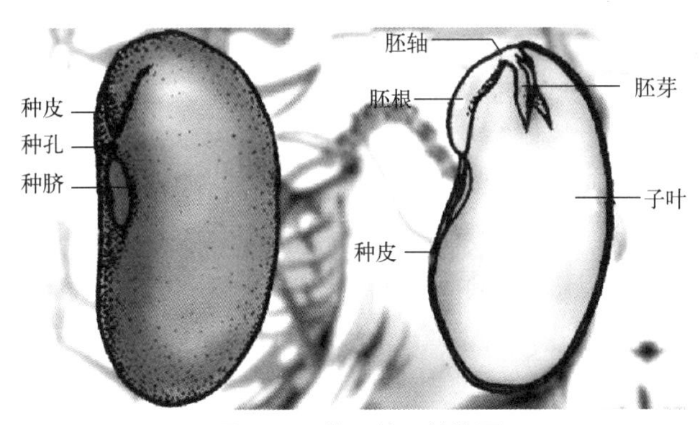

图1-95　菜豆种子结构图

1. 种皮

种皮由珠被发育而来，常分为外种皮和内种皮两层。外种皮较坚韧，内种皮一般较薄。在种皮上常见有下列构造。

（1）**种脐**　为种子成熟后从种柄或胎座上脱落后留下的疤痕，通常呈圆形或椭圆形。

（2）**种孔**　来源于珠孔，为种子萌发时吸收水分和胚根伸出的部位。

（3）**合点**　亦即原来胚珠的合点。

（4）**种脊**　来源于珠脊，是种脐到合点之间的隆起线。倒生胚珠的种脊较长，横生胚珠和弯生胚珠的种脊较短，而直生胚珠无种脊。

（5）**种阜** 有些植物的种皮在珠孔处有一个由珠被扩展成的海绵状突起物，有吸水帮助种子萌发的作用，称种阜，如蓖麻、巴豆等。

此外，有些植物的种子在种皮外尚有假种皮，是由珠柄或胎座处的组织延伸而形成的，似种皮。有的为肉质，如荔枝、龙眼、苦瓜等；也有的呈菲薄的膜质，如豆蔻、砂仁等。

2. 胚

胚由卵细胞受精后发育而成，是种子中尚未发育的幼小植物体。胚由胚根、胚轴 、胚芽和子叶四部分组成。胚根正对着种孔，将来发育成主根；胚轴向上伸长，成为根与茎的连接部分；子叶为胚吸收养料或贮藏养料的器官，占胚的较大部分，在种子萌发后可进行光合作用，但通常在真叶长出后枯萎，单子叶植物具一枚子叶，双子叶植物具两枚子叶，裸子植物具多枚子叶；胚芽为茎顶端未发育的地上枝，在种子萌发后发育成植物的主茎（图 1-96）。

3. 胚乳

胚乳是由受精极核发育而来的，位于胚的周围，呈白色。胚乳细胞内含淀粉、蛋白质或脂肪等营养物质，提供胚发育时所需要的养料。

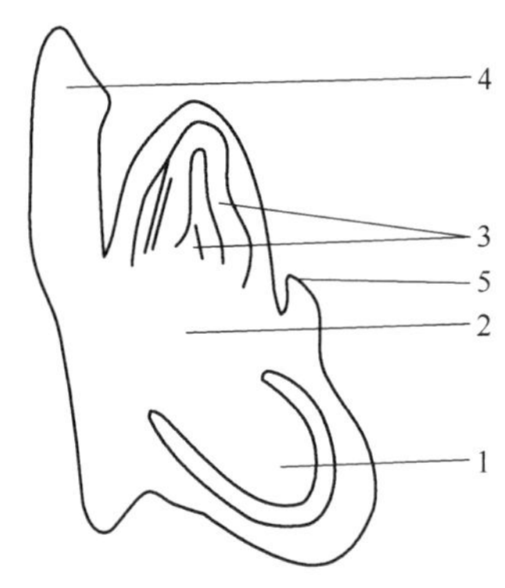

图 1-96 小麦胚的纵切简图

1—胚根；2—胚轴；3—胚芽；4—子叶；5—退化子叶

大多数植物的种子，当胚发育或胚乳形成时，胚囊外面的珠心细胞被胚乳吸收而消失。但也有少数植物种子的珠心，在种子发育过程中未被完全吸收而形成营养组织包围在胚乳和胚的外部，称外胚乳，如肉豆蔻、槟榔、姜、胡椒、石竹等。

二、种子的类型

根据种子中胚乳的有无，一般将种子分为两种类型。

1. 有胚乳种子

种子中胚乳的养料经贮存后到种子萌发时才为胚所利用的，称有胚乳种子。有胚乳种子具有发达的胚乳，胚相对较小，子叶很薄，如蓖麻、大黄、稻、麦等。

2. 无胚乳种子

种子中胚乳的养料在胚发育过程中被胚所吸收并贮藏于子叶中的，称无胚乳种子。这类种子一般胚的子叶肥厚，不存在胚乳或仅残留一薄层，如大豆、杏仁、南瓜子等。

三、种子的寿命与萌发

种子的主要功能是繁殖。种子成熟后，在适宜的外界条件下即可发芽（萌发）而形成幼苗，但大多数植物的种子在萌发前往往需要一定的休眠期才能萌发。此外，种子的萌发还与种子的寿命有关。

1. 种子的寿命

种子的寿命是指种子所能保持发芽能力的年限，通常以达到 60% 以上的发芽率的贮藏时间为判断种子寿命的依据。种子寿命的长短，主要与植物种类有关，如白芷、北沙参等在普通贮藏条件下，一年后就失去发芽率，而青葙子、牛膝等在同样贮藏条件下，可保持两至三年以上；许多植物的种子埋藏在土壤中，经历多年仍能存活，如繁缕和车前的种子在土壤中能存活 10 年左右，马齿苋的种子寿命可长达 20 ～ 40 年，莲的种子可生存 150 年以上，甚至可达上千年。此外，种子寿命亦与贮藏条件有关，一般说来，低温、低湿、黑暗以及降低空气中的含氧量是种子贮藏的理想条件。

2. 种子的萌发

种子的胚从相对静止状态转入生理活跃状态，开始生长，并形成营自养生活的幼苗，这一过程即为种子的萌发。种子萌发的前提是种子成熟、具有生活力。一些植物的种子分化成熟后，在适宜的环境下能立即萌发。但是有些植物的种子，即使在环境适宜的条件下也不能立即进入萌发阶段，而必须经过一定的时间才能萌发，这种现象称为休眠。种子休眠的原因有多种，有些植物的种子虽已脱离母体落入土中，但实际上种胚等还未发育完全，如人参、银杏等，或是种子体内一些重要生理过程并未完成，如苹果、梨、桃等，必须经过一定时期的后熟过程；有的植物种子由于种皮太坚厚，不易透水通气，或种子内部产生有机酸、植物碱、某种激素等生长抑制剂，使种子萌发受阻，还需通过休眠、后熟，使种皮透性增大，呼吸作用及酶的活性加强，内源激素水平发生变化，促进萌发的物质含量提高，抑制萌发的物质含量减少，才能为种子萌发准备适宜的条件。

种子萌发的主要外界条件是充足的水分、适宜的温度和足够的氧气，少数植物的种子萌发还受光照有无的影响。种子萌发时吸收水分的多少和植物种类有关，一般含蛋白质较多的种子吸水多，含淀粉或脂肪较多的种子吸水少。萌发的适宜温度多在 20 ～ 25℃。种子中各种酶的最适温度不等，亦随植物种属不同而异，通常北方种类的种子萌发所需温度相对较南方种类的为低，而对高温的耐受性较差。

一般种子的胚根或胚芽伸出种皮之外，即视为种子萌发。以后，胚根继续发育成根系，使幼苗固定于土壤中，并从土壤中吸取水分和养料。胚芽伸出土面，形成茎叶系统，这样便发育成幼苗。

四、种子的内部构造

1. 种子的内部构造

（1）种皮　通常由以下一种或数种组织构成。

① 表皮　种皮最外层薄壁细胞，不同种子的表皮细胞形态、结构差异较大（图 1-97）。

② 栅状细胞层　由 1 列或 2 ～ 3 列狭长的柱状细胞组成。有的其细胞的内壁和侧壁增厚，

如白芥子；有的在栅状细胞的外缘处可见1条折光率很强的亮线，称光辉带，如白扁豆。

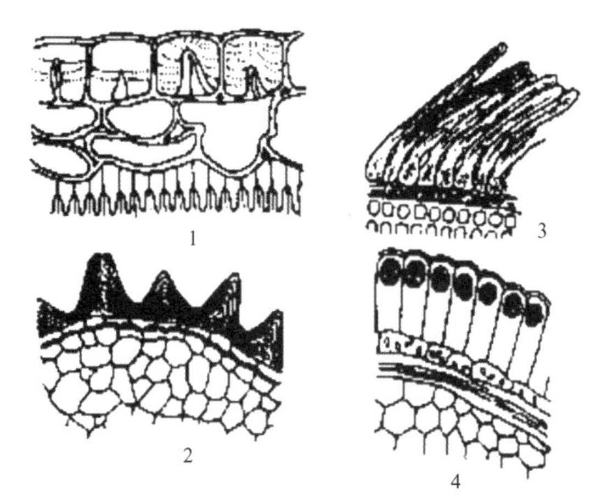

图1-97　种皮表皮细胞的构造

1—表皮为黏液细胞（芥菜）；2—表皮细胞有纹理（莨菪）；
3—表皮细胞有木化非腺毛（马钱子）；4—表皮细胞含草酸钙球状结晶体（黑芝麻）

③ 油细胞层　有的种子的表皮层下方，由数列内贮挥发油的细胞组成，有时常与色素细胞相间排列在一起，如白豆蔻、红豆蔻、砂仁、益智等。

④ 色素层　有的种皮表皮层或表皮层下方的数列薄壁细胞内含色素物质，使种子具不同颜色，如北枳椇、川楝子等。

⑤ 厚壁细胞层　除种子的表皮有时具石细胞之外，有时在表皮的内层几乎全由石细胞组成，如栝楼、中华栝楼、王瓜等；或内种皮为石细胞层，如白豆蔻、阳春砂、草果等。

（2）胚乳　由薄壁细胞或厚壁细胞组成，细胞呈等径的多面体。胚乳细胞常含有大量的淀粉粒、糊粉粒、脂肪油等营养物质。有时在糊粉粒内具草酸钙的小簇晶，如小茴香。

（3）胚　是种子内未发育的幼小植物体。子叶细胞为类圆形或多面体，常具细胞间隙，外层表皮细胞具1极薄的角质层，常无气孔分布。有的植物种子在子叶的组织中还含有分泌腔和草酸钙簇晶，如牵牛子。

2. 药用种子构造示例

（1）白扁豆种子　种皮的表皮层为1列栅状细胞，在种脐部位为2列，细胞壁自外向内渐增厚。靠栅状细胞的最外侧有1条光辉带。表皮下方为1层支柱细胞，种脐部位为2～5层，细胞哑铃状，其下为十数列薄壁细胞，内侧还有数层颓废细胞层。子叶表皮细胞类方形，叶肉细胞类圆形，内含众多的淀粉粒。淀粉粒卵圆形、类球形或肾形，脐点星状或裂隙状，少数层纹明显。种脐部位栅状细胞外侧具种阜，细胞类圆形，内含众多淀粉粒，内侧为一群排列紧密、细胞壁呈网状增厚的管胞，其两侧有星状组织，细胞呈星芒状，并具较大的细胞间隙（图1-98）。

（2）槟榔种子　种皮组织分内、外两层。外层由数层切向延长的扁平石细胞组成，内含红棕色物质（鞣质），石细胞的形状、大小不一，常具细胞间隙；内层为数列长形薄壁细胞，含棕红色物质（鞣质），其中散生少数维管束，无细胞间隙。外胚乳为数层大型切向延长的细胞，壁厚，内含黑棕色物质（鞣质）。近种皮处具维管束组织，由薄壁细胞组成，导管非木质化。外胚乳细胞呈不规则形。内胚乳由白色多角形细胞组成，细胞中含有油滴及糊粉粒（图1-99）。

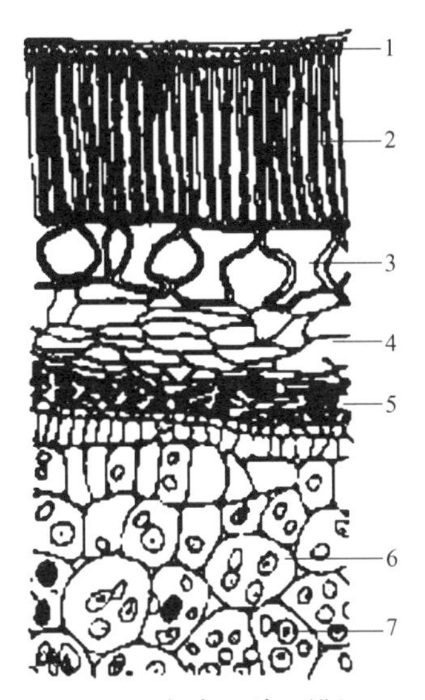

图 1-98　白扁豆种子横切面

1—光辉带；2—栅栏细胞；3—支柱细胞；4—薄壁细胞；
5—颓废细胞；6—子叶细胞；7—淀粉粒

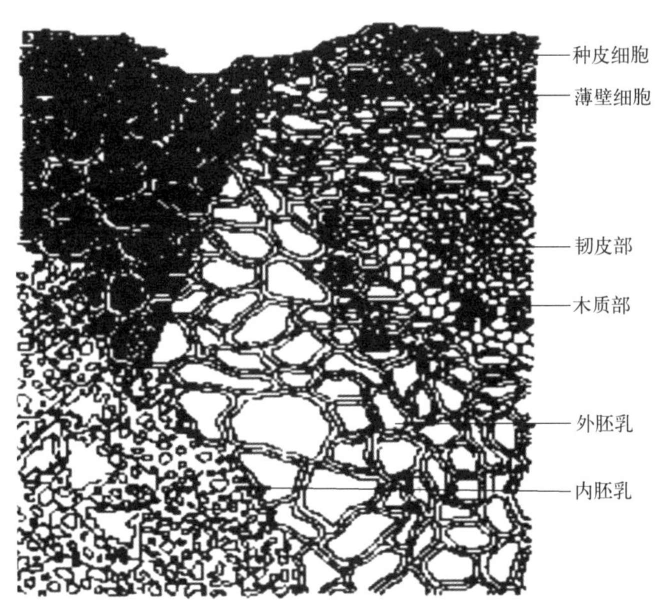

图 1-99　槟榔种子横切面详图

模块二

药用植物分类及识别

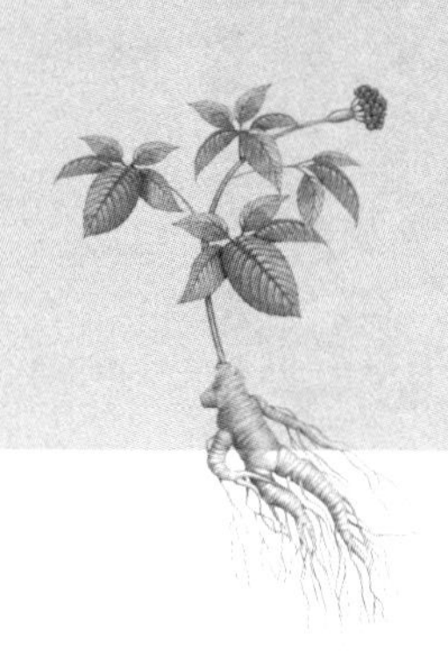

第二章

植物分类知识

第一节　植物分类的目的和任务

植物分类即对植物进行鉴定、命名、分类，并按一定的系统排列起来，以便于认识和研究利用植物。

自然界的许多植物类群具有各自的不同特征，植物分类的方法，就是根据植物在形态学、解剖学、细胞学、植物化学、数量分类学和地理分布等方面的特征，将某类群与其他的类群区分开来并给予命名，同时根据各个类群的相似程度以及它们在遗传上的亲缘关系将各个植物类群纳入一定的等级分类系统。因此植物分类不仅是植物识别基础，也是其他相关学科，如中药化学、中药商品鉴定技术、中药资源学、生药学、植物地理学、植物生态学等的基础，与中医药发展、农业、林业等也有密切关系。

我们学习植物分类的目的有以下几点。

（1）正确鉴定植物种类，为安全用药和药用植物开发利用提供保证　有些植物种类在外表形态上很相似，难以区分，但其所含成分却迥然不同，为保证安全用药绝对不能混淆。例如，我们食用的**八角**属八角属植物，成熟果实是常用调味香料，俗称大料，具温阳散寒、理气止痛作用；同属植物**莽草**的果实似八角，却含有莽草毒素等，有剧毒，曾有人因误食莽草果实而丧生。所以两者应准确鉴别，莽草果实具 10 ～ 13 个蓇葖果，先端具有一小钩；而八角果实具 8 ～ 9 个蓇葖果，每果端无钩。种与种之间有本质的差别，只有准确分类，才能正确利用它们。

中药品种混杂是由于一个品种由多种原植物构成，如中药白头翁有 16 种不同的植物来源，分属于 4 个不同的科，这 16 种原植物中只有一种是《中华人民共和国药典》收录的毛茛科白头翁属植物**白头翁**。原植物鉴定的正确与否对于其化学成分研究的结果影响甚大。

（2）熟悉植物之间的亲缘关系，为寻找新药源提供依据　根据植物亲缘关系，同科同属不同种的植物，往往含有相同或相似的化学成分。例如，1971 年美国几位研究者从短叶红豆杉（美国红豆杉）中得到紫杉醇用于治疗癌症，并发表文章称短叶红豆杉为“抗癌树”和“拯救生命的短叶红豆杉”，引起世界学者的重视。

红豆杉为红豆杉科红豆杉属植物，全世界约 8 种 1 变种，分布于北半球温带至亚热带地区。通过对我国红豆杉属植物资源调查，发现我国有 4 种 1 变种。对其成分进行提取分离，得到了具抗癌作用的紫杉醇及其他多种成分，现已用于临床。

又如，20 世纪 60 年代我国从印度进口一种降血压药物，其原植物为**蛇根木**（印度萝芙木）。该植物为夹竹桃科萝芙木属的一个种，生于热带密林中，产于印度、缅甸等地，其根含利血平等 28 种以上的生物碱。依据植物的亲缘关系及生长环境，研究人员对我国热带地区资源进行调查寻找，终于在云南南部森林里找到了国产的萝芙木。后来发现云南也有印度萝芙木，经提取分离，从其根中得到利血平，临床证明其降压效果好而平稳，且毒性较低，作用时间长于印度萝芙木制剂。上述例证生动地说明了研究植物属种亲缘关系对寻找类似化学成分，进而解决新药源问题具有指导意义。

（3）对药用植物产地及种内变异进行调查研究，保证和提高药材品质　药材质量好坏取决于药材品种、气候环境、栽培技术、采收加工、储存运输等各个环节，而药用植物的形态和药效成分受地理、季节、温度和光照等因素的影响。

如可提取青蒿素的**黄花蒿**，因产地的南北差异，其青蒿素含量存在很大差异，海南居群含量明显高于黑龙江的居群。**红花**中所含的腺苷具抑制血小板聚集的作用，黄色素具延长外源与内源性凝血时间的作用，不同产地（新疆吉木萨尔、河南新乡、四川简阳、云南巍山）的红花中黄色素和腺苷含量存在明显差异。黄色素的含量在巍山红花中最高，简阳红花第二，吉木萨尔和新乡红花第三；腺苷含量在吉木萨尔红花中最高，简阳红花第二，新乡和巍山红花第三。红花的质量评价指标是腺苷和黄色素，因此，只有二者含量均高的品种才是优良品种。

（4）进行药用植物资源调查及保护性开发利用　我国的天然药用资源种类繁多、分布广泛，这是中医药事业长期发展的物质基础和优势所在。但长期以来存在一些不可忽视的严重问题：一方面是许多天然药用资源没有得到充分的开发利用；另一方面是一些常用药材资源的急剧减少，严重影响了市场的供应。故正确评价我国药用资源现状，必须进行资源的调查，这就需要植物分类学的知识。通过调查搞清药用资源的种类和分布，对重点种类进行蕴藏量的调查，并进行经济量和年收量的测算，以便充分开发利用这些资源，做到合理采收、可持续利用。

第二节　植物分类方法、分类系统和分类单位

对药用植物进行分类，首先要依据一定的方法，比较植物之间的共同点和不同点，按照植物发育的理论建立一系列的等级、类别系统，将植物区分归类，这一系列的等级和类别系统就是植物的分类系统。生物学家根据各自的系统发育理论，提出的分类系统有数十个，但在世界上应用广泛的为两个：一个是以恩格勒（A. Engler）和勃兰特（K. Prant）为代表的“恩格勒系统”；一个是以哈钦松（J. Hutchinson）为代表的“哈钦松系统”。各分类系统都有不完善的地方，本教材的被子植物分类系统采用修订的恩格勒系统。

植物分类单位也称为分类等级，是用来表示各种植物间类似的程度、亲缘关系的远近，明确植物的系统。将相似的植物个体归为同一种，将各相近的种归为同一属，相近的属又归为科，依此类推归为目、纲、门，即是植物的分类等级。植物的分类单位自下而上依次是种、属、科、目、纲、门和界。在各级单位之间，有时因范围过大，不能完全包括其特征或系统关系而需要增设一级时，可在各级前添加“亚”字，如亚界、亚门、亚纲、亚目、亚科、亚属、亚种。有时亚科下还有族、亚族，亚属下有组、亚组、系、亚系等。

种是生物分类的基本单位，同一种植物具有一定的形态、生理特征，具有一定的自然分布区，种内个体间不仅具有相同的遗传性状，而且彼此可以交配（传粉受精）产生能育的后代，与其他类群存在生殖隔离。在自然条件下，不同种的个体之间一般不能进行杂交或杂交后无后代。种以下还有亚种、变种、变型 3 个分类单位，栽培植物还有品种。

① 亚种（缩写为 subsp. 或 ssp.） 是指在不同分布区的同一种植物，由于生态环境不同导致两地植物在形态特征或生理功能上产生一定的差异。

② 变种（缩写为 var.） 是指具有相同分布区的同一种植物，由于微生境不同，在形态上产生变异，且变异比较稳定，分布范围较亚种小。

③ 变型（缩写为 f.） 是指仅有微小差异（如花、果的颜色等），但其分布没有规律的同一物种的不同个体。

④ 品种 用于栽培植物的分类，这些植物是一群具有特殊性状和明显区别特征的，而且是人工定向培养的栽培植物。品种是人类劳动的产物（野生植物中没有品种），具有一定的形态、大小、气、香、味等。例如，药材中的竹根姜和白姜，人参的大马牙、二马牙、长脖等。一般提到的中药品种，即指分类学上的“种”，有时又指栽培的药用植物的品种。

现以丹参为例，表明其分类等级如下。

界：植物界（Regnum vegetable）
门：被子植物门（Angiospermae）
纲：双子叶植物纲（Dicotyledoneae）
目：管花目（Tubiflorae）
科：唇形科（Labiatae）
属：鼠尾草属（*Salvia*）
种：丹参（*Salvia miltiorrhiza* Bunge）

第三节 植物的命名

植物种类繁多，人们为了区别这些植物，用自己的语言给常见的植物以各种名称，但由于各个国家、各个民族语言和文字不同，同一种植物常有不同的名称，经常出现同物异名和同名异物现象。如铃兰，在英国叫 lily of the valley，在法国叫 muguet，在德国叫 maiblume 等。又如中国华西地区称蚕豆为“胡豆”，苏南地区又称其为“寒豆”，其学名为 *Vicia faba* L.。这样容易造成名称的混乱，不便于国际交流。所以广大学者认为每种植物应具有一个大家公认的、世界通用的科学名称，这就是学名。

一、植物学名的组成

瑞典的生物学家林奈（Carolus Linnaeus）于 1753 年在《植物种志》中倡用双名法。在此基础上，经过国际植物学会多次修改和完善，制定了《国际植物命名法规》（简称 ICBN），为世界各国植物学者共同遵守。按照法规，每种植物学名只能有一个正确的名称，即最早的、符合各项规则的名称；植物学名不论其词源如何，均须拉丁化，如中国的荔枝写成 *Litchi chinensis*。

双名法即每个植物学名由两个单词组成，第一个词为该植物所隶属的属的名称（属名），第二个词是种加词（以前称“种名”），最后是命名人的姓名缩写，这三部分共同构成了植物的学名，即：**属名 + 种加词 + 定名人**。其中，属名和种加词须是斜体拉丁文，命名人的姓氏也要拉丁化，中国人名用汉语拼音法，可以简化，用大写第一个字母。如桑的学名是 *Morus alba* L.，*Morus* 是桑的属名，*alba* 是种加词，L. 是定名人 Linnaeus 的缩写。

二、种以下分类单位的名称

种以下分类单位的名称是种的名称（属名和种加词）和种下等级加词的组合，其间用指示等级的术语相连。指示等级的术语有：亚种（subsp.）、变种（var.）、变型（f.）。其学名为：属名 + 种加词 + 亚种（变种或变型）加词，又称三名法，例如：

百合　*Lilium brownii var. viridulum* Baker

栽培品种（cultivar）的命名，基本格式为属名＋种加名＋品种名，品种名用半角单引号括注。属名、杂交种名、杂交群名后都可以接品种名。品种名不能斜体，首字母大写。“cv.”过去用于品种名前表示等级，现在已经废除。复杂的种间杂交种、属间杂交种的品种名通常直接接在属名后，种下、明确的杂交种需要把种级名称写全，再加品种名。如：龙柏 *Juniperus chinensis* 'Kaizuka'、红王子锦带花 *Weigela* 'Red Prince'、金叶莸 *Caryopteris* × *clandonensis* 'Worcester Gold'。品种名一般不用翻译，但为交流方便起见可以自行翻译，如六座大山荆芥 *Nepeta* × *faassenii* 'Six Hills Giant'。

第四节　植物界的分门及分类检索表

一、植物界的分门

现在生存在地球上的植物，大约有 50 万种。对数目如此众多且相互间千差万别的植物进行研究，首先要根据它们的性质、特征，进行分门别类，将整个植物界分成若干个大类群，即“门”，每个大类群内的植物具有某种共同的特征。植物界的分门至今尚无定论，不同的学者具有不同的分门方法，有的分成 16 门，有的分成 15 门，有的分成 18 门等。

本教材根据目前植物分类学常用的分类法，将植物界分为 16 门，即藻类 8 门、菌类 3 门、地衣 1 门、苔藓 1 门、蕨类 1 门，种子植物 2 门，排列如下。

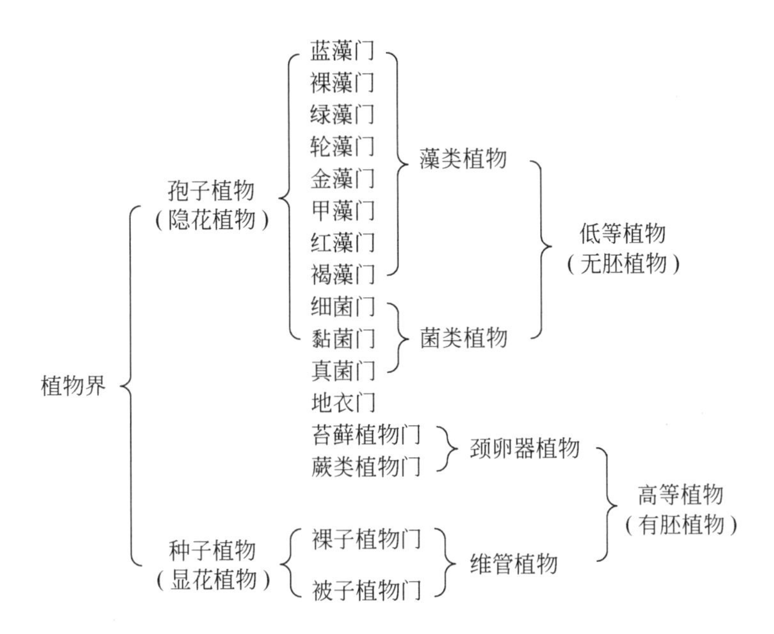

二、植物分类检索表

植物分类检索表是鉴定植物类群的工具。检索表是根据法国植物学家拉马克（Lamarck）的二歧分类原则编制而成，即将每种植物的主要特征进行比较，找出相同点和不同点，分成相对应的两个分支，再把每个分支中显著互相对立的性状特征又分成相对应的两个分支，直到最后，按各分支的先后顺序给予标号，相对应的两个分支的标号数应是相同的。

使用检索表时，首先应仔细观察植物标本的各部分特征，如根的类型，茎的形状，叶的形状、叶脉、叶缘、叶基等，特别要对花和果实进行解剖观察，掌握有关描述植物形态的术语，与检索表上所记载的特征进行比较，如有两者一致则按项逐次检索，如果特征与检索表记载的某项号内容不符，应查找与该项相对应的一项，如此检索，便可检索到该标本的名称。为达到准确无误，应将检索出来的植物名称和标本特征，与各类工具书进一步核对，以保证检索的准确。

常用的检索表有分科、分属和分种检索表。植物分类检索表根据其排列方式的不同，有定距式、平行式、连续平行式三种。下面以本教材的植物界分门为例，说明三种形式的检索表。

1. 定距检索表

定距检索表是最常用的检索表，将每对相互矛盾的特征间隔在一定的距离处，注明同样的序号，如 1.、2.、3. 等，每下一项用后缩一格来排列。如：

1. 植物体无根、茎、叶的分化，没有胚胎……………………………………低等植物
　2. 植物体不为藻类和菌类所组成的共生体
　　3. 植物体内有叶绿素或其他光合色素，为自养生活方式 ……………………藻类植物
　　3. 植物体内无叶绿素或其他光合色素，为异养生活方式 ……………………菌类植物
　2. 植物体为藻类和菌类所组成的共生体 ……………………………………地衣植物
1. 植物体有根、茎、叶的分化、有胚胎……………………………………高等植物

4. 植物体有茎、叶，而无真根 ……………………………………………………苔藓植物
4. 植物体有茎、叶，也有真根
5. 不产生种子，用孢子繁殖 ……………………………………………………蕨类植物
5. 产生种子，用种子繁殖 ………………………………………………………种子植物

2. 平行检索表

平行检索表与定距检索表的不同在于每对相互矛盾的特征紧紧相连，在相邻的两行中给予同一个号数，如 1.、2.、3. 等，在一项叙述之后为下一步检索的数字或名称。仍以上例说明：

1. 植物体无根、茎、叶的分化，无胚胎（低等植物）…………………………………… 2
1. 植物体有根、茎、叶的分化，有胚胎（高等植物）…………………………………… 4
2. 植物体为菌类和藻类所组成的共生体 ……………………………………………地衣植物
2. 植物体不为菌类和藻类所组成的共生体 ………………………………………………… 3
3. 植物体内含有叶绿素或其他光合色素，为自养生活方式 ……………………藻类植物
3. 植物体内不含有叶绿素或其他光合色素，为异养生活方式 …………………菌类植物
4. 植物体有茎、叶，而无真根 ……………………………………………………苔藓植物
4. 植物体有茎、叶，也有真根 ……………………………………………………………… 5
5. 不产生种子，用孢子繁殖 ……………………………………………………蕨类植物
5. 产生种子 …………………………………………………………………………种子植物

3. 连续平行检索表

连续平行检索表是将每对相互矛盾的特征用两个号码表示，如 1.（6）和 6.（1），当所检索的植物特征符合 1 时，就向下检索 2，若不符合该植物特征就检索 6，一直检索到所要找的特征。以上例说明：

1.（6）植物体无根、茎、叶的分化，无胚胎 ……………………………………低等植物
2.（5）植物体不为菌类和藻类所组成的共生体
3.（4）植物体内有叶绿素或其他光合色素，为自养生活方式 ……………藻类植物
4.（3）植物体内无叶绿素或其他光合色素，为异养生活方式 …………菌类植物
5.（2）植物体为藻类和菌类所组成的共生体 …………………………………地衣植物
6.（1）植物体有根、茎、叶的分化，有胚胎 …………………………………高等植物
7.（8）植物体有茎、叶，而无真根 ……………………………………………苔藓植物
8.（7）植物体有茎、叶，有真根
9.（10）不产生种子，用孢子繁殖 ……………………………………………蕨类植物
10.（9）产生种子 ……………………………………………………………种子植物

第三章

药用藻类植物

第一节　藻类植物概述

藻类植物是植物界中最原始的低等植物类群，具有进行光合作用的色素，能制造养分供自身需要，是能独立生活的自养原植体植物。

藻类植物体构造简单，没有真正的根、茎、叶的分化，生殖器官为单细胞，植物体的形状和类型多种多样，大小差异也很大，有的单细胞体只有几微米，必须在显微镜下才能看到，如衣藻、小球藻等；有的多细胞体呈丝状、叶状、枝状，如水绵、海带、昆布、石花菜、海蒿子等；最大的藻体长达60m以上，藻体结构也较复杂，分化为多种组织，如生长在太平洋中的巨藻。

藻类植物约有3万种，广布全世界。藻类营养价值很高，含有大量的糖类、蛋白质、脂肪、无机盐、多种维生素和有机碘等，广泛用于药品和食品中。藻类的提取物可用于工业、食品业、医药和科研。我国药用藻类约114种。随着对藻类植物的深入研究以及海洋的进一步开发，藻类资源将被人类充分利用。

第二节　藻类植物的分类及代表植物

根据藻类植物光合作用的色素种类、贮存养分的不同，以及植物体的形态，细胞核的构造，细胞壁的成分，鞭毛的有无、数目、着生位置和类型，生殖方式等的差异，一般将藻类植物分为8个门。现将具有药用价值并且与分类系统关系较大的蓝藻门、绿藻门、红藻门、褐藻门进行如下简述。

一、蓝藻门

蓝藻常分布于温暖而富含有机质的淡水中，呈蓝绿色，故又称蓝绿藻，是一类原始的低等植物。藻体为单细胞个体、多细胞群体或丝状体。细胞内无真正的细胞核或核无定型，是典型的原核细胞。细胞内无质体，色素分散在原生质中，含有光合色素，无叶绿体。繁殖方式为细胞分裂。

蓝藻约1150个属，近1500种，分布很广，从两极到赤道、从高山到海洋均有分布，主要生活在淡水中。不少种类含有丰富的蛋白质等营养物质，可食用、药用或制成保健品，某些蓝藻的提取物有抗炎和抗肿瘤作用。

主要的药用植物：**钝顶螺旋藻**、**拟球状念珠藻**（葛仙米、地木耳）。

二、绿藻门

绿藻门为真核藻类，细胞内有真正的细胞核，有叶绿体，植物体形态多种多样，有单细胞体、群体、丝状体和叶状体等。该门植物在许多特征上与高等植物相同，如贮藏的营养物质为淀粉，色素类型包括叶绿素a、叶绿素b、叶黄素和胡萝卜素等四种，运动细胞具有2或4条顶生等长鞭毛，细胞壁两层，内层主要由纤维素组成，外层为果胶质。大多认为高等植物与绿藻具有亲缘关系。

绿藻是藻类植物中最大的一门，约350个属，5000～8000种，是最常见的藻类。以淡水中分布最多，各种流动和静止的水体中都有，土壤表面和树干等气生条件中也有，较少生于海水中，有的与真菌共生成地衣。藻体较大的绿藻大多可食用、药用或作饲料。绿藻对水体自净起很大作用，在宇宙航行中可利用它们释放氧气。

主要的药用植物：**石莼**（海白菜）、**水绵**。

三、红藻门

植物体为多细胞丝状、叶状、壳状或枝状，少数为单细胞或群体。植物体较小，少数可达一至数米。细胞壁由内层的纤维素和外层的果胶质构成。光合作用色素有藻红素、叶绿素a、叶绿素b、叶黄素和藻蓝素等。由于藻红素占优势，故藻体多呈红色。贮藏的营养物质为红藻淀粉，有的为红藻糖。

红藻约有558个属，4000余种，多分布于海水中，固着于岩石等物体上，少数种类生于淡水中。很多红藻有较大的经济价值，除供食用和药用外，从某些红藻植物中所提制的琼脂可作微生物和植物培养基，某些藻胶可作纺织品的染料和建筑涂料。常分为红毛菜纲和红藻纲。

主要的药用植物：**石花菜**、**甘紫菜**、**鹧鸪菜**。

四、褐藻门

褐藻植物体为多细胞体，无单细胞及群体类型，是藻类植物中形态构造分化最高级的一类。其形态及大小多样化，较进化的藻类已有明显的组织分化。藻体外部形态分化为“叶片”、柄部和固着器，内部组织分化为表皮层、皮层和髓部。褐藻的外层细胞壁为藻胶，壁内还有褐藻糖胶，能使褐藻形成黏液质，避免藻体干燥。细胞内含有叶绿素 a、叶绿素 c、胡萝卜素和六种叶黄素。叶黄素中有一种叫墨角藻黄素，这一色素含量最大，掩盖了叶绿素，使藻体呈褐色。贮藏的营养物质主要为褐藻淀粉和甘露醇。

褐藻的繁殖方式为营养繁殖、无性生殖和有性生殖。营养繁殖是以断裂方式进行的，藻体纵裂成几个部分，每个部分发育成一个新的植物体；也有的形成一种特殊繁殖枝，脱离母体发育成植物体。无性生殖以产生游动孢子和静止孢子为主，产生孢子的植物体叫作孢子体，属于无性世代（或孢子体世代），染色体数目是双倍（$2n$）；有性生殖是在配子体上形成多室的配子囊，配子结合方式有同配、异配、卵式，产生配子的植物体叫作配子体，属于有性世代，染色体数目是单倍（n），这种有性世代和无性世代相互交替发生的现象称为世代交替。褐藻大多具有世代交替现象，其中孢子体和配子体的大小不同，又称为异形世代交替。褐藻的异形世代交替中，多数是孢子体大、配子体小，如海带；少数是孢子体小、配子体大，如萱藻。

褐藻门约有 250 个属，1500 种，绝大多数分布于海水中，仅几种生于淡水中。褐藻为冷水藻类，常分布于寒带和两极海水中，可以从潮间线一直分布到低潮线下约 30m 处，是构成海地森林的主要类群。

从褐藻中提取的碘，可预防和治疗甲状腺肿。藻胶酸是牙模的原料。

【药用植物】

① **海带** ***Laminaria japonica* Aresch.**，为海带科植物。海带（孢子体）为多年生大型褐藻，长可达 6m。藻体分成三部分：固着器、柄、带片（图 3-1）。

图 3-1　昆布（左）、海带（右）

② **昆布** ***Ecklonia kurome* Okam.**，为翅藻科植物。藻体深褐色，干后变黑，革质。植物体具固着器、柄和带片三部分。固着器叉状分枝；柄圆柱状或略扁圆形；带片平坦，1 ～ 2 回羽状深裂，基部楔形，边缘具疏锯齿（图 3-1）。

③ **海蒿子** ***Sargassum pallidum* (Turn.) C. Ag.**，为马尾藻科植物。藻体暗褐色，高 30 ～ 100m。固着器盘状或短圆锥形。主干圆柱形，两侧具羽状分枝，藻叶的形状大小差异

很大，有披针形、倒披针形、倒卵形和线形，具不明显的中脉。药用全藻，是中药“海藻”的主要原植物，习称大叶海藻，可软坚利水、清热、消炎，用于治疗瘿瘤瘰疬、水肿积聚等症（图 3-2）。

图 3-2　海蒿子（左）、羊栖菜（右）

同属植物**羊栖菜** ***S. fusiforme*** **(Harv.) Setchell**，藻体黄色，干时发黑，肉质。固着器假根状。主轴圆柱状，直立，纵轴具分枝与叶状突起。药用全草，作海藻（小叶海藻）药用。其所含两种多糖，具抗癌和增强免疫作用。备注：植物志中羊栖菜的学名改为 *Hizikia fusiforme*。

课堂技能训练

观察藻类植物：螺旋藻、石莼、紫菜、海带。

第四章 药用菌类植物

第一节 菌类概述

菌类植物不是一个具有自然亲缘关系的类群，而是一群没有根、茎、叶分化，一般无光合作用色素，依靠现成的有机物而生活的一类低等植物。其在自然界中分布极广，种类繁多。菌类植物的营养方式是异养的，异养的方式有寄生及腐生等。按传统的分类，菌类植物分为细菌门、黏菌门、真菌门。

第二节 药用真菌及代表植物

一、真菌的特征

真菌为真核生物，不含叶绿素，也没有质体，是典型的异养植物。异养方式有寄生、腐生、共生等。凡从活的动物、植物中吸取养分的叫寄生；从死的动物、植物体或无生命的有机物中吸取养料的叫腐生；从活的有机体中吸取养分，同时又提供给该活体有利的生活条件，彼此相互依赖、共同生活的叫共生。

除典型的单细胞真菌外，绝大多数的真菌是由纤细、管状的菌丝构成的。组成一个菌体的全部菌丝称菌丝体。某些菌丝在不良环境条件下或繁殖时，菌丝互相密结，形成不同形态的菌丝组织体。常见的有根状菌索、子座、菌核。子实体是高等真菌在生殖时产生的具有一定形态和结构，能产生孢子的菌丝体。子实体有很多类型，子囊菌的子实体称子囊果，担子菌的子实体称担子果。

真菌类有十万余种，广布各地，有较大的药用和经济价值。具抗癌作用的真菌达100种以上，如灵芝、猪苓、茯苓等。我国可食用的真菌约300种，如香菇、木耳、银耳等。另外，抗生素大多来源于菌类，如青霉菌和放线菌等。有些真菌的菌丝具有强大的吸水力并能分泌生长素和酶，以促进植物（如荔枝、松树等）生长发育。菌类在发酵和酿造业具有很重要的作用，使用历史悠久。

二、真菌的分类

真菌是生物界中很大的一个类群，通常分为四纲，即藻状菌纲、子囊菌纲、担子菌纲和半知菌纲。新的分类系统将真菌分为 5 个亚门，即鞭毛菌亚门、接合菌亚门、子囊菌亚门、担子菌亚门、半知菌亚门。药用真菌以子囊菌亚门和担子菌亚门为主。

1. 子囊菌亚门

子囊菌亚门是真菌中种类最多的一个亚门，构造和繁殖方法都很复杂。除酵母菌类外，绝大部分都是多细胞有机体，菌丝具有横隔，可以形成疏丝组织和拟薄壁组织而构成子实体、子座和菌核等。无性生殖特别发达，能产生各种孢子，如分生孢子、节孢子、厚壁孢子等。有性生殖时形成子囊，合子在子囊内进行减数分裂，产生子囊孢子，是子囊菌最重要的特征。有性生殖产生的生殖结构中有两种形式：单细胞种类，子囊裸露，不形成子实体，如酵母菌；多细胞种类，形成子实体，子囊包于子实体内。子囊菌的子实体又称子囊果。子囊果的形态是子囊菌分类的重要依据，通常有三种类型：子囊盘、闭囊壳、子囊壳。

【药用植物】

① **酿酒酵母** ***Saccharomyces cerevisiae*** **Han.**，为酵母菌科植物。菌体为单细胞，卵形，内有一大液泡，细胞核甚小，细胞质内含油滴、肝糖等。

酵母菌具有多方面的作用，在工业上，能经过细胞内酶的作用将葡萄糖、果糖、甘露糖等在无氧条件下分解为二氧化碳和乙醇（酒精），这个过程称为发酵，所以可用酵母菌造酒及制作食品。在医药上，酵母菌含有人体必需的多种氨基酸，如大量维生素 B_1，可制成酵母片，用于消化不良等症。它是提取核酸及其降解产物［如辅酶 A、细胞色素 c、腺苷三磷酸（ATP）和多种氨基酸］的原料，在医药上具很大用途。

② **麦角菌** ***Claviceps purpurea*** **(Fr.) Tul.**，为麦角菌科植物，寄生在禾本科植物的子房内，主要以麦类黑麦为主。药用菌核含有生物碱、脂肪油及多种氨基酸等，具收缩子宫、止血作用。可用于产后止血或内脏出血，并可治偏头痛。

图 4-1　冬虫夏草

③ **冬虫夏草菌** ***Cordyceps sinensis*** **(Berk.) Sacc.**，为麦角菌科植物，是寄生在虫草蝙蝠蛾幼虫体上的子囊菌。该菌于夏、秋季节，由子囊中射出子囊孢子并产生芽管，侵入幼虫体内，发育成菌丝体。染病幼虫钻入土中越冬，菌在虫体内发展，破坏虫体内部组织，仅留外皮，最后虫体的菌丝体变成坚硬的菌核，以度过漫长的冬天。翌年夏季，从菌核上（幼虫头部）长出棒形子座，子座顶端膨大，在表层下埋有一层子囊壳，壳内生有许多长形的子囊，每个子囊生有 2～8 个线形、具多数横隔的子囊孢子，通常 2 个成熟，从子囊壳孔口放射出去，又继续侵染幼虫。产于四川、

云南、浙江等省区。生于鳞翅目的幼虫体上，多在海拔 3000 ～ 4000m 高山和排水良好的高寒草地。药用带子座的菌核（僵虫），即名贵药材冬虫夏草，含有虫草酸、多种氨基酸等，具补肺益肾、止咳化痰功效，如图 4-1 所示。

虫草属（*Cordyceps*）共 130 多种，我国产 20 多种，其中**亚香棒虫草**、**凉山虫草**等均供药用。

2. 担子菌亚门

担子菌亚门是一群类型多样的陆生高等真菌，全世界约 1100 属 20000 种。本亚门菌类都是多细胞有机体，菌丝均具有横隔膜。在其发育过程中，有两种形式不同的菌丝：一种由单核的担孢子萌发而产生，初期无隔多核，不久产生横隔，将细胞核分开而成为单核菌丝，称初生菌丝，为单倍体（n），为期短暂；另一种通过初生菌丝的两个单核细胞结合进行质配，核不及时结合，形成双核细胞，常直接分裂形成双核菌丝，称次生菌丝，为双核体（$n+n$），为期较长。担子菌的子实体、菌核、菌索等都是由次生菌丝发生和构成的，因此，担子菌的双核菌丝很重要。

在双核菌丝进行分裂时，具有一种特殊的方式，即首先在菌丝细胞壁上生出一个喙状突起，突起向下弯曲，两核中的一个核移入喙突起的基部，另一个核在它的附近。然后两核同时分裂为四个核。其中两个核留在细胞的上部，一个留在下部，另一个进入喙突中。这时细胞中生出 2 个隔膜，将上、下分割为两部及喙突共形成 3 个细胞。上部细胞双核，下部细胞及喙突单核，喙突的尖端与下部细胞接触并沟通。喙突中的核流入下部细胞内，又形成双核细胞。

这样，一个双核细胞分裂成两个双核细胞，在两个细胞间残留一个喙状痕迹的过程，称为锁状联合。在锁状联合过程中，双核菌丝顶端细胞逐渐膨大形成担子。担子 2 个核结合，经减数分裂，产生 4 个单倍体的核。担子顶端生出 4 个小梗，小梗顶端膨大成幼担孢子，4 个单倍体的核通过小梗进入幼担孢子内，最后产生 4 个单细胞、单核、单倍体的担孢子。

双核菌丝、锁状联合、担孢子是担子菌的三个主要特征。

担子菌的子实体称为担子果，形状多种多样，最常见的如蘑菇、灵芝、银耳、木耳等都是。担子果的大小、质地差异很大。

担子菌亚门分为 4 个纲：层菌纲，如木耳、蘑菇、灵芝等；腹菌纲，如马勃等；锈菌纲和黑粉菌纲。层菌纲中最常见的是伞菌类。伞菌类担子果多肉质，上部呈帽状或伞状，叫菌盖。在菌盖下有一柄叫菌柄，多中生，少数侧生或偏生。在菌盖的腹面有片状的构造，叫菌褶。从横切面看，菌褶由三层组织构成：表面为由一层棒状细胞构成的子实层，其下面为由等径细胞构成的子实层基，最里边为由长管形细胞构成的菌髓。有些真菌子实体在幼嫩时，菌盖边缘有层膜与菌柄相连，将菌褶遮住，该膜叫内菌幕。等菌盖张开时，内菌幕破裂后残留在菌柄上，叫菌环。有些真菌幼嫩的子实体外面有一层膜包着，这层膜叫外菌幕。菌柄引长时，外菌幕破裂后残留在菌柄的基部，叫菌托。菌环、菌托的有无是伞菌分类的特征之一。

【药用植物】

① **银耳**（白木耳）***Tremella fuciformis* Berk.**，属银耳科。菌丝体在腐木内生长。子实体纯白色，半透明，胶质，由许多薄而弯曲的瓣片组成，干燥后呈淡黄色。药用子实体能润肺生津、滋阴养胃、益气和血、补髓强心、清肺热、济肾燥等。

② **木耳**（黑木耳）***Auricularia auricular-judae*（Bull.）Quél.**，属木耳科。子实体有弹性，胶质，半透明，耳状、叶状或杯形，薄而皱褶，深褐色近黑色。药用子实体，能补肺活血、强壮身体。如图 4-2 所示。

③ **猴头菌** ***Hericium erinaceus*（Bull.）Pers.**，属齿菌科。子实体肉质，鲜时白色，干后浅褐色，块状，似猴头，基部狭窄。除基部外，均布肉质针状刺，刺直、下垂，长 1 ～ 6cm，粗 1 ～ 2mm。孢子球形至近球形，直径 5 ～ 6μm。生于栎、胡桃等阔叶树种的立木及朽木上，现也有栽培。猴头菌为名贵滋补品和美味食用菌，药用子实体具利五脏、助消化功效，因含多糖及多种氨基酸而具抗肿瘤作用和增强免疫功能。如图 4-3 所示。

图 4-2　木耳

图 4-3　猴头菌

④ **茯苓** ***Wolfiporia extensa*（Peck）Ginns**，属多孔菌科。菌核球形至不规则形，新鲜时软，干后硬，具深褐色、多皱的皮壳，内部粉粒状，白色或浅粉红色，由菌丝及贮藏物质组成。子实体生于菌核表面，平伏，厚 3 ～ 8mm，白色，成熟后变为浅褐色。生于松属树木的根上，各地区均有人工培育。药用菌核能益脾胃、宁心神、利水渗湿。菌核含有的萜类、多糖类等成分具抗癌作用。如图 4-4 所示。备注《中国药典》中茯苓拉丁文为 *Poria cocos*（Schw.）Wolf。

图 4-4　茯苓

⑤ **赤芝** ***Ganoderma lucidum*（Leyss. ex Fr.）Karst.**，属多孔菌科。子实盖半圆形或肾形，初期黄色，渐变红褐色，有明显的油漆样光泽，环状棱纹和辐射状皱纹，边缘薄或平截，稍内卷，菌盖下面白色至浅褐色，具很多小孔。菌柄侧生，稀偏生，通常与菌盖成直角，与菌盖同颜色，亦具漆样光泽。药用子实体，具滋补强壮、安神解毒功效。其孢子粉具有抗癌作用。同属植物**紫芝**菌盖及菌柄黑色，表面光亮如漆，

生于腐木桩上，子实体入药，作灵芝用。如图 4-5 所示。

⑥ **猪苓 *Polyporus umbellatus*（Pers.）Fr.**，属多孔菌科。菌核为不规则块状，表面凹凸不平，皱缩，多具瘤状突起，黑褐色；内部白色或淡黄色，半木质化；子实体多数由菌核上生长，有多次分枝的柄，每枝顶端有一菌盖；菌盖肉质，伞形或伞状半圆形，干后硬而脆，中部脐状。孢子卵圆形。菌核入药能利水、渗湿。菌核含有麦角甾醇、无机成分、生物素及猪苓多糖和粗蛋白。已制成的猪苓多糖注射液可用于肿瘤和肝炎的治疗。如图4-6所示。

图 4-5　赤芝

图 4-6　猪苓

课堂技能训练

观察菌类植物：木耳、茯苓、灵芝。

第五章

药用地衣

第一节 地衣概述

地衣是由一种真菌和一种藻类两个有机体高度结合而成的共生复合体，是一类特殊的类群，通常是绿藻门或蓝藻门的藻类与子囊菌或担子菌的菌类共生。

地衣体中的菌丝缠绕藻细胞，并从外面包围藻类，藻细胞进行光合作用为整个地衣体制造有机养分，被菌类夺取；而菌类则吸收水分和无机盐，为藻类光合作用提供原料，并使藻细胞保持一定湿度，不致干死。它们是一种特殊的共生关系，菌类控制藻类，地衣体的形态几乎完全是真菌决定的。但并不是任何真菌都可以同任何藻类共生而形成地衣，只有在生物长期演化过程中与一定的藻类共生而生存下来的地衣型真菌才能与相应的地衣型藻类共生而形成地衣。这些高度结合的菌、藻共生生物在漫长的生物演化过程中所形成的地衣具有高度遗传稳定性。地衣一般生长缓慢，数年内才长几厘米；能耐长期干旱，可生在峭壁、岩石、树皮或沙漠地上；也能耐寒，在高山带、冻土带和南北极都能生长。

全世界地衣约有500属2600种。它们分布极广，从南北两极到赤道，从高山到平原，从森林到荒漠，到处都有地衣生长。由于地衣是喜光性植物，要求空气清新，对大气污染非常敏感，在工业基地或大城市很难找到，因此，地衣可以作为监测大气污染的灵敏指示植物。地衣所含的独特化学物质在日用香料、医药卫生等领域具有广泛应用价值。地衣对岩石的分化和土壤的形成起着一定的作用，是自然界的先锋植物。

第二节 地衣分类及代表植物

地衣从形态上分为三类：与基物结合紧密的壳状地衣、与基物结合不紧密的叶状地衣和枝状地衣。

一、壳状地衣

地衣体为多种彩色的壳状物，菌丝与树干或石壁紧贴，有的还生假根伸入基物中，因此很难剥离。壳状地衣约占全部地衣的80%。如生于岩石上的茶渍属和生于树皮上的文字衣属。

二、叶状地衣

地衣体呈叶状，有瓣状裂片，叶片下部生出假根或脐，附着于基物上，易与基物剥离。如生在草地上的地卷属、脐衣属和生在岩石上或树皮上的梅衣属。

三、枝状地衣

地衣体呈树枝状，直立或下垂，仅基部附着于基物上。如直立地上的石花属、石蕊属，悬垂生于树枝上的松萝属。地衣的形态如图5-1所示。

图5-1　地衣的形态

【药用植物】

① **松萝**，属松萝科。地衣体扫帚形，丝状，分枝稀少，仅中部尤其近端处有繁茂的细分枝，长15～50cm，悬垂，淡绿色或淡黄绿色，表面有很多白色环状裂沟，横断面可见中央有线状强韧性的中轴，具弹性，可拉长，由菌丝组成；其外为藻环。生于具有一定海拔高度的潮湿林中树干上或岩壁上。药用全植物，能清热解毒、止咳化痰、强心利尿、生肌止血、清肝明目，含有地衣酸钠盐、松萝酸，具抗菌、消炎作用。同属植物**红皮松萝**、**红髓松萝**、**长松萝**、**粗皮松萝**均可药用。

② **雪茶**，属地茶科。地衣体树枝状，常聚集成丛，高3～7cm，白色，略带灰色，长期保存后变肤红色。生于高寒山地草甸及冻原地藓类群丛中。药用全植物，能清热解毒、养心明目、醒脑安神等。

地衣入药的还有**石耳**、**石蕊**、**冰岛衣**等。我国共有9科17属71种地衣供药用，地衣因体内含有多种独特的化学物质而引起广大研究人员的极大兴趣。

课堂技能训练

观察地衣植物：松萝。

第六章

药用苔藓植物

第一节　苔藓植物概述

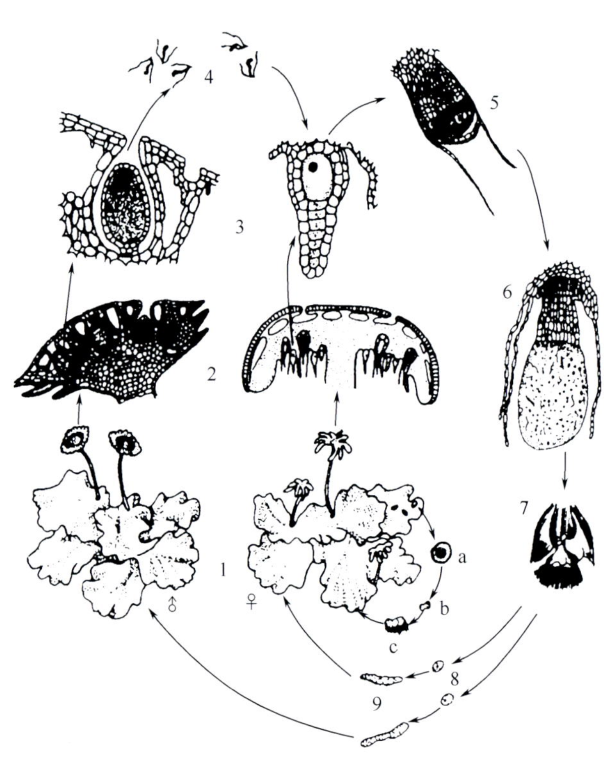

图 6-1　地钱的生活史

1—雌雄配子体；2—雌器托和雄器托；3—颈卵器及精子器；4—精子；5—受精卵发育成胚；6—孢子体；7—孢子体成熟后散发孢子；8—孢子；9—原丝体

a—胞芽杯内胞芽成熟；b—胞芽脱离母体；c—胞芽发育成新植物体

苔藓植物是绿色自养性的陆生植物，是高等植物中唯一没有维管束的一类，因此植物体都很矮小，一般不超过 10cm。日常看到的绿色苔藓植物体是其配子体，有两种类型：一种是苔类，分化程度比较低，保持叶状体的形状；另一种是藓类，植物体已有假根和类似茎、叶的分化。植物体内部构造简单，组织分化水平不高，仅有皮部和中轴的分化，没有真正的维管束构造。叶多数由一层细胞组成，表面无角质层，内部有叶绿体，所以能进行光合作用，也能直接吸收水分和养料。

苔藓植物具有明显的世代交替，我们常见的绿色苔藓植物体，就是单倍体的配子体，是由孢子萌发成原丝体，再由原丝体发育而成的。配子体在世代交替中占优势，能独立生活；孢子体则不能独立生活，须寄生在配子体上，这一点是与其他陆生高等植物的最大区别。

苔藓植物多生于潮湿和阴暗的环境中，尤以多云雾的山区林地内生长更为繁茂。它是植物界由水生到陆生的中间过渡代表类型，可以作为监测大气污染的指示植物。因为苔藓植物的叶片一般只有单层细胞，没有保护层，外界气体可以轻易侵入叶片，如遇到二氧化硫等有害气体，叶片会立即变黄、变褐。苔藓植物含有多种活性化合物，如脂类、萜类、脂肪酸和黄酮类等。

如图 6-1 和图 6-2 所示，分别为地钱的生活史和藓的生活史。

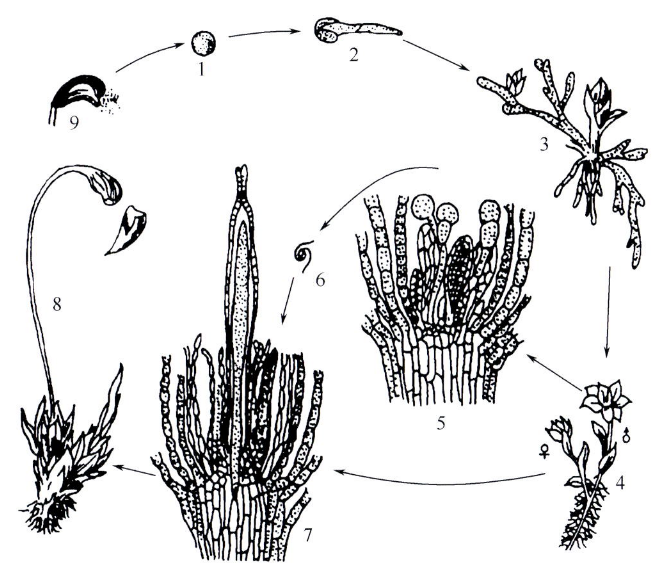

图 6-2　藓的生活史

1—孢子；2—孢子萌发；3—原丝体上有芽及假根；4—配子体上的雌雄生殖枝；5—雄器苞纵切面示精子器和隔丝；6—精子；7—雌器苞纵切面示颈卵器和正在发育的孢子体；8—成熟的孢子体仍生于配子体上；9—散发孢子

第二节　苔藓植物的分类及代表植物

本门植物约有 23000 种，遍布世界各地。我国有苔藓植物 108 科 494 属，约 2800 种，其中药用的有 21 科 43 种。根据营养体的形态构造，分为苔纲和藓纲。也有人把苔藓植物分成三纲，即苔纲、角苔纲和藓纲。

一、苔纲

植物体（配子体）有的种类是有背腹之分的叶状体，有的种类则有茎、叶的分化。假根由单细胞构成。茎通常没有中轴的分化，常由同形细胞构成。多生于阴湿的土地、岩石和树干上，有的飘浮于水面，或完全沉生于水中。化学特征是含有芪类、单萜及倍半萜类。

【药用植物】

地钱 *Marchantia polymorpha* L.，属地钱科。雌雄异株，植物体为绿色扁平的叶状体，阔带状，多回二歧分叉，边缘呈波曲状，贴地生长，有背腹之分。内部组织略有分化，分成表皮、绿色组织和贮藏组织。背面表皮有气孔和气室，气孔是由一般细胞围成的烟囱状构造。腹面常有能保持水分的鳞片及假根（图 6-3）。

分布于全国各地。多生于林内、阴湿的土坡及岩石上，亦常见于井边、墙隅等阴湿处。全草能解毒、祛瘀、生肌。可治黄疸型肝炎。

苔纲药用植物还有**蛇苔**，全草能清热解毒、消肿止痛。外用可治烧伤、烫伤、毒蛇咬伤、疮痈肿毒等。

图 6-3　地钱

二、藓纲

藓类植物体（配子体）为有茎、叶分化的拟茎叶体，无背腹之分。有的种类的茎常有中轴的分化。分布于世界各地，常能形成大片群落。化学特征是不含有芪类化合物。

【药用植物】

① **金发藓**（大金发藓、土马鬃）***Polytrichum commune* Hedw.**，属金发藓科。小型草本，高 10 ～ 30cm，深绿色，老时呈黄褐色，常丛集成大片群落。茎直立，单一，常扭曲。叶多数密集在茎的中上部，渐下渐稀疏而小，至茎基部呈鳞片状。雌雄异株，颈卵器和精子器分别生于二株植物体茎顶。早春，成熟的精子在水中游动，与颈卵器中的卵细胞结合，成为合子。合子萌发而形成孢子体，孢子体的基足伸入颈卵器中，吸收营养。蒴柄长，棕红色。孢蒴四棱柱形，蒴内具大量孢子，孢子萌发成原丝体，原丝体上的芽长成配子体（植物体）。蒴帽有棕红色毛，覆盖全蒴。全草入药，有清热解毒、凉血止血作用。古代有关本草记载所指"土马骔"的基原系泛指此种藓。

② **暖地大叶藓**（回心草）***Rhodobryum giganteum* Par.**，属真藓科。根状茎横生，地上茎直立，叶丛生于茎顶，茎下部叶小，鳞片状，紫红色，紧密贴茎。雌雄异株。蒴柄紫红色，孢蒴长筒形，下垂，褐色。孢子球形。分布于华南、西南。生于溪边岩石上或湿林地。全草含生物碱、高度不饱和的长键脂肪酸，如二十二碳五烯酸，能清心、明目、安神，对冠心病有一定疗效。

苔纲和藓纲的主要特征区别如表6-1所示。

表6-1　苔纲和藓纲的主要特征区别

项目	苔纲	藓纲
配子体	多为扁平的叶状体，有背腹之分；体内无维管组织；根是由单细胞组成的假根	有茎、叶的分化，茎内具中轴，但无维管组织；根是由单列细胞组成的分支假根
孢子体	由基足、短缩的蒴柄和孢蒴组成，孢蒴无蒴齿，孢蒴内有孢子及弹丝，成熟时在顶部呈不规则开裂	由基足、蒴柄和孢蒴三部分组成，蒴柄较长，孢蒴顶部有蒴盖及蒴齿，中央为蒴轴，孢蒴内有孢子，无弹丝，成熟时盖裂
原丝体	孢子萌发时产生原丝体，原丝体不发达，不产生芽体，每一个原丝体只形成一个新植物体（配子体）	原丝体发达，在原丝体上产生多个芽体，每个芽体形成一个新的植物体（配子体）
生境	多生于阴湿的土地、岩石和潮湿的树干上	比苔类植物耐低温，在温带、寒带、高山冻原、森林、沼泽常能形成大片群落

课堂技能训练

观察如下原植物标本、药材，了解其生活史，分清孢子体、配子体。

苔藓植物：地钱、葫芦藓、大金发藓。

第七章

药用蕨类植物

第一节　蕨类植物概述

蕨类植物是高等植物中具有维管组织但比较低级的一类植物。在高等植物中除苔藓植物外，蕨类植物、裸子植物及被子植物在植物体内均具有维管系统，所以这三类植物也被总称为维管植物，有的分类系统把这三类植物合称为维管植物门。

蕨类植物和苔藓植物一样具明显的世代交替现象，无性生殖产生孢子，有性生殖器官为精子器和颈卵器。但是蕨类植物的孢子体远比配子体发达，并有根、茎、叶的分化，内中有维管组织，这些又是异于苔藓植物的特点。蕨类植物只产生孢子，不产生种子，则有别于种子植物。蕨类的孢子体和配子体都能独立生活，此点和苔藓植物及种子植物均不相同。因此，就进化水平看，蕨类植物是介于苔藓植物和种子植物之间的一个大类群。

蕨类植物的生活史中，有两个独立生活的植物体，即孢子体和配子体。

1. 孢子体

蕨类植物的孢子体发达，通常具有根、茎、叶的分化，大多为多年生草本，少数为一年生，大多为土生、石生或附生，少数为水生或亚水生，一般具有喜阴湿和温暖的特性。

（1）根　通常为不定根，着生在根状茎上。

（2）茎　通常为根状茎，少数为直立的树干状或其他形式的地上茎，如**桫椤**。有些原始的种类还兼具气生茎和根状茎。蕨类植物的茎在进化过程中特化了具有保护作用的毛茸和鳞片。随着系统进化，毛茸和鳞片的类型和结构也越来越复杂，毛茸有单细胞毛、腺毛、节状毛、星状毛等。鳞片膜质，形态多种，鳞片上常有粗或细的筛孔。如图 7-1 所示。

（3）叶　多由根茎上长出，幼时大多数呈卷曲状。根据叶的起源及形态特征，分为小型叶和大型叶两类。小型叶如**松叶蕨**、**石松**等的叶，没有叶隙和叶柄，只具一个单一不分枝的叶脉。大型叶有叶柄，有或无叶隙，叶脉多分枝，如真蕨类植物的叶。

（4）孢子囊　蕨类植物的孢子囊，在小型叶蕨类中单生于孢子叶的近轴面或叶基部，孢

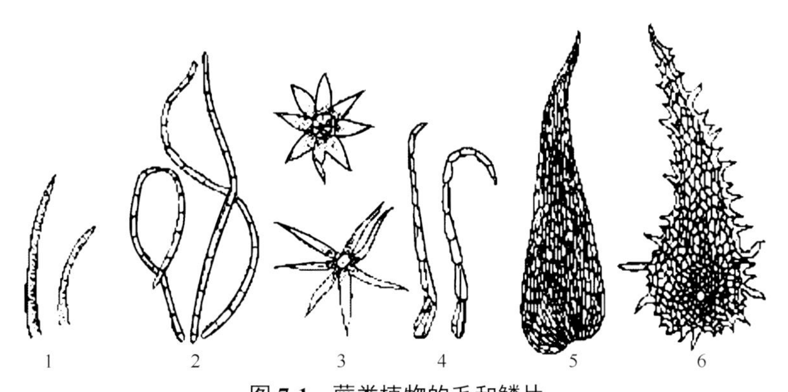

图 7-1　蕨类植物的毛和鳞片

1—单细胞毛；2—节状毛；3—星状毛；4—鳞毛；
5—细筛孔鳞片；6—粗筛孔鳞片

子叶通常集生在枝的顶端，形成球状或穗状，称孢子叶球或孢子叶穗，如石松和木贼等。较进化的真蕨类，其孢子囊常生于孢子叶的背面、边缘或集生在一特化的孢子叶上，常常由多数孢子囊聚集成群，称为孢子囊群或孢子囊堆。

孢子囊群有圆形、肾形、长圆形、线形等形状，原始的类型其孢子囊群裸露，进化的类型常有膜质的囊群盖覆盖。水生蕨类的孢子囊群生于特化的孢子果内（或称孢子荚）。孢子囊壁由单层或多层细胞构成，在细胞壁上有不均匀增厚形成的环带。环带着生的位置有多种形式，如顶生环带（如海金沙属）、横行中部环带（如芒萁属）、斜行环带（如金毛狗属）、纵行环带（环带不完整、具裂口及唇细胞，如水龙骨属）等，这些环带对孢子的散布和种类的鉴别有重要作用（图 7-2、图 7-3）。

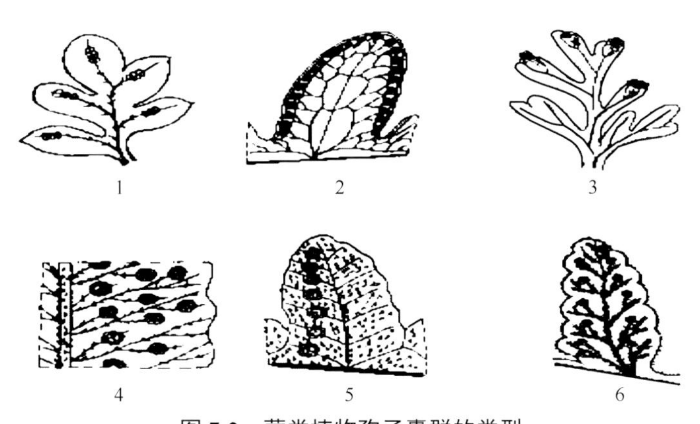

图 7-2　蕨类植物孢子囊群的类型

1—无盖孢子囊群；2—边生孢子囊群；3—顶生孢子囊群；
4—有盖孢子囊群；5—脉背孢子囊群；6—脉端孢子囊群

（5）孢子　多数蕨类产生的孢子大小相同，称为孢子同型，而卷柏和少数水生真蕨类植物的孢子有大、小之分，即有大孢子和小孢子的区别，称为孢子异型。产生大孢子的囊状结构称为大孢子囊，大孢子萌发后形成雌配子体；产生小孢子的囊状结构称为小孢子囊，小孢子萌发后形成雄配子体。无论是同型还是异型孢子，在形态上可分为两类：一类是肾状的两面形，另一类是三角锥状的四面形。孢子的周围光滑或常具不同的突起或纹饰，或分化出四条弹丝。

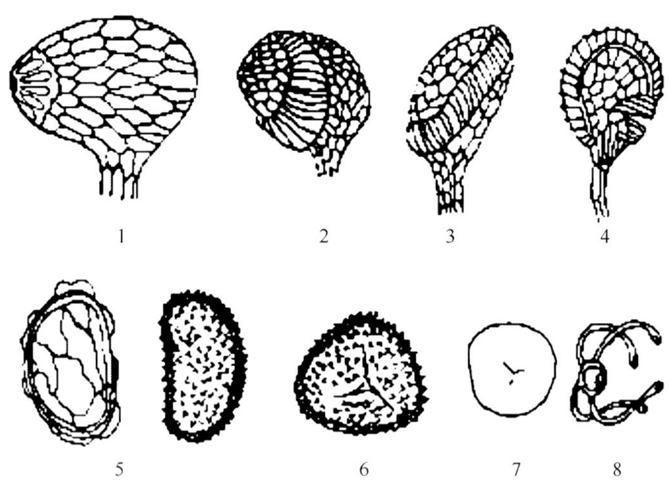

图 7-3 孢子囊环带和孢子的类型

1—顶生环带（海金沙属）；2—横行中部环带（芒萁属）；3—斜行环带（金毛狗属）；4—纵行环带（水龙骨属）；5—两面形孢子（鳞毛蕨属）；6—四面形孢子（海金沙属）；7—球状四面形孢子（瓶尔小草科）；8—弹丝形孢子（木贼科）

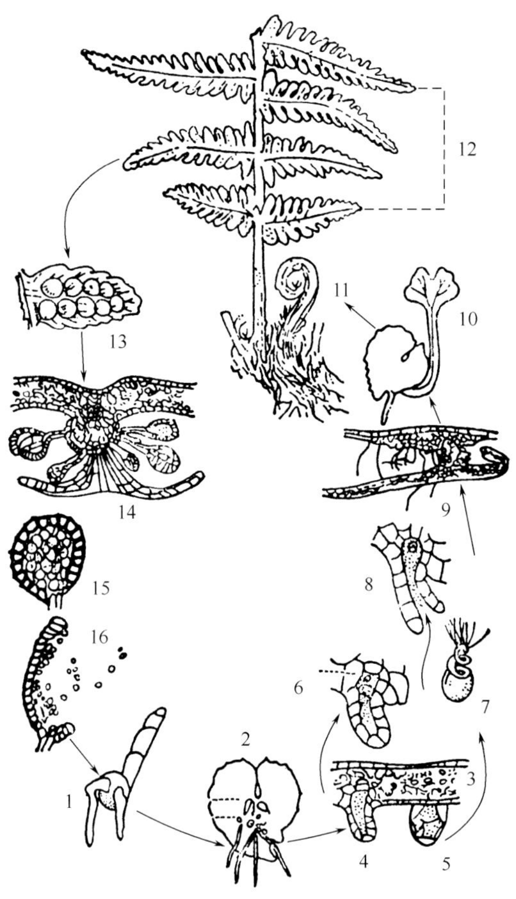

图 7-4 蕨类的生活史

1—孢子的萌发；2—配子体；3—配子体切面；4—颈卵器；5—精子器；6—雌配子（卵）；7—雄配子（精子）；8—受精作用；9—合子发育成幼孢子体；10—新孢子体；11—孢子体；12—蕨叶一部分；13—蕨叶上孢子囊群；14—孢子囊群切面；15—孢子囊；16—孢子囊开裂及孢子散出

2. 配子体

蕨类植物的孢子成熟后，散落在适宜的环境里萌发形成绿色叶状体，称为原叶体，也就是蕨类植物的配子体。配子体结构简单，生活期短，能独立生活，有背腹的分化。当配子体成熟时，大多数在同一配子体的腹面生有球形的精子器和瓶状的颈卵器。精子器内产生多数有鞭毛的精子，颈卵器内有一个卵细胞。精卵成熟后，精子由精子器逸出，以水为媒介进入颈卵器内与卵结合。受精卵发育成胚，幼胚暂时寄生在配子体上，长大后配子体死去，孢子体进行独立生活。

3. 蕨类植物的生活史

蕨类植物具有明显的世代交替，其生活史中有两个独立生活的植物体，即孢子体和配子体。从受精卵萌发到孢子体上孢子母细胞进行减数分裂前，这一阶段称为孢子体世代（无性世代），其细胞染色体数目为双倍的（$2n$）。从单倍体的孢子萌发到精子与卵结合前，这一阶段为配子体世代（有性世代），细胞染色体数目为单倍的（n）。

蕨类植物和苔藓植物生活史的主要区别有两点：蕨类的孢子体和配子体都能独立生活；蕨类的孢子体发达，配子体弱小，孢子体世代占优势（图 7-4）。

蕨类植物分布广泛，除了海洋和沙漠外，平原、森林、草地、岩缝、溪沟、沼泽、高山和水域中都有它们的踪迹，尤以热带和亚热带地区为其分布中心。

现在地球上生存的蕨类约有12000种，其中绝大多数为草本植物。我国有蕨类植物52科204属2600种。药用蕨类资源有49科117属455种。蕨类药用资源居孢子植物之首。多分布在西南地区和长江流域以南各省区市，仅云南省就有1000多种，因此云南在我国有“蕨类王国”之称。

第二节　蕨类植物的分类及代表植物

对于蕨类植物的分类，各植物学家的意见颇不一致，过去常将蕨类植物作为1个自然群，在分类上将其列为蕨类植物门，又将蕨类植物门分为5纲：松叶蕨纲、石松纲、水韭纲、木贼纲、真蕨纲。前4纲都是小叶型蕨类，是一些较原始而古老的类群，现存的较少。真蕨纲是大型叶蕨类，是最进化的蕨类植物，也是非常繁茂的蕨类植物。1978年我国蕨类植物学家秦仁昌教授把5纲提升为5个亚门。5个亚门的主要特征检索表如下。

亚门检索表

1. 植物体无真根，仅具假根，2～3个孢子囊形成聚囊……………………………松叶蕨亚门
1. 植物体均具真根，不形成聚囊，孢子囊单生或聚集成孢子囊群。
  2. 植物体具明显的节和节间，叶退化成鳞片状，不能进行光合作用，孢子具弹丝
  ………………………………………………………………楔叶蕨亚门（木贼亚门）
  2. 植物体非如上状，叶绿色，小型叶或大型叶，可进行光合作用，孢子均不具弹丝。
    3. 小型叶，幼叶无卷曲现象。
      4. 茎多为二叉分枝，叶小型，鳞片状，孢子叶在枝顶端聚集成孢子叶穗，孢子同型或异型，精子具两条鞭毛…………………………………………………石松亚门
      4. 茎粗壮似块茎，叶长条形似韭菜叶，不形成孢子叶穗，孢子异型，精子具多鞭毛
      ……………………………………………………………………………水韭亚门
    3. 大型叶，幼叶有卷曲现象，孢子囊在孢子叶的背面或边缘聚集成孢子囊群
    ……………………………………………………………………………真蕨亚门

一、松叶蕨亚门

松叶蕨亚门植物为原始陆生植物类群，植物体无真根，有匍匐根状茎和直立的二叉分枝的气生枝。根状茎上有毛状假根，内有原生中柱，单叶小型，无叶脉或仅有一叶脉。孢子囊2～3枚聚生，孢子圆形。

【药用植物】本亚门植物多已绝迹，现存者仅有1科1属2种。产于热带及亚热带。我国产1种。

松叶蕨 ***Psilotum nudum*（L.）P. Beauv.**，地下具匍匐茎，二叉分枝，仅有毛状吸收构造和假根。地上茎高15～80cm，上部多二回分枝。叶退化，极小，厚革质，三角形或针形，尖头。孢子囊球形，蒴果状，生于叶腋，三室，纵裂。**药用部位：**全草。**功效：**浸酒服，治跌打损伤、内伤出血、风湿麻木。

二、石松亚门

孢子体有根、茎、叶的分化。茎多数二叉分枝，具有原生中柱。叶为小型叶，作螺旋状或对生排列，仅有一条叶脉，无叶隙。孢子叶集生于分枝顶端，形成孢子叶穗。孢子囊单生于叶腋，或位于近叶腋处。有同型或异型孢子，配子体为两性或单性。

石松亚门也是原始蕨类植物。石炭纪时，石松植物最为繁盛，有大乔木和草本。到二叠纪时，绝大多数已绝迹。现在仅遗留少数草本类型，如石松、卷柏等。

1. 石松科

石松科为陆生或附生。多年生草本。茎直立或匍匐，具根茎及不定根，小枝密生。叶小，螺旋状互生，呈鳞片状或针状。孢子叶穗集生于茎的顶端。孢子同型。

【药用植物】本科有 6 属 40 余种，分布甚广，多产于热带、亚热带及温带地区。我国有 5 属 14 种，药用 4 属 9 种。本科植物常含有多种生物碱和三萜类化合物。

图 7-5　石松

石松 ***Lycopodium japonicum*** **Thunb.**，多年生草本，高 15 ～ 30cm，具匍匐茎及直立茎。茎二叉分枝。叶小型，生于匍匐茎者疏生，生于直立茎者密生。孢子枝生于直立茎的顶端。孢子叶穗 2 ～ 6 个生于孢子枝的上部。孢子叶卵状三角形，边缘具不整齐的疏齿。孢子囊肾形，孢子淡黄色，四面体，呈三棱状锥体（图 7-5）。**药用部位：**全草。**功效：**祛风散寒、舒筋活血、利尿通经。

同科植物**玉柏**、**垂穗石松**、**高山扁枝石松**等的全草亦供药用。

2. 卷柏科

卷柏科植物属多年生小型草本。茎腹背扁平。叶小型，鳞片状，同型或异型，交互排列成四行，腹面基部有一叶舌。孢子叶穗呈四棱形，生于枝的顶端。孢子囊异型，单生于叶腋基部，大孢子囊内生 1 ～ 4 个大孢子，小孢子囊内生有多数小孢子。孢子异型。

【药用植物】本科有 1 属，约 700 种，分布于热带、亚热带。我国约 50 种，药用 25 种。

图 7-6　卷柏

卷柏 ***Selaginella tamariscina*** **(P. Beauv.) Spring**，多年生草本，高 5 ～ 15cm。主茎短，分枝多数丛生，呈放射状排列。枝扁平，各枝常为二歧式或扇状分枝，干旱时向内缩卷成球状。叶鳞片状，通常排成四行，左右两行较大，称侧叶（背叶），中央二行较小，称中叶（腹叶）。孢子叶穗生于枝顶，四棱形。孢子叶卵状三角形，先端锐尖。孢子囊圆肾形。孢子异型（图

7-6）。**药用部位：**全草。**功效：**生用破血，治闭经腹痛、跌打损伤；炒炭用止血，治吐血、便血、尿血、脱肛。

同属药用植物还有：**翠云草、深绿卷柏、江南卷柏、垫状卷柏、兖州卷柏**等。

三、楔叶蕨亚门

孢子体发达，有根、茎、叶的分化。茎二叉分枝，具明显的节与节间，中空，节间表面有纵棱，表皮细胞多矿质化，含有硅质，由管状中柱转化为真中柱，木质部为内始式。小型叶不发达，轮状排列于节上。孢子囊在枝顶端聚生成孢子叶球（穗）。孢子同型或异型，周壁具弹丝。本亚门有1科2属，约30种。

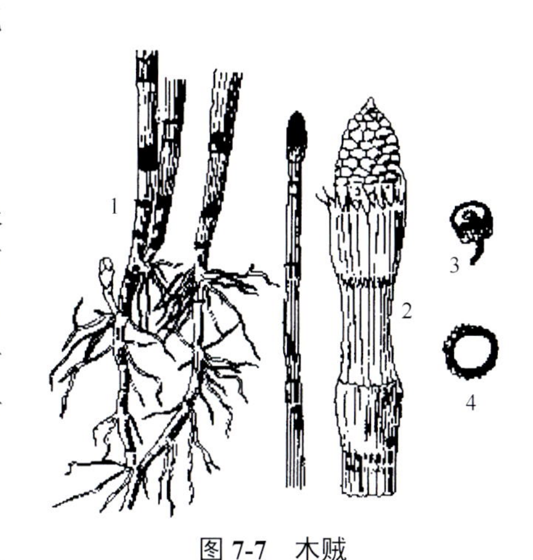

图 7-7　木贼

1—植株全形；2—孢子叶穗；3—孢子囊与孢子叶的正面观；4—茎的横切面

木贼科

木贼科植物为多年生草本，具根状茎及地上茎。根茎棕色，生有不定根。地上茎直立。具明显的节及节间，有纵棱，表面粗糙，多含硅质。叶小型，鳞片状，轮生于节部，基部连合成鞘状，边缘齿状。孢子囊生于盾状的孢子叶下的孢囊柄端上，并聚集于枝端形成孢子叶穗。

【药用植物】我国有2属，约10种，药用2属8种。

① **木贼** ***Equisetum hyemale* L.**，多年生草本。茎直立，单一不分枝，中空，有棱脊20～30条，在棱脊上有疣状突起2行，粗糙，叶鞘基部和鞘齿呈黑色两圈。孢子叶球椭圆形，具钝尖头，生于茎的顶端。孢子同型（图7-7）。**药用部位：**全草。**功效：**收敛止血、利尿、明目退翳。

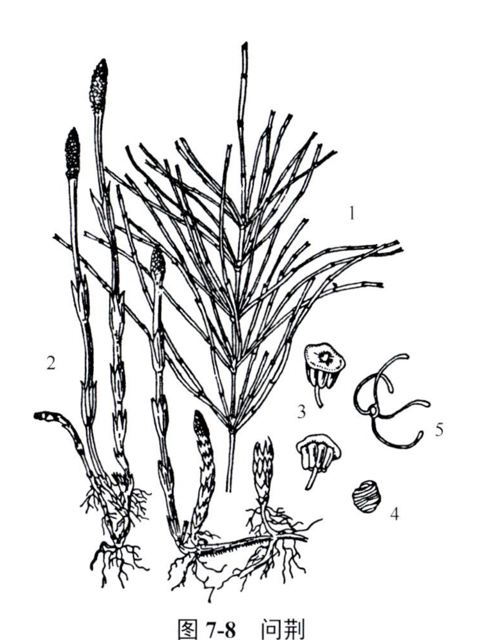

图 7-8　问荆

1—营养茎；2—繁殖茎；3—孢子囊托；4—孢子，示弹丝收卷；5—孢子，示弹丝松展

② **问荆** ***Equisetum arvense* L.**，多年生草本，具匍匐的根茎。根黑色或棕褐色。地上茎直立，二型。孢子茎紫褐色，肉质，不分枝。叶膜质，连合成鞘状，具较粗大的鞘齿。孢子叶穗顶生，孢子叶六角形，盾状，下生6个长形的孢子囊。孢子同型，具4枚弹丝，孢子茎枯萎后，生出营养茎，高15～50cm，表面具棱脊，分枝多数，在节部轮生。叶鞘状，下部联合，鞘齿披针形，黑色，边缘灰白色，膜质（图7-8）。**药用部位：**全草。**功效：**可利尿、止血、清热、止咳。

本科入药植物还有：**节节草**，分布于全国大部分地区。全草具有清热利湿、平肝散结、祛痰止咳作用。用于治疗尿路感染、肾炎、肝炎等。**笔管草，药用部位：**全草。**功效：**有疏表利湿、退翳作用。用于治疗感冒、肝炎、结膜炎、目翳等。

四、真蕨亚门

本亚门植物是现代最繁茂的一群蕨类植物，有 1 万余种，广泛分布于世界各地，我国有 56 科 2500 种，广布于全国。根据孢子囊的发育不同，分为三个纲：厚囊蕨纲、原始薄囊蕨纲和薄囊蕨纲。

厚囊蕨纲植物的孢子囊是由几个细胞发育而来的，孢子囊壁厚，由几层细胞组成，孢子囊大。原始薄囊蕨纲植物的孢子囊由一个原始细胞发育而来，孢子囊壁由单层细胞构成，环带为盾形或短而宽。薄囊蕨纲植物的孢子囊起源于单个细胞，孢子囊壁薄，由一层细胞构成，有各式环带。

1. 紫萁科

紫萁科植物根状茎直立，不具鳞片，幼时叶片被有棕色腺状绒毛，老时脱落，叶簇生，羽状复叶，叶脉分离，二叉分枝。孢子囊生于极度收缩变形的孢子叶羽片边缘，孢子囊顶端有几个增厚的细胞，为未发育的环带，纵裂，无囊群盖。孢子圆球状、四面形。

本科有 3 属 22 种，分布于温带、热带。我国有 1 属，约 9 种，药用 1 属 6 种。

【药用植物】

紫萁 *Osmunda japonica* Thunb.，多年生草本。植株高 50 ～ 100cm。根茎短，块状，有残存叶柄，无鳞片。叶簇生，二型，幼时密被绒毛，营养叶三角状阔卵形，顶部以下二回羽状，小羽片披针形至三角状披针形，先端稍钝，基部圆楔形，边缘具细锯齿，叶脉叉状分离。孢子叶的小羽片极狭，卷缩成线形，沿主脉两侧密生孢子囊，成熟后枯死。有时在同一叶上生有营养羽片和孢子羽片（图 7-9）。本科还有华南紫萁，其为一回羽状复叶或者单叶全裂。**药用部位**：根茎。**功效**：入药作“贯众”用，具清热解毒、祛瘀杀虫、止血作用。

图 7-9　紫萁

2. 海金沙科

海金沙科属多年生攀援植物。根茎匍匐或上升，有毛，无鳞片，内具原生中柱。叶轴细长，缠绕攀援，羽片 1 ～ 2 回二叉状或 1 ～ 2 回羽状复叶。不育叶羽片通常生于叶轴下部，能育羽片生于上部。孢子囊生于能育羽片边缘的小脉顶端，孢子囊有纵向开裂的顶生环带。孢子四面形。为薄囊蕨类中最古老的一科。

【药用植物】本科有1属45种。分布于热带，少数分布于亚热带及温带。我国1属10种，药用5种。

海金沙 ***Lygodium japonicum*** **(Thunb.) Sw.**，多年生缠绕草质藤本。根茎细长，横走，黑褐色，密生有节的毛。叶对生于茎上的短枝两侧，二型，纸质，连同叶轴和羽轴均有疏短毛；不育叶羽片三角形，2～3回羽状，小羽片2～3对，边缘有不整齐的浅锯齿；孢子叶羽片卵状三角形。孢子囊穗生于孢子叶羽片的边缘，呈流苏状，暗褐色。孢子囊梨形，环带位于小头（图7-10）。**药用部位：**全草。**功效：**清热解毒、利湿热、通淋。

图7-10　海金沙

同属植物还有：**海南海金沙**及**小叶海金沙**，亦供药用。

3. 蚌壳蕨科

蚌壳蕨科属大型树状蕨类。主干粗大，直立或平卧，密被金黄色柔毛，无鳞片。叶柄粗而长，叶片大，3～4回羽状复叶，革质。孢子囊群生于叶背边缘，囊群盖两瓣开裂，形如蚌壳，革质；孢子囊梨形，有柄，环带稍斜生。孢子四面形。

【药用植物】本科有5属40种，分布于热带及南半球，我国仅1属1种。

金毛狗 ***Cibotium barometz*** **(L.) J. Sm.**，植株树状，高达3m。根状茎粗大，顶端连同叶柄基部，密被金黄色长柔毛。叶簇生，叶柄长，叶片3回羽裂，末回小羽片狭披针形，革质。孢子囊群生于小脉顶端，每裂片1～5对，囊群盖两瓣，成熟时似蚌壳（图7-11）。**药用部位：**根茎。**功效：**具补肝肾、强腰脊、祛风湿等作用。

4. 鳞毛蕨科

鳞毛蕨科属多年生草本。根茎多粗短，直立或斜生，密被鳞片，网状中柱，叶柄多被鳞片或鳞毛；叶轴上有纵沟；叶片一至多回羽状。孢子囊群背生或顶生于小脉，囊群盖呈圆肾形，稀无盖。孢子囊扁圆形，具细长的柄，环带垂直。孢子呈两面形，表面具疣状突起或有

图 7-11　金毛狗

翅。配子体心脏形，腹面具假根，精子器位于下端，颈卵器位于上端近凹陷处。为薄囊蕨类中较进化的类群。

【药用植物】本科约 20 属 1700 余种，主要分布于温带、亚热带。我国有 13 属 700 余种，药用 5 属 59 种。本科植物常含有间苯三酚衍生物。

阔羽贯众 ***Cyrtomium yamamotoi*** **Tagawa**，植株高 40 ～ 60cm。根茎直立，密被披针形黑棕色鳞片。叶簇生，叶柄长 22 ～ 30cm，基部直径 2 ～ 3mm，禾秆色，腹面有浅纵沟，密生卵形及披针形黑棕色或中间黑棕色边缘棕色的鳞片，鳞片边缘有小齿，上部渐稀疏；叶片卵形或卵状披针形，先端钝，基部略狭，奇数一回羽状；侧生羽片 4 ～ 14 对，互生；具羽状脉；顶生羽片卵形或菱状卵形，2 叉或 3 叉状。叶为纸质，两面光滑；叶轴腹面有浅纵沟，疏生披针形黑棕色或棕色鳞片。孢子囊群遍布羽片背面；囊群盖圆形，盾状，边缘有齿缺（图 7-12）。**药用部位：**根茎。**功效：**清热解毒，燥湿杀虫，凉血止血。

图 7-12　阔羽贯众

5. 水龙骨科

水龙骨科植物附生或陆生。根茎横走，被鳞片，常具粗筛孔，网状中柱。叶同型或二型，叶柄具关节，单叶全缘或羽状分裂，叶脉网状。孢子囊群圆形、长圆形至线形，有时布满叶背；无囊群盖，孢子囊梨形或球状梨形，浅褐色，孢子囊柄比孢子囊长或二者等长。孢子两面形，平滑或具小突起。

【药用植物】本科有50属约600种，主要分布于热带、亚热带。我国有27属约150种，药用18属86种。

石韦 ***Pyrrosia lingua*** **(Thunb.) Farwell**，多年生常绿草本，高10～30cm。根茎细长，横走，密生褐色披针形鳞片。叶远生，披针形，革质，上面绿色，有凹点，下面密被灰棕色星状毛；不育叶和能育叶同形或略短而阔；叶柄基部均具关节。孢子囊群在侧脉间排列紧密而整齐，初被星状毛包被，成熟时露出，无盖（图7-13）。**药用部位**：全草。**功效**：清热、利尿、通淋，治刀伤、烫伤、虚劳。

图7-13　石韦

6. 槲蕨科

槲蕨科根茎横生，粗大，肉质，密被褐色鳞片。鳞片大，狭长，腹部盾状着生，边缘具睫毛。叶二型，无柄或有短柄，叶片大，深羽裂或羽状，叶脉粗而隆起，具四方形网眼。孢子囊群或大或小，不具囊群盖。孢子两侧对称，椭圆形，具单裂缝。

【药用植物】本科8属。除槲蕨属20种外，其余大多为单种属。分布于亚洲热带至澳大利亚。我国有3属约14种，药用2属7种。

槲蕨（骨碎补、猴姜、石岩姜）***Drynaria roosii*** **Nakaike**，附生植物。高20～40cm，根茎粗壮，肉质，长而横走，密生钻状、披针形鳞片，边缘流苏状。叶二型；营养叶枯黄色，革质，卵圆形，先端急尖，基部心形，上部羽状浅裂，裂片三角形，似槲树叶，叶脉粗；孢子叶绿色，长圆形，羽状深裂，裂片披针形，7～13对，基部各羽片缩成耳状，厚纸质，两面均绿色无毛，叶脉明显，呈长方形网眼；叶柄短。有狭翅。孢子囊群网形，黄褐色，生于叶背，沿中肋两旁各2～4行，每个长方形网眼内1枚；无囊群盖。附生于树干或山林石壁上（图7-14）。**药用部位**：根茎，称骨碎补。**功效**：具有补肾、接骨、祛风湿、活血止痛作用。

图 7-14　槲蕨

作为中药骨碎补的原植物还有：**秦岭槲蕨**。

课堂技能训练

观察如下原植物标本、药材，了解生活史，分清孢子体、配子体。

蕨类植物：卷柏、木贼、海金沙、凤尾蕨。

第八章

药用裸子植物

第一节　裸子植物概述

裸子植物是介于蕨类植物和被子植物之间，保留着颈卵器，具有维管束，能产生种子的一类植物。裸子植物在形成种子的同时，不形成子房和果实，种子不被子房包被，胚珠和种子是裸露的，因此而得名裸子植物。

裸子植物的主要特征有以下几点。

（1）植物体（孢子体）发达，都是多年生木本植物，大多数为单轴分枝的高大乔木，枝条常有长枝和短枝之分，少为亚灌木（如麻黄）或藤本（如买麻藤）；多为常绿植物，少为落叶性植物（如银杏）。茎内维管束环状排列，有形成层和次生生长；木质部大多为管胞，极少有导管（麻黄科、买麻藤科），韧皮部中有筛细胞而无伴胞。叶针形、条形或鳞形，极少为扁平的阔叶，叶在长枝上螺旋状排列，在短枝上簇生于枝顶；叶常有明显的、多条排列成浅色的气孔带；根具强大的主根。

（2）胚珠裸露，产生种子，花被常缺少，仅麻黄科、买麻藤科有类似花被的盖被（假花被）。孢子叶大多聚生成球果状，称为孢子叶球，单性，同株或异株。小孢子叶（雄蕊）聚生成小孢子叶球（雄球花），每个小孢子叶下面生有贮满小孢子（花粉）的小孢子囊（花粉囊）；大孢子叶（心皮）丛生或聚生成大孢子叶球（雌球花），每个大孢子叶上或边缘生有裸露的胚珠。裸子植物的胚珠不为大孢子叶所形成的心皮包被，而被子植物的胚珠则被心皮所包被，这是被子植物与裸子植物的重要区别。大孢子叶常变态为珠鳞（如松柏类）、珠领或珠座（如银杏）、珠托（如红豆杉）、套被（如罗汉松）和羽状大孢子叶（如苏铁）。

（3）裸子植物的孢子体占优势，配子体微小，非常退化，完全寄生于孢子体上。

（4）大多数裸子植物都具有多胚现象。此外，花粉粒为单沟型，具气囊或缺失。无3沟、3孔沟或多孔的花粉粒等也是裸子植物的特征。

在裸子植物这一章中，有两套名词时常并用或混用：一套是在种子植物中习用的，如

“花”“雄蕊”“心皮”等；另一套是在蕨类植物中习用的，如“孢子叶球”“小孢子叶”“大孢子叶”等。但实际上裸子植物与蕨类植物的生殖器官在发生上基本是同源的，只是形态术语上各有不同，它们之间的名词对照如表 8-1 所示。

表 8-1　裸子植物和蕨类植物之间的名词对照

裸子植物	蕨类植物	裸子植物	蕨类植物
雌（雄）球花	大（小）孢子叶球	心皮（或雌蕊）	大孢子叶
雄蕊	小孢子叶	珠心	大孢子囊
花粉囊	小孢子囊	胚囊（单细胞期）	大孢子
花粉粒（单核期）	小孢子	胚囊（成熟期）	雌配子体

第二节　裸子植物的分类及代表植物

裸子植物是较低级的种子植物，从裸子植物发生到现在，经过多次重大变化，种类也随之演变更替，老的种类相继灭绝，新的种类陆续演化出来，繁衍至今。现代生存的裸子植物分属于 5 纲 9 目 12 科 71 属，近 800 种。我国是裸子植物种类最多、资源最丰富的国家，有 5 纲 8 目 11 科 41 属，近 300 种，药用的有 10 科 25 属 100 余种。其中，有不少是第三纪的孑遗植物，或是被称为“活化石”的植物，如银杏、水杉、银杉等。裸子植物大多数是林业生产的重要木材树种，也是纤维、树脂、单宁等原料树种，在国民经济中起重要作用。

分纲检索表

1. 叶大型，羽状复叶，聚生于茎的顶端。茎不分枝或稀在顶端呈二叉分枝
　……………………………………………………………………… 苏铁纲 **Cycadopsida**

1. 叶为单叶，不聚生于茎的顶端。茎有分枝。
　2. 叶扇形，先端二裂或为波状缺刻，具二叉分歧的叶脉………… 银杏纲 **Ginkgopsida**
　2. 叶不为扇形，全缘，不具分叉的叶脉。
　　3. 高大的乔木或灌木，叶针形、条形或鳞片状。
　　　4. 果为球果，大孢子叶鳞片状（珠鳞）。种子有翅或无翅，不具假种皮………………………………………………………… 松柏纲 **Coniferopsida**
　　　4. 果小为球果，大孢子叶特化为煲状或杯状。种子无翅。具假种皮…………………………………………… 红豆杉纲（紫杉纲）**Taxopsida**
　　3. 草本状小灌木或灌木、水质藤本，稀乔木。叶片常有细小膜质鞘，或绿色扁平似双子叶植物，或肉质且极长大呈带状。茎次生木质部中具导管。花具假花被……………………………… 盖子植物纲（买麻藤纲）**Gnetopsida**

一、苏铁纲

苏铁纲植物为常绿木本。茎干粗壮，不分枝。羽状复叶，集生于茎干顶部。雌雄异株，孢子叶球亦生于茎顶。游动精子有多数纤毛。

本纲现存 1 目 1 科 9 属，110 余种，分布于南北半球的热带及亚热带地区。

苏铁科

苏铁科属常绿木本植物，茎单一，粗壮，几不分枝。叶大，多为一回羽状复叶，革质，集生于树干上部，呈棕榈状。雌雄异株。小孢子叶球（雄球花）为一木质化的长形球花，由无数小孢子叶（雄蕊）组成。小孢子叶鳞片状或盾状，下面生无数小孢子囊（花药），小孢子（花粉粒）发育而产生先端具多数纤毛的精子。大孢子叶球由许多大孢子叶组成，丛生于茎顶。大孢子叶中上部扁平羽状，中下部柄状，边缘生 2 ～ 8 个胚珠，或大孢子叶呈盾状而下面生一对向下的胚珠。种子核果状，有三层种皮：外层肉质甚厚，中层木质，内层薄纸质。种子胚乳丰富，胚具子叶 2 枚。

【药用植物】本科现有 9 属，110 余种，分布于热带及亚热带地区。我国有 1 属 8 种，药用 4 种，分布于西南、东南、华东等地区。

苏铁 *Cycas revoluta* Thunb.，常绿乔木。树干圆柱形，密被叶柄残痕，羽状复叶螺旋状排列聚生于茎顶，小叶片 100 对左右，条形，边缘向下反卷，革质。雌雄异株（图 8-1）。**药用部位：**种子。**功效：**理气止痛、益肾固精；叶可收敛止痛、止痢；根可祛风、活络、补肾。

图 8-1　苏铁

1—植株全形；2 ～ 4—雌株；5，6—雄株

二、银杏纲

银杏纲植物为落叶乔木，枝条有长、短枝之分。单叶扇形，先端 2 裂或波状缺刻，具分叉的脉序，在长枝上螺旋状散生，在短枝上簇生。球花单性，雌雄异株，精子具多纤毛。种子核果状，具 3 层种皮，胚乳丰富。

本纲现仅残存 1 目 1 科 1 属 1 种，为我国特产，国内外栽培很广。

银杏科

银杏科属落叶大乔木。树干端直，具长枝及短枝。单叶，扇形，有长柄，顶端2浅裂或3深裂；叶脉二叉状分枝；长枝上的叶螺旋状排列，短枝上的叶簇生。球花单性，异株，分别生于短枝上；雄球花柔荑花序状，雄蕊多数，具短柄，花药2室；雌球花具长梗，顶端二叉状，大孢子叶特化成一环状突起，称珠领，也叫珠座，在珠领上生一对裸露的立胚珠，常只1个发育。种子核果状，椭圆形或近球形；外种皮肉质，成熟时橙黄色，外被白粉，味臭；中种皮木质，白色；内种皮膜质，淡红色。胚乳丰富，胚具子叶2枚。仅1属1种。我国特产。

【药用植物】

银杏（公孙树、白果）***Ginkgo biloba* L.**，形态特征与科的特征相同（图8-2）。银杏和苏铁是裸子植物的“活化石”。银杏为著名的孑遗植物，为我国特产。种子药用，称为白果，有敛肺、定喘、止带、涩精功能。据临床报道，可用于治疗肺结核，缓解症状。白果所含的白果酸有抑菌作用，但白果酸对皮肤有毒，可引起皮炎。银杏叶中含多种黄酮及双黄酮，有扩张动脉血管作用，可用于治疗冠心病，现已应用于临床。**药用部位**：根。**功效**：益气补虚，治疗白带、遗精。

图8-2　银杏

1—银杏雌花；2—银杏雄花；3—银杏种子；4—银杏未成熟的种子

三、松柏纲

松柏纲植物为常绿或落叶乔木，稀为灌木，茎多分枝，常有长、短枝之分；茎的髓部小，次生木质部发达，由管胞组成，无导管，具树脂道。叶单生或成束，针形、鳞形、钻形、条形或刺形，螺旋着生或交互对生或轮生，叶的表皮通常具较厚的角质层及下陷的气孔。孢子叶球单性，同株或异株，孢子叶常排列成球果状。花粉有气囊或无气囊，精子无鞭毛。胚乳丰富。

本纲有 7 科 57 属，约 600 种。分布于南北两半球，以北半球温带、寒温带的高山地带最为普遍。

1. 松科

松科属常绿或落叶乔木，稀灌木，多含树脂。叶针形或条形，在长枝上螺旋状散生，在短枝上簇生，基部有叶鞘包被。花单性，雌雄同株；雄球花穗状，雄蕊多数，各具 2 药室，花粉粒多数，有气囊；雌球花由多数螺旋状排列的珠鳞与苞鳞（苞片）组成，珠鳞与苞鳞分离，在珠鳞上面基部有 2 枚胚珠。花后珠鳞增大，称种鳞，球果直立或下垂，成熟时种鳞呈木质或革质，每个种鳞上有种子 2 粒。种子多具单翅，稀无翅，有胚乳，胚具子叶 2 ～ 16 枚。

本科是松柏纲中最大而且在经济上极为重要的一科。

【药用植物】本科有 10 属 230 多种，广泛分布于世界各地，多产于北半球。我国有 10 属 113 种，药用 8 属 48 种，分布全国各地，绝大多数种类是森林树种和木材树种。

① **马尾松** ***Pinus massoniana*** **Lamb.**，常绿乔木。树皮红褐色，下部灰褐色，一年生小枝淡黄褐色，无毛。叶二针一束，细柔，长 12 ～ 20cm，先端锐利，树脂道 4 ～ 8 个，边生，叶鞘宿存。花单性同株。雄球花淡红褐色，聚生于新枝下部；雌球花淡紫红色，常 2 个生于新枝顶端。球果卵圆形或圆锥状卵形，种鳞的鳞盾（种鳞顶端加厚膨大呈盾状的部分）平或微肥厚，鳞脐（鳞盾的中心凸出部分）微凹，无刺尖。种子具单翅。子叶 5 ～ 8 枚。**药用部位：**花粉、松香、松节、皮、叶。**功效：**松花粉能燥湿收敛、止血；松香能燥湿祛风、生肌止痛；松节（松树的瘤状节）能祛风除湿、活血止痛；树皮能收敛生肌；松叶能明目安神、解毒。

② **油松** ***Pinus tabuliformis*** **Carr.**，常绿乔木，枝条平展或向下伸，树冠近平顶状。叶二针一束，粗硬，长 10 ～ 15cm，叶鞘宿存。球果卵圆形，熟时不脱落，在枝上宿存，暗褐色，种鳞的鳞盾肥厚，鳞脐凸起，有尖刺。种子具单翅。**药用部位：**花粉、松香、松球、松节、皮、叶。**功效：**枝干的结节称松节，有祛风、燥湿、舒筋、活络功能；树皮能收敛生肌；叶能祛风、活血、明目安神、解毒止痒；松球能治风痹、肠燥便难、痔疾；花粉（松花粉）能收敛、止血；松香能燥湿、祛风、排脓、生肌止痛。

同属植物入药的还有：**红松**，叶五针一束，树脂道 3 个，中生；球果很大，种鳞先端反卷；种子（松子）可食用；分布于我国东北小兴安岭及长白山地区。**云南松**，叶三针一束，柔软下垂，树脂道 4 ～ 6 个，中生或边生；分布于我国西南地区。

2. 柏科

柏科属常绿乔木或灌木。叶交互对生或 3 ～ 4 片轮生，鳞片状或针形，或同一树上兼有两型叶。球花小，单性，同株或异株；雄球花单生于枝顶，椭圆状卵形，有 3 ～ 8 对交互对生的雄蕊，每雄蕊有 2 ～ 6 花药；雌球花球形，有 3 ～ 16 枚交互对生或 3 ～ 4 枚轮生的珠鳞。珠鳞与下面的苞鳞合生，每珠鳞有一至数枚胚珠。球果圆球形、卵圆形或长圆形，熟时种鳞木质或革质，开展或有时为浆果状不开展，每个种鳞内面基部有一至多粒种子。种子有翅或无翅，具胚乳。胚有子叶 2 枚，稀为多枚。

【药用植物】本科有 22 属，约 150 种。分布于南北两半球。我国有 8 属，近 29 种，分布全国，药用 6 属 20 种。多为优良用材树种、庭园观赏树木。本科植物含有挥发油、树脂，也含有双黄酮类化合物。

侧柏 ***Platycladus orientalis*** **(L.) Franco**，常绿乔木，小枝扁平，排成一平面，直展。叶鳞形，相互对生，贴伏于小枝上。球花单性，同株。雄球花黄绿色，具 6 对交互对生的雄蕊；雌球花近球形，蓝绿色，有白粉，具 4 对交互对生的珠鳞，仅中间 2 对各生 1 ～ 2 枚胚珠。球果成熟时开裂；种鳞木质，红褐色，扁平，背部近顶端具反曲的钩状尖头。种子无翅或有极窄翅（图 8-3）。**药用部位：**枝叶、种仁。**功效：**收敛、止血、利尿、健胃、解毒、散瘀；种仁入药称柏子仁，有滋补、强壮、安神、润肠之效。

图 8-3　侧柏

四、红豆杉纲（紫杉纲）

红豆杉纲植物为常绿乔木或灌木，多分枝。叶为条形、披针形、鳞形、钻形或退化成叶状枝。孢子叶球单性异株，稀同株。胚珠生于盘状或漏斗状的珠托上，或由囊状或杯状的套被所包围。种子具肉质的假种皮或外种皮。

在传统的分类中，本纲植物通常被放在松柏纲（目）中，但根据它们的大孢子叶特化为鳞片状的珠托或套被，不形成球果以及种子具肉质的假种皮或外种皮等特点，从松柏纲中分出而单列一纲。

红豆杉纲植物有 14 属，约 162 种，隶属于 3 科，即罗汉松科、三尖杉科和红豆杉科。我国有 3 科 7 属 33 种。

1. 罗汉松科

本科植物属裸子植物，约 7 属，130 余种，分布于热带、亚热带及南温带地区，尤以南半球最盛。我国有 2 属 14 种，产于长江以南各地区。常绿乔木或灌木；叶互生，有时对生，针状或鳞片状至线形或阔长椭圆形；球花单性异株或同株；雄球花顶生或腋生，基部有鳞片或缺；雄蕊多数，花药 2 室；雌球花腋生或生于枝顶，有苞片（大孢子叶）多枚或数枚，通常下部苞片腋内无胚珠，顶端一或数枚苞片具呈囊状或杯状的珠套，内有 1 枚胚珠，珠套与珠被合生或离生，花后珠套增厚成假种皮，苞片发育成肥厚的肉质种托或无；种子当年成熟，核果状或坚果状，全部或部分为肉质或薄的假种皮所包，着生于肉质或非肉质的种托上。

该科主要植物：陆均松、鸡毛松为海南岛常绿季雨林中的主要森林树种，可作为优良木材；长叶竹柏与竹柏等的种子可榨油，供食用或作工业用油；罗汉松、短叶罗汉松等为普遍栽培的庭园树种。

2. 三尖杉科（粗榧科）

三尖杉科属常绿乔木或灌木，髓心中部具树脂道。小枝对生，基部有宿存的芽鳞。叶条形或披针状条形，交互对生或近对生，在侧枝上基部扭转排成 2 列，上面中脉隆起，下面有 2 条宽气孔带。球花单性，雌雄异株，少同株。雄球花有雄花 6 ～ 11 个，聚成头状，单生于叶腋，基部有多数苞片，每 1 雄球花基部有 1 卵圆形或三角形的苞片；雄蕊 4 ～ 16 枚，花丝短，花粉粒无气囊；雌球花有长柄，生于小枝基部苞片的腋部，花轴上有数对交互对生的苞片，每苞片腋生胚珠 2 枚，仅 1 枚发育。胚珠生于珠托上。种子核果状，全部包于由珠托发育成的肉质假种皮中，基部具宿存的苞片。外种皮坚硬，内种皮薄膜质，有胚乳，子叶 2 枚。

【药用植物】本科有 1 属 9 种。分布于亚洲东部与南部。我国产 7 种 3 变种，主要分布于秦岭以南及海南岛，药用 5 种。为庭园观赏树，种子油可供工业用。自其枝叶中提取的粗榧碱有抗癌作用，已用于临床治疗淋巴系统恶性肿瘤。

三尖杉 *Cephalotaxus fortunei* Hooker，为我国特有树种，常绿乔木，树皮褐色或红褐色，片状脱落。叶长 4 ～ 13cm，宽 3.5 ～ 4.4mm，先端渐尖，呈长尖头，螺旋状着生，排成 2 行，线形，常弯曲，上面中脉隆起，深绿色，叶背中脉两侧各有 1 条白色气孔带。小孢子叶球有明显的总梗，长 6 ～ 8mm。种子核果状，长椭圆状卵形，长约 2.5cm。假种皮成熟时紫色或红紫色。**药用部位：**树皮、枝叶、根皮。**功效：**种子能驱虫、润肺、止咳、消食。从本种中提取的三尖杉酯碱与高三尖杉酯碱的混合物对治疗白血病有一定效果。

三尖杉属具有抗癌作用的植物尚有：**海南粗榧**、**粗榧**及**篦子三尖杉**等。

3. 红豆杉科（紫杉科）

红豆杉科属常绿乔木或灌木。叶披针形或条形，螺旋状排列或交互对生。叶腹面中脉凹陷，上面中脉明显，下面沿中脉两侧各具 1 条气孔带。无气囊。球花单性异株，稀同株。雄球花单生于叶腋或苞腋，或组成穗状、花序状集生于枝顶，雄蕊多数，各具 3 ～ 9 个花药，花粉粒球形；雌球花单生或成对，胚珠 1 枚，生于苞腋，基部具盘状或漏斗状珠托。种子浆果状或核果状，包于杯状肉质假种皮中。

【药用植物】本科有 5 属，约 23 种，主要分布于北半球。我国有 4 属 12 种及 1 栽培种，药用 3 属 10 种。

① **南方红豆杉 *Taxus wallichiana* var. *mairei*（Lemee & H. Léveillé）L. K. Fu & Nan Li**，

乔木，高达 30m，胸径达 60 ～ 100cm；树皮灰褐色、红褐色或暗褐色，裂成条片脱落；大枝开展，一年生枝绿色或淡黄绿色，秋季变成绿黄色或淡红褐色，二至三年生枝黄褐色、淡红褐色或灰褐色；冬芽黄褐色、淡褐色或红褐色，有光泽，芽鳞三角状卵形，背部无脊或有纵脊，脱落或少数宿存于小枝的基部。叶排列成两列，条形，微弯或较直。雄球花淡黄色。种子生于杯状红色肉质的假种皮中，间或生于近膜质盘状的种托（即未发育成肉质假种皮的珠托）之上，常呈卵圆形（图 8-4）。**药用部位：**种子、枝、皮。**功效：**主要用于驱虫、消积食、抗癌。

图 8-4　南方红豆杉

② **榧 *Torreya grandis* Fort. ex Lindl.**，乔木，高达 2m，树皮浅黄色、灰褐色，不规则纵裂。叶条形，交互对生或近对生，基部扭转排成 2 列；坚硬，先端有凸起的刺状短尖头，基部圆或微圆，长 1.1 ～ 2.5cm，上面绿色，无隆起的中脉，下面浅绿色，气孔带常与中脉带等宽。雌雄异株，雄球花圆柱形，雄蕊多数，各有 4 个药室；雌球花无柄，两个成对生于叶腋。种子椭圆形、卵圆形，成熟时由珠托发育成的假种皮包被，淡紫褐色，有白粉。**药用部位：**种子。**功效：**具杀虫消积、润燥通便功效。

五、盖子植物纲（买麻藤纲）

盖子植物纲植物多为灌木或木质藤本，稀乔木或草本状小灌木。次生木质部常具导管，无树脂道。叶对生或轮生，叶片有各种类型，有膜质，鳞片状，有些种类叶片扁平，类似双子叶植物的叶片。球花单性，异株或同株，或有两性的痕迹；有类似于花被的盖被，也称假花被，盖被膜质、革质或肉质；胚珠 1 枚，珠被 1 ～ 2 层，具珠孔管；精子无纤毛；颈卵器极其退化或无；成熟雌球花球果状、浆果状或细长穗状。种子包于由盖被发育而成的假种皮中，种皮 1 ～ 2 层，胚乳丰富，子叶 2 枚。

盖子植物纲植物共有 3 目 3 科 3 属，约 80 种。我国有 2 目 2 科 2 属 19 种，几乎遍布全国。

这类植物起源于新生代。茎内次生木质部有导管，孢子叶球有盖被，胚珠包裹于盖被内，许多种类有多核胚囊而无颈卵器，这些特征是裸子植物中最进化类群的性状。

麻黄科

麻黄科属小灌木或亚灌木。小枝对生或轮生，节明显，节间具纵沟，茎内次生木质部具导管。叶呈鳞片状，于节部对生或轮生，基部多少连合，常退化成膜质鞘。雌雄异株，少数同株。雄球花由数对苞片组合而成，每苞有1个雄花，每花有2～8枚雄蕊，花丝合成1～2束，外有膜质假花被；雌球花由多数苞片组成，仅顶端1～3片苞片生有雌花，雌花具有顶端开口的囊状假花被，包于胚珠外，胚珠1枚，具1层珠被，珠被上部延长成珠被（孔）管，自假花被开口处伸出。种子浆果状，成熟时假花被发育成革质假种皮，外层苞片发育而增厚成肉质、红色，富含黏液和糖汁，俗称“麻黄果”，可以食用。胚乳丰富，胚具子叶2枚。

【药用植物】本科1属，约40种。主要分布于亚洲、美洲、欧洲东南部及非洲北部等干旱、荒漠地区。我国有12种及4个变种，药用15种，分布较广，以西北各地及云南、四川、内蒙古等地种类较多。生于荒漠及土壤瘠薄处，有固沙保土作用。由于滥采滥挖，野生资源破坏严重，现已受国家保护。

草麻黄 ***Ephedra sinica*** **Stapf**，亚灌木，常呈草本状。植株高30～60cm，木质茎短，有时横卧，小枝对生或轮生，直伸或微曲，草质，具明显的节和节间，纵槽不明显。叶鳞片状，膜质，基部鞘状，下部（1/3）～（2/3）合生，上部2裂，裂片锐三角形，反曲。雌雄异株，雄球花多呈复穗状，苞片通常4对，雄蕊7～8枚，雄蕊花丝合生或先端微分离；雌球花单生于枝顶，苞片4对，仅先端1对苞片有2～3个雌花；雌花有厚壳状假花被，包围胚珠之外，胚珠的珠被先端延长成细长筒状、直立的珠被管，长1～1.5mm。雌球花成熟时苞片肉质，红色。种子通常2，包藏于肉质的苞片内，不外露，与肉质苞片等长，黑红色或灰棕色，表面常有细皱纹，种脐半圆形，明显（图8-5）。**药用部位：**茎、根。**功效：**茎入药，可发汗、平喘、利尿，并为提取麻黄碱的主要原料；根可止汗、降压。

图8-5　草麻黄

我国麻黄属植物供药用的还有：**木贼麻黄**，有直立木质茎，呈灌木状，节间细而较短；小孢子叶球有苞片 3 ～ 4 对，大孢子叶球成熟时长卵圆形或卵圆形；种子通常 1 粒；其麻黄碱含量最高，为 1.02% ～ 3.33%。**中麻黄**，小枝多分枝，直径 1.5 ～ 3mm，棱线 18 ～ 28 条，节间长 2 ～ 6cm；膜质鳞叶 3 片，稀 2 片，长 2 ～ 3mm，上部约三分之一分离，先端锐尖；断面髓部呈三角状圆形；其麻黄碱含量较前两种低，约 1.1%。**丽江麻黄**也供药用，多自产自销。**膜果麻黄**，甘肃部分地区作麻黄入药，质量较次。本属植物体内含有麻黄碱的还有：**双穗麻黄**、**藏麻黄**、**山岭麻黄**、**单子麻黄**、**矮麻黄**等。

课堂技能训练

观察苏铁、银杏、侧柏、红豆杉、麻黄的原植物标本、药材，了解其生活史、球花名词、种子。

第九章

药用被子植物

第一节　被子植物概述

被子植物同裸子植物都属于种子植物。被子植物形成种子时胚珠由心皮所包裹，形成子房，最后发育为果实，因此区别于裸子植物而得名被子植物。

被子植物早在中生代侏罗纪以前就已开始出现，是目前植物界进化最高级、种类最多、分布最广的一个类群。它的营养器官和繁殖器官都比裸子植物复杂，根、茎、叶的内部组织结构更适应于各种生活条件，具有更强的繁殖能力。现知被子植物有1万多个属，约23.5万种，种类占植物界的一半以上。我国有2700多个属，约3万种，其中药用植物约11000种。大多数中药和民间药物都来自于被子植物。

一、被子植物的主要特征

被子植物的主要特征概括如下。

（1）孢子体高度发达，配子体进一步简化　被子植物具有多种多样的习性和类型。木本植物包括乔木、灌木、藤本，为多年生，有常绿的，也有落叶的；草本植物有一年生、两年生及多年生的。体型小的如**芜萍**，植物体无根也无叶，呈卵球形，长仅1～2mm，是世界上最小的被子植物，但它的体内仍然具有维管束，而且能开花、结果、形成种子；体型大的如**桃叶桉**（杏仁桉），高达150m。

被子植物的配子体随着孢子体的不断发展和分化而趋于简化，雌雄配子体不但是寄生的，而且可进一步简化。雄配子体成熟时，由1个粉管细胞、2个精子等3个细胞组成；雌配子体发育成熟时，通常只有8个细胞，即1个卵、2个助细胞、2个极核和3个反足细胞，颈卵器不再出现。雌雄配子体结构上的简化是适应寄生生活的结果，丝毫未降低其生殖功能，反而可以合理地分配养料，是进化的结果。

（2）具有高度特化的真正的花　开花过程是被子植物的一个显著特征，故又称有花植物。被子植物的花由花被（花萼、花冠）、雄蕊群和雌蕊群等部分组成。花被的出现，一方面加强了保护作用，另一方面增强了传粉效率，以适应虫媒、鸟媒、风媒、水媒等传粉条件。

（3）具有独特的双受精现象 双受精现象是在被子植物中才出现的，在受精过程中一个精子与卵细胞结合形成合子（受精卵），另一个精子与两个极核结合，发育成三倍体的胚乳，这种胚乳为幼胚发育提供营养，具有双亲的特性，和裸子植物预先由大孢子经过大量游离核分裂形成的胚乳形成鲜明的对照。被子植物的双受精是推动其种类繁衍，并最终取代裸子植物的真正原因。

（4）胚珠包被在由心皮形成的子房内 雌蕊受精后发育成果实时，胚珠包被在由心皮闭合而形成的子房内；子房受精后发育成果实，包被于由胚珠形成的种子之外，故称被子植物。果实对保护种子成熟、帮助种子传播起着重要作用。

（5）具有更高度的组织分化，生理功能效率高 在形态结构上，被子植物组织分化细致，表现在有 70 余种细胞类型。输导组织的木质部中一般都有导管、薄壁组织和纤维。导管和纤维都是由管胞发展和分化而来的，这种功能上的分工需要促进了专司输导水的导管和专司支持作用的纤维等的产生。在裸子植物里，未发展分化出纤维，管胞兼具水分输导和支持的功能。输导组织的完善使被子植物体内物质的运输效率大大提高。

被子植物具有的上述特征，表明它比其他各类植物所拥有的器官和功能要完善得多，代表了植物界不断发展和复杂化的演化，它的内部结构和外部形态高度地适应地球上极悬殊的气候环境，因而不论在种数还是在重要性方面都超过了裸子植物和蕨类植物，在植物界树立了无与伦比的地位。在化学成分方面，被子植物几乎包含了所有天然化合物的类型，并随着植物的演化在不断发展和复杂化。

二、被子植物的分类原则

形态学特征是被子植物分类的主要标准，尤其是花、果实的形态特征更为重要，由于近代科学的迅速发展，植物解剖学、细胞学、分子生物学、植物化学，特别是近年发展起来的植物分子系统学，通过植物遗传系统的核基因组及叶绿体基因组的研究，为研究某些植物类群的亲缘关系和进化，以及探讨某些在系统分类上有争议的类群，提供了新的证据。

植物器官形态演化的过程，通常是由简单到复杂，由低级到高级的，但在器官分化及特化的同时，常伴随着简化的现象。例如，茎、根器官的组织由简单逐渐变复杂，但在草本类型中又趋于简化；一般虫媒花植物是有花被的，但某些类型却失去了花被。这种由简单到复杂，最后由复杂又趋于简化的变化过程，是植物有机体适应环境的结果。要判断某一类群或某一植物是进化的还是原始的，不能独立片面地根据某一性状，因为同一植物的各形态器官的演化不是同步的，且同一性状在不同植物中的进化意义也非绝对的。因此只有综合分析植物体各部分的演化，才能确定它在分类学中的地位。下面是一般公认的被子植物形态构造的演化规律和分类依据，以外部形态为主，也涉及到一些解剖特征。

三、被子植物的分类系统

19 世纪以来，许多植物分类工作者为建立一个“自然”的分类系统做出了巨大努力。他们根据各自的系统发育理论，提出了许多不同的被子植物分类系统。但由于有关被子植物起源、演化的知识和化石证据不足，直到现在还没有一个比较完善而公认的分类系统。目前世界上运用比较广泛且较为流行的主要有恩格勒系统、哈钦松系统、塔赫他间系统、克朗奎斯特系统和 APG Ⅳ系统。

1. 恩格勒系统

恩格勒系统是德国植物分类学家恩格勒（A. Engler）和勃兰特（K. Prantl）于 1897 年在《植物自然分科志》一书中所发表的系统，是植物分类史上第一个比较完整的系统。它将植物界分为 13 门，第 13 门为种子植物门，将种子植物门再分为裸子植物和被子植物 2 个亚门，将被子植物亚门再分为单子叶植物和双子叶植物 2 个纲，并将双子叶植物纲分为离瓣花亚纲（古生花被亚纲）和合瓣花亚纲（后生花被亚纲），共计 45 目 280 科。

2. 哈钦松系统

哈钦松系统是英国植物学家哈钦松（J. Hutchinson）于 1926 年和 1934 年在其《有花植物科志》中所提出的系统。在 1973 年修订的第 3 版中，共有 111 目 411 科，其中双子叶植物 82 目 342 科，单子叶植物 29 目 69 科。

3. 塔赫他间系统

塔赫他间系统是苏联植物学家塔赫他间（A. Takhtajan）于 1954 年在《被子植物起源》一书中公布的系统，该系统亦主张"真花学说"，认为木兰目为最原始的被子植物类群。他首先打破了传统上把双子叶植物分为离瓣花亚纲和合瓣花亚纲的分类，在分类等级上增设了"超目"一级分类单元，将原属于毛茛科的芍药属独立成芍药科等，和当今植物解剖学、孢粉学、植物细胞分类学和化学分类学的发展相吻合，在国际上得到共识。

4. 克朗奎斯特系统

克朗奎斯特系统是美国植物学家克朗奎斯特（A. Cronquist）于 1968 年在其《有花植物的分类和演化》一书中发表的系统。克朗奎斯特系统接近塔赫他间系统，把被子植物门（称木兰植物门）分成木兰纲和百合纲，但取消了"超目"一级分类单元，科的划分也少于塔赫他间系统。在 1981 年的修订版中，共有 83 目 383 科，其中木兰纲包括 6 个亚纲 318 科，百合纲包括 5 亚纲 19 目 65 科。我国有的植物园及教科书已采用这一系统。

5. APG Ⅳ系统

APG Ⅳ系统是由 APG（"被子植物系统发育研究组"的英文 Angiosperm Phylogeny Group 的缩写）建立的被子植物分类系统的第四版，于 2016 年发表在《林奈学会植物学报》上，是一个基本建立在分子系统发育研究之上的现代被子植物分类系统。APG 系统的第一版——APG Ⅰ系统（发表时无版本数字，仅叫"APG 系统"）发表于 1998 年；第二版 APG Ⅱ系统发表于 2003 年，第三版 APG Ⅲ系统则发表于 2009 年。在 APG Ⅲ系统发表的同一期刊物上，APG 给出了其中各科的顺序排列版本，另文单独发表。2011 年，APG 的两位学者里维尔和切斯又用林奈系统框架把它处理成等级式的顺序排列版本，其中包括了"超目"这一等级。APG Ⅳ系统就在这些成果的基础之上，结合一些新研究成果修订而成，在其中也给出了林奈系统的等级式顺序排列目录，但没有列出"超目"。APG Ⅳ系统把被子植物简单地列为一个无等级的演化支，方便与植物界的各种高等级分类系统对接。比如，切斯和里维尔在他们提出的切斯 - 里维尔有胚植物系统中就把被子植物作为亚纲——木兰亚纲，与苔藓、蕨类和裸子植物的各个亚纲并列，共同组成包括所有有胚植物（也叫陆生植物或高等植物）的木贼纲。多识植物界系统则把被子植物处理为一个纲——木兰纲，与松纲，即现生裸子植物共同置于无等级的演化支种子植物（seed plants）之下。APG Ⅳ系统共有 64 个目，416 个科，数目适宜，便于应用和教学。因此，国际植物分类学界有不少人推荐用 APG Ⅳ系统代替传统分类系统，将其作为学术研究和科学传播的基础工具和交流框架。

目前，《中国药典》的基源使用的是恩格勒系统。

第二节　被子植物的分类及代表植物

一、双子叶植物纲

双子叶植物纲分为离瓣花亚纲（原始花被亚纲）和合瓣花亚纲（后生花被亚纲）。

（一）离瓣花亚纲

离瓣花亚纲又称古生花被亚纲或原始花被亚纲，是被子植物较原始的类型，包括无被花、单被花，或有花萼和花冠区别，是花瓣通常分离的类型。雄蕊和花冠离生。胚珠一般有一层珠被。

1. 三白草科

$⚥ * P_0A_{3\sim8}\underline{G}_{3\sim4:1:2\sim4,(3\sim4:1:\infty)}$

【本科识别特征】**多年生草本**。茎常具明显的节。**单叶互生**，托叶与叶柄常合生或缺。花小，两性，**无花被；穗状花序或总状花序，花序基部常有总苞片**；雄蕊 3 ～ 8；子房上位，心皮 3 ～ 4，离生或合生，若为合生则子房 1 室而成侧膜胎座。胚珠多数。蒴果或浆果。种子胚乳丰富。

图 9-1　蕺菜

【药用植物】本科 5 属 10 种，分布于东亚和北美。我国有 4 属 5 种，分布于长江以南各省区及台湾，药用 3 属 4 种。

① **蕺菜 *Houttuynia cordata* Thunb.**，多年生草本。植物体有鱼腥气，茎下部伏地。叶互生，心形，有细腺点，下面带紫色；托叶膜质，条形，下部与叶柄合生成鞘。穗状花序顶生，总苞片 4，白色，花瓣状；花小，两性，无花被；雄蕊 3，花丝下部与子房合生；雌蕊由 3 枚下部合生的心皮组成，子房上位。蒴果卵形，顶端开裂（图 9-1）。**药用部位**：全草。**功效**：清热解毒、消肿排脓、利尿通淋。

② **三白草**（塘边藕）***Saururus chinensis* (Lour.) Baill.**，多年生草本。根状茎较粗，白色。茎直立，下部匍匐状。叶互生，长卵形，基部心形或耳形。总状花序顶生，花序下具 2 ～ 3 片乳白色叶状总苞；雄

蕊 6，花丝与花药等长；雌蕊有 4 枚心皮合生，子房上位。果实分裂为 3 ～ 4 个分果瓣。**药用部位：**根状茎或全草。**功效：**清热利尿、解毒消肿。

课堂技能训练

观察蕺菜：叶形、花序、气味。

2. 胡椒科

$⚥ * P_0A_{1\sim10}\underline{G}_{(2\sim5:1)}$

【本科识别特征】**灌木或藤本，或肉质草本，常具香气或辛辣气。**茎中维管束常散生，与单子叶植物类似。藤本种类的节部常膨大。**单叶，通常互生，叶片全缘，基部两侧常不对称；托叶与叶柄合生或无托叶。花极小，密集成穗状花序**，两性或单性异株；苞片盾状或杯状；**无花被**；雄蕊 1 ～ 10；**子房上位**，心皮 2 ～ 5，合生 1 室，**有基生或直生胚珠 1 枚**。浆果球形；**种子 1 枚**，有少量的内胚乳和**丰富的外胚乳**，胚小。

【药用植物】本科 9 属，3000 多种，分布于热带、亚热带地区。我国有 4 属，约 70 种，分布于台湾东南部至西南部地区；药用 25 种，集中于胡椒属（*Piper*）和草胡椒属（*Peperomia*），均作温中散寒、活血止痛药。

① **胡椒 *Piper nigrum* L.**，攀援木质藤木。常生不定根。叶互生，近革质，叶片卵状椭圆形，具托叶。花单性异株，无花被；穗状花序与叶对生，常下垂，苞片匙状长圆形；雄蕊 2，花药肾形，花丝粗短；子房上位，1 室，1 胚珠。浆果球形，无柄，未成熟时干后果皮皱缩，黑色，称“黑胡椒”；成熟时红色，除去果皮后呈白色，称“白胡椒”（图 9-2）。**药用部位：**果实。**功效：**温中散寒、健胃止痛。

图 9-2　胡椒

图 9-3　荜拔

② **荜拔（荜茇）*Piper longum* L.**，攀援状灌木。茎下部匍匐，枝有粗纵棱及沟槽，幼时密被粉状短柔毛。叶互生，纸质，卵圆形，两面脉上被粉状短柔毛。花单性，雌雄异株，无花被；雄花序被粉状短绒毛，花小，花丝粗短；雌花序常于果期延长，苞片较小，子房上位，倒卵形，下部与花序轴合生，无花柱，柱头 3。浆果卵形，基部嵌生于花序轴内（图 9-3）。**药用部位：**果穗。**功效：**温中散寒、下气、止痛。

其他主要代表植物：**假蒟、山蒟**等。

课堂技能训练

观察胡椒：性状、花序、果实。

3. 金粟兰科

⚥ $P_0A_{(1\sim3)}\overline{G}_{(1:1:1)}$

【本科识别特征】草本或灌木，**节部常膨大**。常具油细胞，有香气。**单叶对生**，叶柄基部通常合生成鞘；托叶小。花序穗状，顶生。**花小**，两性或单性；**无花被**，雄蕊 1 ～ 3，**合生成一体**，花丝极短，常贴生在子房的一侧，**药隔发达**；子房下位，单心皮，1 室，胚珠 1 枚，悬垂于子房室顶部。核果，种子具丰富胚乳。

【药用植物】本科有 5 属，约 70 种，分布于热带和亚热带。我国有 3 属 21 种，全国各地均有分布；药用 2 属 15 种。

图 9-4　草珊瑚

① **草珊瑚**（肿节风）***Sarcandra glabra* (Thunb.) Nakai**，常绿草本或半灌木，茎节膨大。叶对生，近革质，长椭圆形或卵状披针形，边缘有粗锯齿，齿尖有 1 腺体。穗状花序顶生，常分枝；花两性，无花被；雄蕊 1，花药 2 室；雌蕊 1，由 1 心皮组成，子房下位，无花柱，柱头近头状。核果球形，熟时红色（图 9-4）。**药用部位**：全草。**功效**：清热解毒，活血祛瘀，祛风止痛。

② **金粟兰** ***Chloranthus spicatus* (Thunb.) Makino**，半灌木植物，直立或稍平卧；茎圆柱形，无毛。叶对生，厚纸质，椭圆形或倒卵状椭圆形，顶端急尖或钝，基部楔形，边缘具圆齿状锯齿；托叶微小。穗状花序排列成圆锥花序状，通常顶生，少有腋生；苞片三角形；花小，黄绿色，极芳香；雄蕊 3 枚；果实黄色。**药用部位**：全株。**功效**：可治疗风湿疼痛、跌打损伤，根状茎捣烂可治疗疮。因其有毒，用时宜慎重。

课堂技能训练

比较草珊瑚与金粟兰的性状特征。

4. 桑科

♂ $P_{4\sim5}A_{4\sim5}$；♀ $P_{4\sim5}\underline{G}_{(2:1:1)}$

【本科识别特征】**木本**，稀草本和藤本。**木本常有乳汁**。叶常互生，稀对生，托叶早落。花小，单性，**雌雄异株或同株，常集成柔荑、穗状、头状或隐头花序；单被花，花被片 4～5；雄蕊与花被片同数且对生**；雌蕊子房上位，2 心皮，合生，1 室，1 胚珠。果多为**聚花果**。

【药用植物】本科 50 属，1500 余种，主要分布于热带和亚热带。我国有 11 属 160 多种，全国各地均有分布，以长江以南地区较多；药用 11 属，约 55 种。

本科中植物体为草本、无乳汁的大麻属（*Cannabis*）和葎草属（*Humulus*）在新的 APG

Ⅳ系统和哈钦松系统中常被独立为大麻科（Cannabaceae）。

① **粗叶榕** ***Ficus hirta*** **Vahl**，灌木或小乔木，嫩枝中空，小枝、叶和榕果均被金黄色开展的长硬毛。叶互生，纸质，多型，长椭圆状披针形或广卵形，长 10 ～ 25cm，边缘具细锯齿，有时全缘或 3 ～ 5 深裂，先端急尖或渐尖，基部圆形，浅心形或宽楔形，表面疏生贴伏粗硬毛，背面密或疏生开展的白色或黄褐色绵毛和糙毛；托叶卵状披针形，膜质。榕果成对腋生或生于已落叶枝上，球形或椭圆状球形，无梗或近无梗；雌花果球形，雄花及瘿花果卵球形，无柄或近无柄，幼嫩时顶部苞片形成脐状凸起，基生苞片早落，卵状披针形，先端急尖，外面被贴伏柔毛；雄花生于榕果内壁近口部，有柄，花被片 4，披针形，红色，雄蕊 2 ～ 3 枚；雌花生于雌株榕果内，有梗或无梗，花被片 4。瘦果椭圆球形（图 9-5）。**药用部位**：以根入药。中药名为五指毛桃。**功效**：健脾补肺，行气利湿。用于肺痨咳嗽、盗汗、肢倦无力、食少腹胀、水肿、风湿痹痛、肝炎、白带、产后无乳。也是食药同源的植物，经常饮用能增强人体免疫功能。

图 9-5　粗叶榕

② **桑** ***Morus alba*** **L.**，落叶乔木或灌木，植物体有乳汁。树皮黄褐色，常有条状裂隙。单叶互生，卵形或宽卵形，有时分裂，托叶早落。柔荑花序；花单性，雌雄异株；雄花花被片 4，雄蕊 4，与花被片对生，中央有退化雌蕊；雌花花被片 4，无花柱，柱头 2 裂，子房上位，2 心皮合生，1 室，1 胚珠。瘦果包于肉质花被片内密集成聚花果，成熟时紫黑色（图 9-6）。**药用部位**：果、叶、皮。**功效**：聚花果（桑椹）能补血滋阴、生津润燥；叶能疏散风热、清肺润燥；嫩枝（桑枝）能祛风湿、利关节；根皮（桑白皮）能泻肺平喘、利水消肿。

③ **薜荔** ***Ficus pumila*** **Linn.**，常绿攀援灌木，具乳汁。叶互生，营养枝上的叶小而薄，生殖枝上的叶大而近革质，背面叶脉网状凸起呈蜂窝状。隐头花序单生于生殖枝叶腋，呈梨形或倒卵形，花序托肉质（图 9-7）。**药用部位**：果、茎。**功效**：隐花果（鬼馒头）能壮阳固精、活血下乳；茎常作络石藤入药，能祛风通络、凉血消肿。

果实在广东地区被称为广东王不留行，也称凉粉果。

④ **构** ***Broussonetia papyrifera*** **(L.) L'Hér. ex Vent.**，乔木，树皮暗灰色，小枝密生柔毛。叶螺旋状排列，边缘具粗锯齿，不分裂或 3 ～ 5 裂，小树之叶常有明显分裂，表面粗糙，疏生糙毛，背面密被绒毛，基生叶脉三出，侧脉 6 ～ 7 对；叶柄长 2.5 ～ 8cm，密被糙毛；托叶大。花雌雄异株；雄花序为柔荑花序；雌花序球形，头状。聚花果直径 1.5 ～ 3cm，果实

随着肉质子房伸出，成熟时橙红色，肉质。**药用部位及功效**：果实（楮实子）能补肾清肝、明目、利尿；根皮能利尿止泻；叶能祛风湿、降血压；乳汁能灭癣。

本科药用植物还有**无花果**，其果实为隐花果，能润肺止咳、清热润肠。**啤酒花**（忽布），未熟果穗能健脾消食、安神、止咳化痰，为制啤酒原料之一。**葎草**，全草能清热解毒、利尿消肿。其他主要代表植物：**对叶榕、波罗蜜**。

图 9-6　桑

图 9-7　薜荔

课堂技能训练

观察粗叶榕：叶、花序、果实。

观察桑：花序。

观察薜荔：营养枝、生殖枝、隐头花序。

5. 蓼科

$⚥ * P_{3\sim6,\ (3\sim6)} A_{3\sim9} \underline{G}_{(2\sim3:1:1)}$

【本科识别特征】**多为草本。茎节常膨大**。单叶互生，托叶膜质，**包围茎节基部成托叶鞘**。花多两性，辐射对称，排成穗状、圆锥状或头状花序，花被片 3 ～ 6，**常花瓣状**，分离或基部合生，宿存；雄蕊多 3 ～ 9；子房上位，心皮 2 ～ 3，合生成 1 室，1 胚珠，基生胎座。**瘦果或小坚果**，椭圆形、三棱形或近圆形，包于宿存花被内，常具翅。种子有胚乳。

【药用植物】本科约 40 属，800 余种，主要分布于北温带。我国 14 属 230 种，全国均有分布；药用 8 属，约 123 种。

（1）大黄属 多年生草本。根及根状茎肥厚。叶较大，基生叶有长柄，托叶鞘长筒状。多为圆锥花序；花被 6，淡绿色；雄蕊 9，花柱 3，柱头头状。瘦果具 3 棱。本属国产约 30 种，药用 15 种。

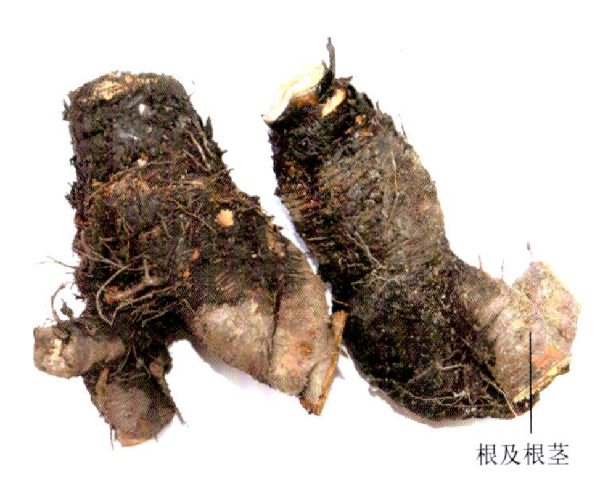

图 9-8 大黄

① **药用大黄 *Rheum officinale* Baill.**，多年生高大草本（图 9-8）。根及根茎肥厚，断面黄色；茎粗壮，中空。基生叶大型，叶片近圆形，稀极宽卵圆形，直径 30 ～ 50cm，或长稍大于宽，顶端近急尖形，基部近心形，掌状浅裂，裂片大齿状三角形，基出脉 5 ～ 7 条，叶上面光滑无毛，偶在脉上有疏短毛，下面具淡棕色短毛；叶柄粗圆柱状，与叶片等长或稍短，具楞棱线，被短毛；茎生叶向上逐渐变小，上部叶腋具花序分枝；托叶鞘宽大，长可达 15cm，初时抱茎，后开裂，内面光滑无毛，外面密被短毛。大型圆锥花序，分枝开展，花簇生，绿色到黄白色；花被片 6，内外轮近等大，椭圆形或稍窄椭圆形；雄蕊 9，不

外露；花盘薄，瓣状；子房卵形或卵圆形，花柱反曲，柱头圆头状。果实长圆状椭圆形，长 8 ～ 10mm，宽 7 ～ 9mm，顶端圆，中央微下凹，基部浅心形，翅宽约 3mm，纵脉靠近翅的边缘。

② **掌叶大黄 *R. palmatum* L.**，与药用大黄的不同点为叶片宽卵形或近圆形，掌状半裂，花小，紫红色。

③ **鸡爪大黄 *R. tanguticum* Maxim. ex Regel.**，与上种相似，主要区别是本种叶片常羽状深裂，裂片通常窄长，呈三角状披针形或窄条形。

上述三种大黄属植物为《中华人民共和国药典》（简称《中国药典》）收载的正品大黄的原植物。**药用部位**：根和根状茎。**功效**：泻火通便、破积滞、行瘀血。

同属多种植物，叶缘具不同程度的皱波，叶片不裂，其根和根状茎称“山大黄”或“土大黄”，因不含番泻苷，一般外用止血、消炎，或作兽药，或作工业染料的原料，如**河套大黄、藏边大黄、天山大黄**等。

（2）蓼属 草本或藤本。节常膨大。单叶互生，托叶鞘多筒状。花被常 5 裂，花瓣状；雄蕊 3 ～ 9，通常 8 枚；花柱 2 ～ 3。瘦果三棱形或两面凸起。本属 300 余种，我国 120 余种，药用 80 种。

① **何首乌 *Polygonum multiflorum* Thunb.**，多年生缠绕草本。块根表面红褐色至暗褐色。叶互生，有长柄，卵状心形，托叶鞘膜质，抱茎。圆锥花序，分枝极多；花小，白色；花被 5 裂，外侧 3 片背部有翅。瘦果椭圆形，具 3 棱（图 9-9）。**药用部位**：块根和茎。**功效**：块根能润肠通便、解毒消痈；制首乌能补肝肾、益精血、乌须发、强筋骨；茎藤（首乌藤、夜交藤）能养血安神、祛风通络。备注：植物志中，何首乌归为何首乌属，拉丁名修订为 *Pleuropterus multiflorus*（Thunb.）Nakai。

图 9-9　何首乌

② **虎杖 *Polygonum cuspidatum* Sieb. et Zucc.**，多年生粗壮草本，根状茎粗大。地上茎中空，散生红色或紫红色斑点，节间明显，上有膜质托叶鞘。叶阔卵形。圆锥花序；花单性异株，花被 5 裂，雌花花被外轮 3 片在结果时增大，背部生翅；雄花雄蕊 8；雌花花柱 3，

柱头扩展，呈鸡冠状。瘦果卵状三棱形（图 9-10）。**药用部位**：根状茎和根。**功效**：祛风利湿、散瘀定痛、止咳化痰。备注：虎杖在新的被子植物分类系统中归为虎杖属 *Reynoutria*，拉丁名修改为 *Reynoutria japonica* Houtt.。

图 9-10　虎杖

本属药用植物还有：**红蓼**，果实（水红花子）能散血消癥、消积止痛。**蓼蓝**，多为栽培种，叶（大青叶）能清热解毒、凉血消斑，可加工制青黛。**水蓼**，全草能清热解毒、利尿、止痢。**火炭母**，叶上通常有白紫“V”形斑，膜质托叶鞘。瘦果包于肉质蓝黑色宿存花被内。能清热解毒、利湿止痒、明目退翳，可用于治疗小儿痢疾。

还有**萹蓄属**植物，如**萹蓄**，地上部分能利尿通淋、杀虫、止痒。**荞麦属**植物**金荞麦**多年生草本。主根粗大，横走，红棕色。叶互生，具长柄，叶片戟状三角形，膜质。根能清热解毒、清肺排脓、祛风化湿。

课堂技能训练

观察何首乌：性状、托叶鞘。

观察虎杖：托叶鞘。

6. 苋科

$⚥ * P_{3\sim5}A_{3\sim5}\underline{G}_{(2\sim3:1:1\sim\infty)}$

【本科识别特征】**多为草本**。单叶对生或互生，无托叶。**花小**，两性，稀单性，辐射对称，聚伞花序排成穗状、头状或圆锥状；**花单被，花被片 3 ～ 5，每花下常有 1 枚干膜质苞片和 2 枚小苞片**；雄蕊 3 ～ 5 与花被片对生，花丝分离或基部连合成杯状；子房上位，**由 2 ～ 3 心皮组成，1 室**，胚珠 1 枚，稀多数。**胞果**，稀浆果或坚果，种子具胚乳。

【药用植物】本科约 65 属 900 种，分布于热带和亚热带。我国有 13 属 50 种，分布于全国各地；药用 9 属 28 种。

① **牛膝 *Achyranthes bidentata* Blume**，多年生草本。根长圆柱形。茎四棱，节膨大。叶对生，椭圆形或披针形，全缘，长 5 ～ 10cm，两面具柔毛。穗状花序腋生或顶生，苞片 1，膜质，小苞片硬刺状；花被片 5，膜质；雄蕊 5，花丝下部合生，退化雄蕊顶端平圆，稍有锯齿。胞果长圆形，包于宿萼内（图 9-11）。主要栽培于河南，称怀牛膝。**药用部位**：根。

图 9-11 牛膝

功效：生用能活血散瘀、消肿止痛；酒制后能补肝肾、强筋骨。

② **川牛膝** ***Cyathula officinalis*** **K. C. Kuan**，多年生草本。根圆柱形。茎中部以上近四棱形，疏被糙毛。花小，绿白色，由多数聚伞花序密集成头状；苞片干膜质，顶端刺状；两性花居中，不育花居两侧，不育花的花被片为钩状芒刺；雄蕊5，与花被对生，退化雄蕊5，顶端齿状或浅裂；子房1室，胚珠1枚。胞果。**药用部位：**根。**功效：**祛风湿、破血通经、利尿通淋。

③ **青葙** ***Celosia argentea*** **L.**，一年生草本。全体无毛，叶互生，叶片椭圆状披针形，长5～8cm。穗状花序圆柱状或塔状；苞片、小苞片及花被片均干膜质，淡红色（图9-12）。各地野生或栽培。**药用部位：**种子入药为青葙子。**功效：**清肝、明目、降压、退翳。

同属**鸡冠花**，与上种区别为穗状花序扁平肉质、鸡冠状。全国各地均有栽培。**药用部位：**花序。**功效：**能收涩止血、止痢。

其他主要代表植物：**刺苋、凹头苋、千日红、血苋、土牛膝**。

1

2

图 9-12 青葙

1—植株；2—果实及花

课堂技能训练

观察牛膝、青葙：茎节、花序。

7. 石竹科

$⚥ * K_{4\sim5,(4\sim5)}C_{4\sim5}A_{8\sim10}\underline{G}_{(2\sim5:1:\infty)}$

【本科识别特征】**草本，茎节常膨大。单叶对生**，全缘。花两性，辐射对称，**多为聚伞花序**；萼片4～5，分离或连合；花瓣4～5，分离，常具爪；雄蕊8～10；子房上位，2～5心皮组成1室，**特立中央胎座**，胚珠多数。蒴果齿裂或瓣裂，稀浆果。种子多数，具胚乳。

【药用植物】本科约 75 属 2000 种，广布全球。我国有 31 属 400 种，全国均产；药用 21 属 106 种。

① **瞿麦** ***Dianthus superbus* L.**，多年生草本。茎丛生。叶对生，披针形。顶生聚伞花序；花萼下有宽卵形小苞片 4 ～ 6 个；萼筒先端 5 裂；花瓣 5，粉紫色，有长爪，顶端深裂成丝状；雄蕊 10，子房上位，1 室，花柱 2。蒴果长筒形，顶端齿裂（图 9-13）。分布于全国各地。生于山野、草丛或岩石缝中。**药用部位：**全草。**功效：**清热利尿、破血通经。

1

2

图 9-13　瞿麦

1—花；2—植株

同属**石竹**，与上种相似，但本种花瓣顶端为不整齐浅齿裂。广布全国各地，生于山地、田边或路旁。**药用部位：**全草亦作瞿麦药用。**功效：**同瞿麦。

② **孩儿参**（太子参）***Pseudostellaria heterophylla* (Miq.) Pax**，多年生草本。块根肉质，纺锤形。叶对生，下部叶匙形，顶端两对叶片较大，排成“十”字形。花二型：普通花 1 ～ 3 朵着生于茎端总苞内，白色，萼片 5，雄蕊 10，花柱 3；闭锁花（闭花受精花）着生于茎下部叶腋，花梗细，萼片 4，无花瓣。蒴果卵形，熟时下垂。**药用部位：**根。**功效：**益气健脾、生津润肺。

本科药用植物还有：**银柴胡**，根能清虚热、除疳热；**麦蓝菜**（王不留行），种子能活血通经、下乳消肿（图 9-14）。

图 9-14　麦蓝菜（王不留行）花

课堂技能训练

观察瞿麦：叶片着生、胎座。

8. 毛茛科

⚥ $* \uparrow K_{3\sim\infty}C_{3\sim\infty}, {}_{0}A_{\infty}\underline{G}_{1\sim\infty:1:1\sim\infty}$

【本科识别特征】**草本**，稀木质藤本。单叶或复叶，叶互生或基生，少对生，叶片多缺刻或分裂，稀全缘，常无托叶。**花多两性，辐射对称或两侧对称**，花单生或排列成聚伞花序、总状花序或圆锥花序；重被或单被；萼片三至多数，有时花瓣状；花瓣三至多数或缺，**雄蕊和心皮多数，离生，常螺旋状排列**，稀定数，**子房上位**，1室，每心皮含一至多数胚珠。**聚合蓇葖果或聚合瘦果**，稀浆果。

部分属检索表

1. 叶互生或基生。
2. 花辐射对称。
3. 果为瘦果，每心皮各有一胚珠。
4. 花序有由2枚对生或3枚以上轮生苞片形成的总苞；叶均基生。
5. 花柱在果期不延长………………………………………… 银莲花属 ***Anemone***
5. 花柱在果期强烈伸长成羽毛状…………………………… 白头翁属 ***Pulsatilla***
4. 花序无总苞；叶通常基生或茎生。
6. 花无花瓣…………………………………………………唐松草属 ***Thalictrum***
6. 花有花瓣。
7. 花瓣无蜜槽……………………………………………… 侧金盏花属 ***Adonis***
7. 花瓣有蜜槽……………………………………………… 毛茛属 ***Ranunculus***
3. 果为蓇葖果，每心皮各有2枚以上胚珠。
8. 退化雄蕊存在。
9. 花多数组成总状或复总状花序；退化雄蕊位于雄蕊外侧；无花瓣
…………………………………………………………… 升麻属 ***Cimicifuga***
9. 花1朵或数朵组成单歧聚伞花序；退化雄蕊位于雄蕊内侧；花瓣存在，下部筒状，有蜜腺，上部近二唇形……… 天葵属 ***Semiaquilegia***
8. 退化雄蕊不存在，花序无总苞。
10. 心皮有细柄；花小，黄绿色或白色 ……………… 黄连属 ***Coptis***
10. 心皮无细柄；花大，黄色，近白色或淡紫色金 … 莲花属 ***Trollius***
2. 花两侧对称。
11. 后面萼片船形或盔形，无距；花瓣有长爪，无退化雄蕊
…………………………………………………… 乌头属 ***Aconitum***
11. 后面萼片平或船形，不呈盔状，有距；花瓣无爪，花有2枚具爪的侧生雄蕊 ………………………………………………… 翠雀属 ***Delphinium***
1. 叶对生，常为藤本；花辐射对称；聚合瘦果，宿存花柱羽毛状…… 铁线莲属 ***Clematis***

【药用植物】本科约50属2000种，广布世界各地，多见于北温带及寒温带。我国有42属700余种，全国各地均有分布；药用34属420余种。

（1）乌头属　直立或匍匐的多年生草本。通常每株有一个母根和一个旁生的子根，稀数个子根，稀为一年生直根。叶多掌状分裂。总状花序；花大，两性，两侧对称，常呈蓝紫色或黄色；萼片5，花瓣状，最上一片呈盔状或圆筒形，花瓣小，2～5枚，特化为蜜腺叶；

后面 2 枚包于兜状萼片中，有爪，其余 3 枚小或退化；雄蕊 3 ～ 5 枚或多数；心皮 3 ～ 5。聚合蓇葖果。

本属约 350 种，分布于北温带，我国有 165 种，常见于东北和西南部。本属植物多含毒性生物碱。

乌头（川乌）***Aconitum carmichaelii* Debeaux**，多年生草本。母根圆锥形，常有数个肥大侧根（子根）。叶常 3 全裂，中央裂片菱状楔形，侧生裂片 2 深裂。总状花序被贴伏反曲的柔毛；萼片 5，蓝紫色，上萼片盔状；花瓣 2，有长爪；雄蕊多数；心皮 3 ～ 5。聚合蓇葖果长圆形（图 9-15）。**药用部位：**根。**功效：**栽培品的主根称“川乌”，可祛风除湿、温经止痛，有大毒，一般炮制后用；子根称“附子”，能回阳救逆、温中散寒、止痛。

图 9-15　乌头

1—花枝；2—根；3—果实；4—乌头基地

同属**北乌头**，亦作乌头入药，主要区别是总状花序光滑无毛，分布于东北、华北部地区；块根作草乌入药，叶能清热、解毒、止痛。**短柄乌头**分布于四川、云南；块根称“雪上一枝蒿”，有大毒，能祛风止痛。

（2）黄连属　多年生草本。根状茎黄色，生多数须根。叶全部基生，有长柄，叶片 3 裂或 5 裂。聚伞花序；花小，白色；萼片 5，花瓣状，雄蕊多数，花药宽卵圆形，黄色；心皮 5 ～ 15，基部有柄。蓇葖果。

黄连（味连）***Coptis chinensis* Franch.**，多年生草本。根状茎黄色，分枝成簇。叶基生，叶片 3 全裂。中央裂片具细柄，卵状菱形，羽状深裂，侧裂片不等 2 裂。聚伞花序，小花黄绿色；萼片 5，狭卵形；花瓣条状披针形，中央有蜜腺；雄蕊多数；心皮 8 ～ 12，有柄。聚合蓇葖果（图 9-16）。主含小檗碱 5.20% ～ 7.69%。**药用部位：**根状茎。**功效：**清热燥湿、泻火解毒。

1　　　　2

图 9-16　黄连

1—果实及叶；2—根茎

同属植物还有：**三角叶黄连**（雅连），与前种相似，但本种的根状茎不分枝或少分枝；叶的一回裂片的深裂片彼此邻接。**云南黄连**（云连），根状茎分枝少而细；叶的羽状深裂片彼此疏离；花瓣匙形，先端钝圆；分布于云南西北部、西藏东南部。

以上三种均为《中国药典》收载正品黄连的原植物。

（3）铁线莲属　木质藤本。羽状复叶对生。无托叶。花序顶生或腋生，花单被，萼片 4 ～ 5，镊合状排列，常白色，花瓣缺，雄蕊和雌蕊多数。瘦果具宿存的羽毛状花柱。

威灵仙 ***Clematis chinensis*** **Osbeck**，木质藤本。叶对生，羽状复叶，小叶 5 片，狭卵形。圆锥花序；花萼片 4，白色，矩圆形，外面边缘密生短柔毛；无花瓣；雄蕊及心皮均多数，子房及花柱上密生白毛。瘦果扁平，花柱宿存，延长成白色羽毛状（图 9-17）。**药用部位：**根及根状茎。**功效：**祛风活络、活血止痛。

同属尚有多种植物作威灵仙入药。如**辣蓼铁线莲**，藤本，一回羽状复叶，小叶卵状披针形；**棉团铁线莲**，茎直立，叶对生，羽状复叶，小叶条状披针形；**山木通**，藤本，小叶 3 片，聚伞花序通常只有 1 ～ 3 花，宿存花柱有黄褐色羽状柔毛。

该属多种植物的藤茎又常作“川木通”入药，如**小木通、绣球藤、钝齿铁线莲**能清热利尿、通经下乳。

（4）芍药属　灌木、亚灌木或多年生草本。根圆柱形或具纺锤形的块根。当年生分枝基部或茎基部具数枚鳞片。叶通常为二回三出复叶，小叶片不裂而全缘或分裂，裂片常全缘。单花顶生，或数朵生于枝顶，或数朵生于茎顶和茎上部叶腋，有时仅顶端一朵开放，大型；苞片 2 ～ 6，披针形，叶状，大小不等，宿存；萼片 3 ～ 5，宽卵形，大小不等；花瓣 5 ～ 13（栽培者多为重瓣），倒卵形；雄蕊多数，离心发育，花丝狭线形，花药黄色，纵裂；花盘杯状或盘状，革质或肉质，完全包裹或半包裹心皮或仅包心皮基部；心皮多为 2 ～ 3，稀 4 ～ 6 或更多，离生。聚合蓇葖果。该属在 APG Ⅳ系统中单独归为芍药科。

图 9-17　威灵仙

① **牡丹** ***Paeonia* × *suffruticosa* Andr.**，落叶小灌木，高 1 ～ 1.5m；二回三出复叶，小叶常 3 ～ 5 裂；花瓣 5，或为重瓣，初夏开白色、红色或紫色花，花单生，大型；雌蕊生于肉质花盘上，心皮 5，稀更多，密生柔毛。蓇葖果长圆形，密生黄褐色硬毛（图 9-18）。**药用部位及功效：**根皮称为牡丹皮，具有凉血清热、活血化瘀的功效。

图 9-18　牡丹

② **芍药** ***Paeonia lactiflora* Pall.**，多年生宿根草本。根粗壮，分枝黑褐色。下部茎生叶为二回三出复叶，上部茎生叶为三出复叶；小叶狭卵形，椭圆形或披针形。花数朵，生于茎顶和叶腋，有时仅顶端一朵开放；苞片 4 ～ 5，披针形，大小不等；萼片 4，宽卵形或近圆形；花瓣 9 ～ 13，倒卵形，花瓣各色，有时基部具深紫色斑块；花丝黄色。聚合蓇葖果，顶端具喙（图 9-19）。**药用部位及功效：**以根入药，称为白芍，具温阳祛湿、补体虚、健脾胃等功效，与川赤芍的根统称为赤芍，有清热凉血、活血祛瘀的功效。

本科药用植物还有：**升麻**，叶为 2 ～ 3 回羽状复叶，圆锥花序密生柔毛；根状茎入药，能发表透疹、清热解毒、升举阳气。**白头翁**，全株被白色绵毛，有宿存、延伸的羽毛状花柱；根入药，能清热解毒、凉血止痢。**侧金盏花**（福寿草、冰凉花），全草含强心苷，能强心利尿。**天葵**（紫背天葵），块根称“天葵子”，能清热解毒、消肿散结。**毛茛**，全草外用治跌打损伤，又作发泡药。

图 9-19 芍药

课堂技能训练

观察黄连、威灵仙：性状、雌蕊数。

9. 小檗科

$⚥ * K_{3+3,\infty} C_{3+3,\infty} A_{3\sim9} \underline{G}_{1:1:1\sim\infty}$

【本科识别特征】**草本或小灌木**。单叶或复叶，互生，常无托叶。**花两性**，辐射对称，单生、簇生或排成总状、穗状或圆锥花序；**萼片与花瓣相似，各二至多轮，每轮常 3 片**，花瓣常具蜜腺；雄蕊 3 ~ 9，**常与花瓣对生，花药瓣裂或纵裂**；子房上位，**常由 1 枚心皮组成 1 室；花柱缺或极短，柱头通常为盾形**；胚珠一至多数。浆果或蒴果，种子具胚乳。

【药用植物】本科约 14 属，650 余种，分布于北温带。我国有 12 属 300 余种，南北各地均有分布；药用 11 属 140 余种。

① **三枝九叶草**（箭叶淫羊藿）***Epimedium sagittatum* (Sieb. et Zucc.) Maxim.**，草本。根状茎结节状。基生叶 1 ~ 3，三出复叶；小叶片卵形，侧生小叶基部不对称，箭状心形。总状或圆锥花序；萼片 8，2 轮，外轮早落，内轮白色，花瓣状；花瓣 4，黄色，有短距；雄蕊 4，花药瓣裂。蒴果（图 9-20）。**药用部位**：全草（淫羊藿）。**功效**：补肾壮阳、强筋骨、祛风湿。

② **淫羊藿**（心叶淫羊藿）***Epimedium brevicornu* Maxim.**，二回三出复叶，小叶片宽卵形或近圆形，侧生小叶基部不对称，偏心形，外侧较大，呈耳状。聚伞状圆锥花序，花序轴及花梗被腺毛；花瓣白色。全草与箭叶淫羊藿同等药用。

柔毛淫羊藿、朝鲜淫羊藿等均为《中国药典》收载的正品淫羊藿原植物。**巫山淫羊藿**单独为药材巫山淫羊藿。

③ **阔叶十大功劳** ***Mahonia bealei* (Fort.) Carr.**，常绿灌木。单数羽状复叶，互生，小叶卵形，边缘有刺状锯齿。总状花序丛生于茎顶；花黄褐色，萼片 9，3 轮，花瓣状；花瓣 6；雄蕊 6，花药瓣裂。浆果，暗蓝色，有白粉（图 9-21）。**药用部位**：根、茎（功劳木）和叶。**功效**：清热解毒，亦可作提取小檗碱的原料。

图 9-20　三枝九叶草

图 9-21　阔叶十大功劳

1—植株；2—果实；3—花背面；4—花正面

同属**十大功劳、台湾十大功劳**，功效与阔叶十大功劳相同。

本科药用植物还有：**六角莲**，根状茎含鬼臼毒素，能清热解毒、祛瘀消肿。**鲜黄连**（毛黄连），根状茎和根能清热燥湿、凉血止血。**南天竹**，根状茎和叶能清热解毒、祛风止痛，果（天竹子）能止咳平喘。

课堂技能训练

观察阔叶十大功劳、南天竹：叶片、花序。

10. 防己科

$♂ * K_{3+3}C_{3+3}A_{3\sim6}$；$♀ K_{3+3}C_{3+3}\underline{G}_{3\sim6:1:1}$

【本科识别特征】多年生草质或**木质藤本**。**单叶互生**，有时盾状。**花小，单性异株**，聚伞花序或圆锥花序；**萼片、花瓣各6枚，2轮，每轮3片，花瓣常小于萼片；雄蕊通常6枚**，稀3或多数；子房上位，**心皮3～6，离生**，1室，胚珠仅1枚发育。**核果，核多呈马蹄形或肾形**。

【药用植物】本科约70属400种，分布于热带和亚热带。我国有20属，近80种，南北均有分布；药用15属，近70种。

① **粉防己**（石蟾蜍、汉防己）***Stephania tetrandra* S. Moore**，多年生缠绕性藤本。块根圆柱形。叶三角状阔卵形，全缘，掌状脉5条，两面均被短柔毛；叶柄盾状着生。花单性异株；聚伞花序集成头状；雄花萼片常4枚，花瓣4，淡绿色；雄蕊4枚，花丝愈合成柱状；雌花的萼片和花瓣与雄花同数；心皮1，花柱3。核果球形，核呈马蹄形，有小瘤状突起及横槽纹（图9-22）。**药用部位**：根（防己、粉防己）。**功效**：利水消肿、行气止痛。

图9-22 粉防己

② **青牛胆**（金果榄）***Tinospera sagittata* (Oliv.) Gagnep.**，多年生缠绕藤本。块根球形，常数个相连成串。叶卵状箭形，叶基耳状。花单性异株，圆锥花序；雄花有雄蕊6枚；雌花有3离生心皮。核果红色。**药用部位**：根。**功效**：清热解毒、利咽、止痛。

本科还有**风龙**，茎藤（青风藤）可祛风湿、通经络、利小便；**木防己**，根可祛风止痛、利尿消肿、清热解毒；**蝙蝠葛**，根茎（北豆根）可清热解毒、祛风止痛。

课堂技能训练

观察粉防己：性状、花结构。

11. 木兰科

$⚥ * P_{6\sim\infty} A_{\infty} \underline{G}_{\infty:1:1\sim2}$

【本科识别特征】**木本，稀藤本。体内常具油细胞**。单叶互生，常全缘，多具托叶，稀无，托叶大，包被幼芽，早落，**具明显环状托叶痕**。**花单生**，两性，稀单性，辐射对称；花被片常多数，有时分化为萼片和花瓣，每轮3片；**雄蕊多数，分离，螺旋状排列在伸长花托的下半部**；雌蕊多数，分离，螺旋状排列在伸长花托的上半部，稀轮列，每心皮含胚珠1～2。**聚合蓇葖果或聚合浆果**。种子具胚乳。

【药用植物】本科15属300余种，分布于亚洲和美洲的热带和亚热带地区。我国约11属，110余种；药用8属，约90种。

（1）木兰属　木本。小枝具环状托叶痕。叶全缘。花大，单生于茎顶，3基数，花被片多轮，萼片与花瓣无明显区分，雄蕊和雌蕊均多数，螺旋状排列于伸长的花托上。聚合蓇葖果，每蓇葖果有种子2枚。

① **厚朴** ***Magnolia officialis*** **Rehd. et Wils.**，落叶乔木。树皮粗厚，灰色。叶大，革质，倒卵形或倒卵状椭圆形，全缘，集生于枝顶。花大，白色，单生于枝顶，花被片9～12或更多，厚肉质；雄蕊多数，花丝红色；雌蕊心皮多数，分离。聚合蓇葖果长圆状卵形，果皮木质。分布于长江流域和陕西、甘肃南部、四川、贵州等省区，多为栽培品。含挥发油和酚性成分。**药用部位：**枝皮和根皮。**功效：**温中燥湿、下气散结、化食消积。

② **凹叶厚朴**（庐山厚朴）***M. biloba*** **(Rehd. et Wils.) Cheng.**，与厚朴的区别在于叶先端凹缺，呈2枚钝圆的浅裂片。聚合果基部较窄。功效同厚朴。

③ **望春玉兰**（辛夷）***M. biondii*** **Pamp.**，落叶乔木。树皮淡灰色，光滑。小枝无毛或近梢处有毛。叶长圆状披针形，先端急尖，基部楔形。花先叶开放，芳香；花被9片，白色，外面基部带紫色，排成3轮；雄蕊及心皮均多数，花丝肥厚；花柱顶端弯曲。聚合果圆柱形，稍扭曲，种子深红色。**药用部位：**花蕾（辛夷）。**功效：**散风寒、通鼻窍。

备注：新的被子植物分类系统中，厚朴及凹叶厚朴均归为厚朴属，厚朴拉丁名为*Houpoea officinalis*，凹叶厚朴拉丁名为*Houpoea officinalis* 'Biloba'。望春玉兰归为玉兰属*Yulania*，望春玉兰拉丁名更改为*Yulania biondii*（Pamp.）D. L. Fu。

（2）五味子属　木质藤本。叶缘常具锯齿，无托叶。花单性，同株或异株；花被片5～20，花瓣状；雄蕊4～60，雌蕊心皮12～120。结果时花托延长，浆果排成长穗状。

在APG Ⅳ系统中八角属、黄八角属、南五味子属、五味子属被列为五味子科。

① **五味子** ***Schisandra chinensis*** **(Turcz.) Baill.**，落叶木质藤本。叶阔椭圆形或倒卵形，边缘具腺状锯齿。花单性异株；花被片乳白色至粉红色，6～9片；雄蕊5；雌蕊心皮17～40。聚合浆果排成穗状，熟时红色（图9-23）。**药用部位：**果实（五味子）为著名中药。**功效：**收敛固涩、益气生津、补肾宁心，可用于降低谷丙转氨酶；其叶、果实可提取芳香油；种仁榨油可作工业原

图9-23　五味子

料、润滑油。

② **华中五味子** ***S.sphenanthera*** **Rehd. et Wils.**，与前种相似，本种的花被片 5 ～ 9，橙黄色；雄蕊 10 ～ 15；雌蕊心皮 35 ～ 50。果肉薄。《中国药典》收录，其果实称为南五味子。

（3）南五味子属 特征似五味子属，本属在结果时花托不延长，聚合浆果集成球形。

南五味子 ***Kadsura longipedunculata*** **Finet et Gagnep.**，木质藤本。老枝灰褐色，皮孔明显。叶近革质，椭圆形，叶缘具疏锯齿。花单性异株，单生，橙黄色；花被片 5 ～ 8，排成 2 ～ 3 轮；雄蕊、雌蕊多数，果期花托不伸长。聚合浆果熟时深红色。**药用部位：**果实、根茎。**功效：**果实功效同五味子；根茎能祛风活血、理气止痛；叶能消肿镇痛、去腐生新。

1

2

3

图 9-24　八角

1—花、雌蕊、离心皮；2—植株；3—果实

（4）八角属

八角 ***Illicium verum*** **Hook. f.**，也称为八角茴香。常绿乔木，树皮灰绿色，有不规则裂纹。叶互生，厚革质，宽倒披针形或倒披针椭圆形。花单生于叶腋；花被片 7 ～ 12；雄蕊 10 ～ 12 枚，排成 1 ～ 2 轮；心皮 8 ～ 9，轮状排列。聚合蓇葖果扁平（图 9-24）。**药用部位：**果实。**功效：**温阳散寒、理气止痛，其挥发油为芳香调味剂及健胃药；油中茴香醚为制造食品香料和化妆品的原料。

课堂技能训练

观察玉兰、白兰：性状、托叶、雌蕊。

12. 樟科

$⚥ * P_{(6\sim9)} A_{3\sim12} \underline{G}_{(3\sim4:1:1)}$

【本科识别特征】**木本，无根藤属为无叶寄生藤本，多具油细胞，有香气**。单叶，多互生，多革质全缘，无托叶。花常两性，少单性，辐射对称，圆锥花序或总状花序；**花单被，2 轮排列，通常 6，基部合生**；雄蕊 3 ～ 12，**通常 9**，排成 3 ～ 4 轮，外面两轮内向，第三轮外向，花丝基部常具腺体，第四轮雄蕊常退化，花药 2 ～ 4 室，**瓣裂；子房上位**，3 心皮合生，1 室，**具一顶生胚珠**。核果或呈浆果状，**有时具宿存花被形成的果托包围果实基部**。种子 1 粒，无胚乳。

【药用植物】本科 45 属 2500 多种，分布于热带及亚热带地区。我国有 20 属 400 多种，主要分布于长江以南各省区；药用 13 属 113 种。

① **肉桂** ***Cinnamomum cassia*** **(L.) D. Don**，常绿乔木，具香气。树皮厚，灰褐色，内皮红棕色，芳香，幼枝、芽、花序及叶柄均被褐色柔毛。叶互生，长椭圆形，具离基三出脉。圆锥花序腋生或近顶生；花小，花被片 6，雄蕊 9，排成 3 轮，第三轮外向，花丝基部有 2 腺体，最内有 1 轮退化，花药 4 室，瓣裂；子房上位，1 室，1 胚珠。核果浆果状，果托浅杯状。**药用部位：**皮、枝、果实（图 9-25）。**功效：**茎皮（肉桂）能补火助阳、散寒止痛、活血通经；嫩枝（桂枝）能解表散寒、温经通脉；果实（肉桂子）能温中散寒；挥发油（肉桂油）为祛风、健胃药。

② **樟** ***Camphora officinarum*** **Nees**，常绿乔木。全株具樟脑气味。叶互生，卵状椭圆形，离基三出脉，脉腋有腺体。腋生圆锥花序；花被片 6；能育雄蕊 9。核果球形，紫黑色，果托杯状（图 9-26）。**药用部位：**全株。**功效：**祛风散寒、消肿止痛、强心镇痉、杀虫；樟脑

1

2

图 9-25

3

4

图 9-25　肉桂

1—植株；2—花；3—茎；4—肉桂与桂枝

和樟脑油可作中枢神经兴奋剂。

③ **山鸡椒**（山苍子）***Litsea cubeba*（Lour. ）Pers.**，多年生落叶灌木或小乔木；叶具芳香味（豆豉姜味），叶互生，披针形或长圆形，先端渐尖，基部楔形，纸质，叶面深绿色，叶背粉绿色，两面均无毛；伞形花序单生或簇生，总梗细长，每一花序有花 4 ～ 6 朵，先叶开放或与叶同时开放，花被裂片 6，黄色；果近球形，无毛，幼时绿色，成熟时黑色（图 9-27）。**药用部位及功效：**果入药，称荜澄茄，能温中散寒，行气止痛。

本科药用植物还有：**乌药**，根膨大，呈纺锤形或结节状，叶互生，革质，背面密生灰白色柔毛，离基三出脉。雌雄异株。根入药，具有顺气止痛、温肾散寒的功效。**阴香、潺槁木姜子**。

图 9-26　樟

图 9-27　山鸡椒

课堂技能训练

观察肉桂、樟：性状、气味、叶片、花。

13. 十字花科

⚥ $* K_{2+2}C_{4}A_{2+4}\underline{G}_{(2:2:1\sim\infty)}$

【本科识别特征】**草本，植物体有的含辛辣汁液**。单叶互生，无托叶。花两性，辐射对称，多呈总状花序；萼片 4，分离，2 轮；**花瓣 4，排成“十”字形；雄蕊 6，4 长 2 短，为四强雄蕊**，雄蕊基部常有 4 个蜜腺；子房上位，2 心皮合生，**侧膜胎座**，胚珠一至多数，**中央具由心皮边缘延伸的隔膜（假隔膜）分成 2 室。长角果或短角果。**

【药用植物】本科 350 属 3200 种，广布世界各地，主要分布于北温带。我国约 96 属，430 余种，全国各地均有分布；药用 26 属 77 种。

① **菘蓝** ***Isatis tinctoria* L.**，二年生草本。主根圆柱形，外皮灰黄色。单叶互生、基生，叶片长圆状椭圆形，茎生叶长圆形至长圆状倒披针形，先端钝尖，基部箭形，半抱茎，全缘或有不明显的细锯齿。阔总状花序，花小，黄色。萼片 4；花瓣 4，倒卵形。角果长圆形，扁平翅状（图 9-28）。**药用部位**：根（板蓝根）、叶（大青叶）。**功效**：清热、解毒、凉血、止血。

图 9-28　菘蓝

② **播娘蒿** ***Descurainia sophia*（L.）Webb ex Prantl**，草本。叶狭卵形，二至三回羽状深裂。总状花序，花小，黄色。长角果细圆柱形。分布于全国各地。种子（南葶苈子）能泻肺平喘、行水消肿。

③ **独行菜** ***Lepidium apetalum* Willd.**，种子（北葶苈子）功效同南葶苈子。

④ **芸薹**（油菜）***Brassica rapa* var. *oleifera* DC.**，二年生草本，基生叶大头羽裂；下部茎生叶羽状半裂，基部扩展且抱茎，两面有硬毛及缘毛；上部茎生叶长圆状倒卵形、长圆形或长圆状披针形，全缘或有波状细齿。总状花序在花期呈伞房状，以后伸长；花冠鲜黄色，十字形花冠。长角果线形。种子球形，直径约 1.5mm，紫褐色。为主要油料植物之一，种子含油量 40%左右，油供食用；嫩茎叶和总花梗作蔬菜；种子（芸苔子）能行气破气，消肿散结；叶可外敷痈肿。

⑤ **萝卜** ***Raphanus sativus* L.**，二年或一年生草本，高 20 ～ 100cm；直根肉质，长圆形、球形或圆锥形，外皮绿色、白色或红色；基生叶和下部茎生叶大头羽状半裂，上部叶长圆形，有锯齿或近全缘。总状花序顶生及腋生；花冠白色或粉红色，十字形花冠；萼片长圆形。长角果圆柱形。种子 1 ～ 6，卵形，微扁，红棕色，有细网纹。根作蔬菜食用；种子（莱菔子）可降气化痰。

本科药用植物还有：**荠**，全草能止血。**菥蓂**，全草能清湿热、消肿排脓。**白芥**，种子（白芥子）能温肺化痰、理气散结、通络止痛。**芥菜**，种子（黄芥子）功效同白芥子。

课堂技能训练

观察菘蓝：性状、叶片、花。

14. 杜仲科

$♂\ P_0A_{5\sim10}$；$♀\ P_0\underline{G}_{(2:1:2)}$

【本科识别特征】**落叶乔木，枝、叶折断后有银白色胶丝**。树皮灰色，小枝淡褐色。单叶互生，叶片椭圆形或椭圆状卵形，边缘有锯齿，无托叶。**花单性，雌雄异株；无花被**，常先叶开放或与叶同时开放；雄花具短梗，苞片倒卵状匙形，雄蕊 4 ～ 10，常为 8 枚，花药条形，花丝极短；雌花单生，有短梗，**子房上位，由 2 心皮合生**，扁平狭长，顶端具二叉状花柱，1 室。**翅果扁平**，长椭圆形，含种子 1 粒。

【药用植物】本科仅杜仲属 1 属 1 种，是我国特产植物。分布于我国中部及西南各省区，各地有栽培。

杜仲 *Eucommia ulmoides* Oliv.，特征与科同（图 9-29）。树皮、叶药用，能补肝肾、强筋骨、安胎、降压。

图 9-29　杜仲

课堂技能训练

观察杜仲：枝叶、树皮。

15. 蔷薇科

$⚥ * K_5C_5A_{5\sim\infty}\underline{G}_{1\sim\infty:1:1\sim\infty}\overline{G}_{(2\sim5:2\sim5:2)}$

【本科识别特征】草本、灌木或乔木。常具刺。单叶或复叶，多互生，**通常有托叶**。**花两性，辐射对称**；单生或排成伞房或圆锥花序；花托凸起或凹陷，**花萼下部与花托愈合成盘状、杯状、坛状或壶状的花筒**，萼片、花瓣和雄蕊均着生于花筒的边缘；**萼片、花瓣各为 5**，分离，稀无瓣；**雄蕊常多数**；子房上位至下位；心皮一至多数，分离或结合，每室胚珠 1 ～ 2。蓇葖果、瘦果、核果或梨果。种子无胚乳。

【药用植物】本科约 124 属，3300 余种，分布于全世界。以北温带为多，我国约 51 属，1100 余种，广布全国各地；药用约 39 属，360 种。

本科根据花托、花筒、雌蕊心皮数目、子房位置和果实类型分为四个亚科。

四亚科及部分属检索表

1. 果开裂，蓇葖果，稀浆果；心皮常为 5，离生；多无托叶（绣线菊亚科）。
  2. 单叶，多无托叶；伞形、伞房状或圆锥状花序……………………………………绣线菊属
  2. 羽状复叶，有托叶；大型圆锥花序…………………………………………………珍珠梅属
1. 果不开裂；全具托叶。

3. 子房上位。

4. 心皮通常多数，分离；聚合瘦果或蔷薇果，聚合小核果；多为复叶（蔷薇亚科）。

5. 雌蕊被杯状或坛状的花托包围。

6. 雌蕊多数，呈聚合瘦果；灌木……………………………………………蔷薇属

6. 雌蕊 1 ～ 3，花托成熟时干燥坚硬；草本。

7. 有花瓣；萼裂片 5；花筒上部有钩状刺毛 ………………………龙牙草属

7. 无花瓣；萼裂片 4；花筒无钩状刺毛 ……………………………地榆属

5. 雌蕊生于平坦或隆起的花托上。

8. 心皮各含 1 胚珠；瘦果，分离；植株无刺；花柱在结果时延长
……………………………………………………………………………路边青属

8. 心皮各含 2 胚珠；小核果呈聚合果；植株有刺；花柱不延长
……………………………………………………………………………悬钩子属

4. 心皮常各 1 个，稀 2 个或 5 个；核果；单叶（梅亚科）……………………李属

3. 子房下位或半下位；心皮 2 ～ 5，合生；梨果，稀小核果状（苹果亚科）。

9. 内果皮成熟时革质或纸质，每室含一至多数种子。

10. 花为伞形或总状花序，有时单生。

11. 心皮含 1 ～ 2 粒种子。

12. 花柱离生；果实梨形 ……………………………………梨属

12. 花柱基部合生；果实苹果形 …………………………苹果属

11. 心皮各含三至多数种子，花柱基部合生。

13. 花筒外被密毛，萼片宿存；花序伞形 ……………多依属

13. 花筒外面无毛，萼片脱落；花单生或簇生 ………木瓜属

10. 花为复伞房或圆锥花序。

14. 心皮全部合生，子房下位；叶常绿 ……………枇杷属

14. 心皮一部分合生，子房半下位；常绿或落叶 …石楠属

9. 内果皮成熟时骨质，果实含 1 ～ 5 小核；枝有刺……………山楂属

（1）绣线菊亚科 灌木。无托叶。花托微凹成盘状；伞形、伞房或圆锥花序；心皮通常 5 个，分离，子房上位，周位花。蓇葖果。

绣线菊（柳叶绣线菊）***Spiraea salicifolia* L.**，灌木。叶互生，长圆状披针形，边缘有锯齿。花序为圆锥花序；花粉红色。蓇葖果直立，常具反折萼片。全株能通经活血、通便利水。

（2）蔷薇亚科 草本或灌木。羽状复叶或单叶，托叶发达。花托壶状或凸起；子房上位，周位花，心皮多数，分离，每个子房含胚珠 1 ～ 2。聚合瘦果或聚合小核果。

① **龙牙草 *Agrimonia pilosa* Ledeb.**，多年生草本，全株密生长柔毛。奇数羽状复叶，小叶 5 ～ 7 片，大小不等；小叶椭圆状卵形或倒卵形。顶生总状花序；花黄色，萼筒顶端有一圈钩状刚毛；心皮 2。瘦果倒圆锥形（图 9-30）。**药用部位：**全草（仙鹤草）。**功效：**收敛止血、止痢、解毒。根芽能驱绦虫。

② **金樱子 *Rosa laevigata* Michx.**，常绿攀援有刺灌木。三出羽状复叶，叶片椭圆状卵形。花大，白色，单生于侧枝顶部。蔷薇果倒卵形，有直刺，顶端具宿存萼片（图 9-31）。**药用部位：**果、根。**功效：**收敛涩精、固肠止泻。

同属国产植物约 80 种，已知药用 43 种。其中**月季花**，花能活血调经；**玫瑰**，花能行气解郁、活血、止痛。

③ **地榆** ***Sanguisorba officinalis*** **L.**，多年生草本。根粗壮。奇数羽状复叶，小叶 5 ～ 15 片，长圆状卵形。花小，密集成顶生的近球形或短圆柱形的穗状花序；萼裂片 4，紫红色；无花瓣；雄蕊 4。瘦果褐色，有细毛。**药用部位：**根。**功效：**清热凉血、收敛止血。

图 9-30　龙牙草

图 9-31　金樱子

本亚科药用植物还有：**委陵菜**，全草能清热解毒、凉血止痢；**翻白草**，功效同委陵菜；**路边青**（水杨梅），全草能祛风除湿、活血消肿。

（3）李亚科　木本。单叶，有托叶，叶基常有腺体。花托杯状，子房上位，周位花，心皮常 1。核果。萼片常脱落。

① **桃** ***Prunus persica*** **（L.）Batsch**，乔木。叶片长圆状披针形、椭圆状披针形或倒卵状披针形，叶边具细锯齿或粗锯齿，齿端具腺体或无腺体；花单生，后于叶开放或与叶同时开放，花梗极短或几无梗；萼筒钟形；花瓣长圆状椭圆形至宽倒卵形，粉红色，罕为白色。核果。**药用部位：**种仁。**功效：**活血祛瘀，润肠通便。

② **梅** ***P. mume*** **Sieb. et Zucc.**，小枝绿色，叶先端长尾尖。花单生或有时 2 朵同生于 1 芽内，先于叶开放，核果黄绿色有短柔毛。近成熟果实（乌梅）能敛肺、涩肠、生津。花能开郁和中、化痰、解毒。

③ **杏** ***P. armeniaca*** **L.**，乔木，小枝浅红棕色。叶卵形至近圆形，叶柄近顶端有 2 腺体。花单生，先于叶开放，白色或带红色。核果球形，黄白色或黄红色。**药用部位：**种子（苦杏仁）。**功效：**祛痰止咳平喘、润肠通便。

另有野生的**山杏**、**东北杏**的种子亦作苦杏仁入药。同属植物**郁李**，种子（郁李仁）能润燥滑肠。

（4）苹果亚科（梨亚科） 木本。单叶，有托叶。花托杯状，子房下位或半下位，上位花，心皮 2 ～ 5，合生。梨果。

① **山楂 *Crataegus pinnatifida* Bunge**，落叶乔木，小枝通常有刺。叶宽卵形至菱状卵形，两侧各有 3 ～ 5 羽状深裂片，托叶较大。伞房花序，花白色。梨果近球形，直径 1 ～ 1.5cm，深红色，有灰白色斑点。分布于东北、华北，以及河南、陕西、江苏。**山里红 *C. pinnatifida* var. *major* N. E. Br.**，果较大，直径约 2.5cm，深亮红色。华北各地栽培。**药用部位**：果实（北山楂）能消食健胃、行气散瘀；叶（山楂叶）能活血化瘀、理气通脉、化浊降脂。

② **野山楂 *C. cuneata* Sieb. et Zucc.**，落叶灌木，具细刺。叶宽倒卵形，顶端常 3 裂，基部楔形，果较小，直径 1 ～ 1.2cm，熟时红色或黄色。果实入药，称“南山楂”。

③ **贴梗海棠 *Chaenomeles speciosa*（Sweet）Nakai**，落叶灌木，枝有刺。叶倒卵形，托叶大。花先叶开放，稀淡红色或白色，3 ～ 5 朵簇生，花筒钟状。梨果球形或卵形，木质，有芳香气味（图 9-32）。分布于华东、华中、西北和西南地区。各地均有栽培。**药用部位**：果实（《中国药典》称为木瓜）。**功效**：平肝、舒筋活络、和胃祛湿。

图 9-32　贴梗海棠

图 9-33　枇杷

④ **枇杷 *Eriobotrya japonica*（Thunb.）Lindl.**，常绿小乔木；小枝粗壮，黄褐色，密生锈色或灰棕色绒毛。叶片革质，上部边缘有疏锯齿，基部全缘，上面光亮，多皱，下面密生灰棕色绒毛；叶柄短或几无柄，有灰棕色绒毛；托叶钻形，长 1 ～ 1.5cm，先端急尖，有毛。圆锥花序顶生，具多花；总花梗和花梗密生锈色绒毛；萼筒及萼片外面有锈色绒毛；花瓣 5，白色，有锈色绒毛；子房顶端有锈色柔毛，5 室，每室有 2 胚珠。果实球形或长圆形，黄色或橘黄色，外有锈色柔毛（图 9-33）。叶（《中国药典》称为枇杷叶）能清肺止咳、降逆止呕。

本亚科药用植物还有**木瓜**（**榠楂**），果实干后外皮不皱缩，称光皮木瓜，不少地区亦作木瓜入药。

课堂技能训练

观察龙牙草、金樱子、枇杷：性状、托叶、雄蕊、果实。

16. 豆科

$⚥ * \uparrow K_{5,(5)} C_5 A_{10,(9)+1,\infty} \underline{G}_{1:1:1\sim\infty}$

【本科识别特征】乔木、灌木或草本。茎直立或攀援。根部有能固氮的根瘤。**多为复叶，少数为单叶。叶互生**，稀对生，**有托叶**，有时每小叶基部具小托叶。花两性，两侧对称或辐射对称，花序通常呈总状、头状、聚伞状、圆锥状或穗状，少数单生；具苞片和小苞片；花萼5，离生或合生；花瓣5，离生，少数部分或基部合生，**多为蝶形花；雄蕊10枚**，有时5或多数离生或连合成单体或**二体；子房上位，单心皮**，边缘胎座，胚珠一至多数。**荚果**。种子无胚乳。

【药用植物】本科为种子植物第三大科，仅次于菊科和兰科，广布于世界各地，约670属，18000余种。我国有172属1485种，全国各地均有分布。本科在恩格勒系统中，分为三个亚科：含羞草亚科、云实亚科和蝶形花亚科。

亚科检索表

1. 花辐射对称；花瓣镊合状排列，分离或合生……………………………………含羞草亚科
1. 花两侧对称；花瓣覆瓦状排列
    2. 花冠假蝶形；最上一枚花瓣位于最内方；雄蕊通常离生…………………………云实亚科
    2. 花冠为蝶形；最上一枚花瓣位于最外方；雄蕊通常两体…………………………蝶形花亚科

（1）含羞草亚科

【本亚科识别特征】木本，稀为草本。二回羽状复叶，互生，叶枕显著。花辐射对称，多为5基数，花萼管状，5裂，花瓣与花萼同数，分离或合生，均镊合状排列；雄蕊与花冠裂片同数，或为其倍数，或多数，花药顶端常具一脱落性腺体。

① **合欢** ***Albizia julibrissin*** **Durazz.**，落叶乔木。二回偶数羽状复叶，小叶镰刀状，两侧不对称。头状花序排成伞房状；花萼、花瓣均合生，先端5裂；雄蕊多数，花丝细长而显著，基部合生，上部粉红色，高出花冠之外。荚果扁平条形（图9-34）。**药用部位：**树皮及花。**功效：**树皮称“合欢皮”，能安神、活血、消肿止痛；花称“合欢花”，具理气、解郁和安神作用。

② **儿茶** ***Senegalia catechu*** **(L. f.) P. J. H. Hurter & Mabb.**，落叶小乔木；树皮棕色，常呈条状薄片开裂，但不脱落；小枝被短柔毛。托叶下面常有一对扁平、棕色的钩状刺或无；二回羽状复叶，小叶线形；穗状花序长2.5～10cm，1～4个生于叶腋；花淡黄或白色；花瓣披针形或倒披针形，被疏柔毛。荚果带状，棕色，有光泽，开裂（图9-35）。心材碎片煎汁，经浓缩干燥即为儿茶浸膏或儿茶末，有清热、生津、化痰、止血、敛疮、生肌、定痛等作用。

（2）云实亚科

【本亚科识别特征】木本，稀草本。羽状复叶，托叶多早落。花两侧对称；萼片5（4），分离或下部合生；花瓣5，假蝶形花冠；雄蕊10，有时较少或多数，花丝分离或合生。

① **决明** ***Senna*** **tora (L.) Roxb.**，一年生草本。偶数羽状复叶，小叶3对，倒卵形或长圆状倒卵形；每对小叶间的叶轴上有一棒状腺体；托叶线状，被柔毛，早落。花通常成对腋生；萼片5，分离；花瓣5，黄色；能育雄蕊7，花药四方形，顶孔开裂；子房被柔毛。荚果细长，近四棱形。种子多数，菱形，具光泽（图9-36）。**药用部位：**种子称“决明子”。

图 9-34　合欢

图 9-35　儿茶

功效：清肝明目、通便、降压、降血脂等。

本属植物**望江南**，小叶 4 ～ 5 对，卵形至椭圆状披针形，具臭气。荚果带状镰刀形。种子卵圆形而扁。其茎叶和种子含多种蒽醌类化合物，能清热解毒。

② **皂荚** ***Gleditsia sinensis*** **Lam.**，落叶乔木，主干上部和枝条上常具圆柱形分枝棘刺。一回偶数羽状复叶，小叶长卵形；总状花序，腋生或顶生；花杂性，雄花花萼 4 裂；花瓣 4，白色或淡黄色；雄蕊 8，雌蕊退化；两性花较大；雌蕊能育。荚果扁长条状，成熟后黑棕色，被白色粉霜。**药用部位：**果实。**功效：**祛痰开窍、消肿；部分皂荚树因衰老等原因形成不育畸形小荚果，称“猪牙皂”，能开窍、祛痰、杀虫。

③ **苏木** ***Biancaea sappan*** **（L.）Tod.**，小乔木，具疏刺，除老枝、叶下面和荚果外，

图 9-36　决明

多少被细柔毛；枝上的皮孔密而显著；二回羽状复叶；圆锥花序顶生或腋生，长约与叶相等；萼片 5，稍不等，下面一片比其他的大，呈兜状；假蝶形花冠，黄色，阔倒卵形，长约 9mm，最上面一片基部带粉红色，具柄；雄蕊稍伸出，花丝下部密被柔毛；子房被灰色绒毛，具柄，花柱细长，被毛，柱头截平。荚果木质，稍压扁，果实难开裂（第二年树上可见有开裂果实），红棕色，有光泽（图 9-37）。红色心材入药，能行血祛瘀，消肿止痛。备注：《中国药典》中苏木的拉丁文为 *Caesalpinia sappan* L.。

（3）蝶形花亚科

【本亚科识别特征】草本、木本或藤本。稀单叶，三出复叶或羽状复叶；常具托叶和小托叶。花两侧对称，蝶形；雄蕊 10，常为二体（9）+1 或单体，稀全部分离。

① **甘草 *Glycyrrhiza uralensis* Fisch.**，多年生草本，全株被有白色短毛和腺毛。根和根状茎粗壮，外皮红褐色至暗褐色。地上茎直立或近匍匐，基部稍带木质。奇数羽状复叶，小叶 5 ～ 17，卵形或宽卵形，两面均具短毛和腺体，托叶阔披针形。总状花序腋生；花冠蓝紫色；雄蕊 10，二体。荚果镰刀状或环状弯曲，密被刺状腺毛及短毛（图 9-38）。**药用部位：**根及根茎。**功效：**补脾、润肺、解毒、调和诸药。甘草还具有抗病毒、抗菌、抗溃疡、抗炎、抗肿瘤、抗突变、抗氧化、保肝、促进胰腺分泌等作用。

图 9-37　苏木

图 9-38　甘草

② **蒙古黄芪** ***Astragalus membranaceus*** **var.** ***monghlicus*****（Bunge）P. K. Hsiao**，多年生草本；主根肥厚，木质，常分枝，灰白色；茎直立；羽状复叶，有 13 ～ 27 片小叶；总状花序稍密，有 10 ～ 20 朵花；总花梗与叶近等长或较长，至果期显著伸长；花萼钟状；蝶形花冠黄色或淡黄色，旗瓣倒卵形，顶端微凹，基部具短瓣柄，翼瓣较旗瓣稍短，瓣片长圆形，基部具短耳，龙骨瓣与翼瓣近等长，瓣片半卵形，瓣柄较瓣片稍长；荚果薄膜质，稍膨胀，半椭圆形；种子 3 ～ 8 颗（图 9-39）。**药用部位：**根。**功效：**根入药，可补气升阳、益卫固表、利水消肿、托疮生肌。备注：《中国药典》中蒙古黄芪的拉丁文为 *Astragalus membranaceus*（Fisch.）。

③ **槐** ***Styphnolobium japonicum*****（L.）Schott**，落叶乔木，树皮灰褐色。羽状复叶，小叶 7 ～ 15 片，卵形或卵状长圆形，先端渐尖而具细突尖，下面疏生短柔毛，基部膨大成叶枕。圆锥花序顶生；萼钟状，花冠蝶形，乳白色或淡黄色；雄蕊 10，分离，不等长；子房有细毛，花柱弯曲。荚果肉质，不开裂，串珠状。种子 1 ～ 6，肾形，棕黑色。**药用部位：**花蕾、花及成熟果实，分别称为槐米、槐花和槐角。**功效：**凉血止血、清肝泻火。

④ **葛**（野葛）***Pueraria montana*** **var.** ***lobata*****（Ohwi）Maesen & S. M. Almeida**，多年生草质藤本。茎蔓长达十余米，全株被有黄褐色粗毛。块根圆柱形，肥大，略具粉性。三出羽状复叶，顶生小叶菱状矩圆形，侧生小叶斜卵形，常不等三浅裂。总状花序腋生或顶生；花冠

图 9-39　蒙古黄芪

蝶形，蓝紫色。荚果条形，密生黄色长硬毛。种子卵圆形，有光泽。**药用部位：**块根入药称“葛根”。**功效：**解肌退热、发表透疹、生津止渴、升阳止泻。备注：《中国药典》中野葛的拉丁文为 *Pueraria lobata*（Willd.）Ohwi。

同属植物**甘葛藤**的块根一同作为“葛根”入药，药材上称为“粉葛”，分布于广东、广西、四川、云南等地。此外同属的**食用葛藤**、**峨眉葛藤**的根在部分地区也作葛根入药。

⑤ **密花豆** ***Spatholobus suberectus*** **Dunn**，木质藤木，长达数十米。老茎扁圆柱形，砍断可见数圈偏心环，有鲜红色汁液从断口处流出。三出复叶，小叶阔椭圆形，两面被疏毛。圆锥花序腋生，被黄色柔毛；花白色肉质，雄蕊 10，二体。荚果扁平舌状，被黄色柔毛，种子 1 颗，生于荚果顶部。**药用部位：**茎藤称鸡血藤。**功效：**补血、活血、通络。

图 9-40　广东金钱草

⑥ **广东金钱草**（广金钱草）***Grona styracifolia*** **(Osbeck.) H. Ohashi & K. Ohashi**，直立亚灌木状草本。多分枝，幼枝密被白色或淡黄色毛。叶通常具单小叶，有时具 3 小叶；叶柄密被贴伏或开展的丝状毛；托叶披针形，被毛；小叶厚纸质至近革质，圆形或近圆形至宽倒卵形，侧生小叶如存在，则较顶生小叶小，先端圆或微凹，基部圆或心形，上面无毛，下面密被贴伏的白色丝状毛，全缘；小托叶钻形或狭三角形，疏生柔毛；小叶柄密被贴伏或开展的丝状毛。总状花序短，顶生或腋生，总花梗密被绢毛；花密生，每 2 朵生于节上；蝶形花冠紫红色，旗瓣倒卵形或近圆形，具瓣柄，翼瓣倒卵形，亦具短瓣柄，龙骨瓣较翼瓣长，极弯曲，有长瓣柄；二体雄蕊。荚果，短柔毛和小钩状毛，有荚节 3 ～ 6（图 9-40）。**药用部位：**全草。**功效：**清热除湿，利尿通淋。备注：《中国药典》中广东金钱草的拉丁文为 *Desmodium styracifolium*（Osbeck.）Merr.。

⑦ **扁豆** ***Lablab purpureus*** **(L.) Sweet**，种子（白扁豆）入药，能健脾化湿、和中消暑。

⑧ **苦参** ***Sophora flavescens*** **Alt.**，根入药，能清热燥湿、杀虫利尿。

⑨ **降香**（降重檀）***Dalbergia odorifera*** **T. C. Chen**，乔木，树皮褐色或淡褐色，粗糙，有纵裂槽纹。小枝有小而密集的皮孔。羽状复叶；叶柄基部稍膨大；托叶早落；复叶顶端的

1 枚小叶最大，往下渐小，基部 1 对长仅为顶小叶的 1/3。圆锥花序腋生，分枝呈伞房花序状；蝶形花冠乳白色或淡黄色，各瓣近等长，均具长约 1mm 的瓣柄，旗瓣倒心形，翼瓣长圆形，龙骨瓣半月形，背弯拱；雄蕊 9，单体；荚果舌状长圆形，有种子 1 ～ 2 粒（图 9-41）。木材质优，心材红褐色，坚重，纹理致密，为上等家具良材；心材及根部心材名降香，供药用，具有化瘀止血、理气止痛的功效。

图 9-41　降香

课堂技能训练

观察合欢、决明、广金钱草：性状、花结构、果实。

17. 芸香科

$⚥ * K_{3\sim5} C_{3\sim5} A_{4\sim\infty} \underline{G}_{(2\sim\infty:2\sim\infty:1\sim2)}$

【本科识别特征】**乔木，灌木**，稀草本。**叶或果实上常有透明腺点**，含挥发油。**叶互生，多为复叶**。叶柄多具翅，无托叶。花辐射对称，两性，稀单性；单生或簇生，或排成总状、聚伞或圆锥花序；萼片 3 ～ 5，离生，基部合生；花瓣 3 ～ 5，离生，镊合状或覆瓦状排列；**雄蕊 8 ～ 10，稀多数，着生于环状或杯状的花盘基部；子房上位**，心皮二至多数，合生，少数离生，每室胚珠 1 ～ 2，柑果、蒴果、蓇葖果或核果。

【药用植物】本科植物约 150 属 1700 种，分布于热带和温带。我国有 30 属，约 154 种；药用 100 余种，南北均有分布，长江以南为多。

① **柑橘 *Citrus reticulata* Blanco**，常绿小乔木或灌木，常有枝刺。单身复叶，小叶披针形至卵状披针形，翅不明显，互生，革质，具透明油室。花单生或簇生于叶腋，黄白色；雄蕊多数，花丝常 3 ～ 5 枚合生；子房多室。柑果外果皮密布油点，具香气，长江以南广泛栽培，为我国著名果品之一，栽培变种众多。中果皮与内果皮之间的维管束群称“橘络”，能宣通经络、顺气活血。**药用部位**：种子称“橘核”，幼果或未成熟果实的果皮称“青皮”，成熟果实的果皮称“陈皮”。**功效**：橘核能理气散结；橘叶入药同橘核；青皮能疏肝破气、消积化滞；陈皮能理气健脾、燥湿化痰。

② **橘红**（化州柚）***Citrus maxima* ‘Tomentosa’**，常绿小乔木。幼枝、花梗密被细茸毛；花萼杯状，4 浅裂，花瓣 4 片，白色；雄蕊多数，花丝粗壮。柑果近球形，幼果绿色，果皮

外密被白色厚绒毛，成熟时果皮外光滑无毛，果皮与果肉不易剥离，外果皮下的白皮层极厚，瓢囊 16 瓣（图 9-42）。**药用部位：**未成熟或近成熟的外层果皮。**功效：**理气宽中、燥湿化痰。备注：《中国药典》中橘红的拉丁文为 *Citrus grandis* '*Tomentosa*'。

图 9-42　化州柚

③ **佛手 *C. medica* 'Fingered'**，常绿灌木或小乔木。幼枝略带紫红色，叶片矩圆形或倒卵状矩圆形，顶端常明显凹缺，花瓣 5，内面白色、外面紫色；雄蕊多数；子房椭圆形，上部窄尖，花柱脱落后子房即分裂。柑果长圆形，成熟时为橙黄色，果顶端裂瓣如手指状肉条，果皮厚，表面粗糙，果肉淡黄色。种子数枚，卵形（图 9-43）。**药用部位：**果实。**功效：**疏肝理气、和胃止痛、燥湿化痰。其为**香橼**（枸橼）***C. medica* L.** 的变种，而香橼成熟果实入药，能疏肝理气、宽中化痰。

图 9-43　佛手

④ **酸橙 *Citrus*×*aurantium* Siebold & Zucc. ex Engl.**，常绿小乔木。幼枝三棱形，有长刺。幼果入药称"枳实"，能破气消积、化痰散痞。未成熟的果实横切两半入药称"枳壳"，能理气宽中、行滞消胀。

⑤ **川黄檗**（黄皮树）***Phellodendron chinense* C. K. Schneid.**，乔木（图 9-44）。成年树有厚、纵裂的木栓层，内皮黄色，小枝粗壮，暗紫红色，无毛。叶轴及叶柄粗壮，通常密被褐锈色或棕色柔毛，有小叶 7 ～ 15 片，小叶纸质，长圆状披针形或卵状椭圆形，两侧通常略不对称，边全缘或浅波浪状，叶背密被长柔毛或至少在叶脉上被毛，叶面中脉有短毛或嫩叶被疏短毛。花序顶生，花通常密集，花序轴粗壮，密被短柔毛。果多数密集成团，果的顶

部略狭窄，果椭圆形或近圆球形，蓝黑色。**其树皮，《中国药典》上称为“黄柏”。功效：**清热燥湿，泻火除蒸，解毒疗疮。

同属植物**黄檗**（关黄柏），乔木。奇数羽状复叶，对生，小叶5～13片，叶缘具细锯齿，齿间具腺点。圆锥状聚伞花序，雌雄异株；花小，黄绿色；雄花具雄蕊5；雌花子房有短柄，5室，雄蕊退化，呈鳞片状。浆果状核果呈球形，熟时紫黑色。**药用部位：**除去栓皮的树皮称“关黄柏”。功效同黄柏。

图9-44　黄皮树

⑥ **吴茱萸** ***Tetradium ruticarpum*** **(A. Jussieu) T. G. Hartley**，落叶灌木或小乔木，幼枝紫褐色，连同叶轴及花序轴均被锈色长柔毛。奇数羽状复叶，对生，小叶5～9，椭圆形，下面密被长柔毛，具透明油点。雌雄异株，聚伞状圆锥花序顶生，花白色；雄花具雄蕊5，花药基着；雌花心皮通常5，花柱短粗。蓇果扁球形，成熟时开裂成5瓣，呈蓇葖果状，紫红色，有腺点。每分果含种子1颗，黑色，具光泽（图9-45）。**药用部位：**果实。**功效：**散寒止痛、降逆止呕、助阳止泻。

图9-45　吴茱萸

⑦ **花椒** ***Zanthoxylum bungeanum*** **Maxim.**，落叶灌木或小乔木。茎干通常具皮刺。奇数羽状复叶，互生，叶轴两侧具一对皮刺；小叶5～11片，卵形或卵状长圆形，主脉背面具刺。聚伞状圆锥花序顶生；花单性，花被片4～8；雄花雄蕊4～8；雌花心皮4～6，仅2～3个成熟。蓇葖果球形，密生疣状突起的腺体。种子卵圆形，黑色，具光泽。**药用部位：**果实。**功效：**温中止痛、杀虫止痒。

本属植物**青花椒**，其果实同作花椒入药。

⑧ **两面针**（光果花椒）***Z. nitidum*(Roxb.) DC.**，常绿木质藤本。幼枝、叶轴背面及小叶两面中脉均有钩状皮刺。奇数羽状复叶，互生；聚伞圆锥花序腋生，蓇葖果成熟时紫红色，有粗大腺点。种子卵圆形，黑色，具光泽（图 9-46）。**药用部位：**根。**功效：**活血化瘀、行气止痛、解毒消肿。

图 9-46　两面针

⑨ **白鲜 *Dictamnus dasycarpus* Turcz.**，多年生宿根草本，茎基部木质化，淡黄白色根斜生；茎直立，幼嫩部分密被长毛；小叶无柄，近椭圆形，边缘有细锯齿；苞片狭披针形，花瓣倒披针形，白色或粉红色，带紫色花纹；萼片及花瓣密生透明油腺点；蓇葖果沿腹缝线开裂为 5 个分果瓣，每分果瓣又深裂为 2 小瓣，每分果瓣有种子 2 ～ 3 粒；种子阔卵形或近圆球形。**药用部位：**根皮（白鲜皮）。**功效：**清热燥湿、祛风解毒。

课堂技能训练

观察柑橘、橘红：叶、气味、雄蕊。

18．楝科

$⚥ * K_{(4\sim5)} C_{4\sim5} A_{(8\sim10)} \underline{G}_{(2\sim5:2\sim5:1\sim2)}$

【本科识别特征】乔木或灌木。羽状复叶，稀单叶，互生，无托叶。花常两性，辐射对称，圆锥花序；花萼 4 ～ 5，基部常合生；花瓣 4 ～ 5，分离或基部合生；**雄蕊 8 ～ 10，花丝合生成管状；具花盘，或缺；子房上位**，心皮 2 ～ 5 合生，2 ～ 5 室，每室具胚珠 1 ～ 2，稀更多。蒴果、浆果或核果。

【药用植物】本科约 50 属，1400 余种，主要分布于热带和亚热带地区。我国有 15 属 60 余种，分布于长江以南各省区；药用 10 属 20 余种。

① **楝**（苦楝）***Melia azedarach* L.**，落叶乔木。叶互生，二至三回羽状复叶，小叶卵形至椭圆形，边缘有钝齿。圆锥花序腋生；花淡紫色，花萼 5 裂；花瓣 5，倒披针形，被短柔毛；雄蕊 10，花丝合生成管状，花药着生在管顶内侧；子房上位，4 ～ 5 室。核果近球形，黄色直径 1.5 ～ 2cm，4 ～ 5 室。**药用部位：**树皮和根皮入药称“苦楝皮”。**功效：**驱虫、疗癣。

② **川楝 *Melia toosendan* Sieb. et Zucc.**，与楝不同点在于小叶狭卵形，全缘或具不明显的疏锯齿。核果直径约 3cm，6 ～ 8 室。**药用部位：**除皮入药外，果实称“川楝子”。**功效：**疏肝行气、止痛驱虫。备注：被子植物分类系统中，川楝与楝已经合并为同种植物。

课堂技能训练

观察楝：复叶、花结构。

19. 大戟科

$♂ * K_{0\sim5}C_{0\sim5}A_{1\sim\infty,(\infty)}$；$♀ * K_{0\sim5}C_{0\sim5}\underline{G}_{(3:3:1\sim2)}$

【本科识别特征】乔木、灌木或草本，**常含乳汁**。单叶，互生，稀对生；**叶基部常具腺体**；托叶早落。花单性，雌雄同株或异株；花序穗状、总状、聚伞状，或为杯状聚伞花序；萼片多 2 ～ 5，稀 1 或缺；花瓣缺，**具花盘或腺体**；雄蕊一至多数，花丝分离或连合，或仅 1 枚；**雌蕊 3 心皮，子房上位，3 室**，中轴胎座，每室具 1 ～ 2 胚珠。**蒴果**，少数为浆果或核果；种子具胚乳。

【药用植物】本科约 300 属，8000 余种，广布世界各地，主产于热带。我国约 70 属 460 种，主要分布长江以南各省区；药用 39 属 160 余种。

根据植物是否具乳汁及子房室中胚珠的数目等特征分为多个亚科，如大戟亚科，具乳汁，每室1胚珠，主要为大戟属；巴豆亚科，具乳汁，每室含1胚珠，该亚科经济价值较大，包括巴豆属、橡胶树属、乌桕属、木薯属、野桐属、蓖麻属、油桐属、麻风树属等；铁苋菜亚科，无乳汁，每室含 1 胚珠，包括铁苋菜属；叶下珠亚科，无乳汁，每室含 2 胚珠，包括叶下珠属等。在 APG Ⅳ分类系统中，叶下珠亚科被单列为叶下珠科。

① **巴豆 *Croton tiglium* L.**，常绿小乔木或灌木。幼枝绿色，疏被星状毛。单叶互生，卵形至长圆状卵形，两面疏生星状毛，基部近叶柄处具 2 枚无柄杯状腺体。花单性，雌雄同株；总状花序顶生，雄花在上，萼片 5，花瓣 5，反卷，雄蕊多数，分离；雌花在下，萼片 5，宿存，无花瓣，子房上位，3 室。蒴果卵形，具 3 钝棱，密被星状毛（图 9-47）。**药用部位**：种子有大毒。**功效**：泻下祛积、逐痰行水；外用可蚀疮。

图 9-47　巴豆

② **蓖麻 *Ricinus communis* L.**，在北方为一年生草本，在南方常成灌木。叶互生，叶片掌状 7 ～ 9 深裂，叶柄盾状着生，有腺体。花单性，雌雄同株；花序总状或圆锥状；雄花在下，花被 3 ～ 5 裂，雄蕊多数，花丝多分枝；雌花在上，花被 3 ～ 5 裂，子房上位，3 室，花柱 3，各 2 裂。蒴果长圆形，密被刺状突起。种子具斑状花纹，具种阜（图 9-48）。**药用**

1　　2　　3

4　　5　　6

7　　8

图 9-48　蓖麻

1—雄花；2—干果；3—果实；4—植株；5—种子；6—雌花；7—花序；8—花、叶、果

部位：种子经冷榨所得的蓖麻油。**功效**：泻下通便；种子含蛋白质 18% ～ 26%，包括多种蓖麻毒蛋白，能消肿拔毒、泻下通滞。

③ **余甘子** ***Phyllathus emblica*** **L.**，落叶小乔木或灌木。树皮灰白色，易片状脱落，露出赤红色内皮。单叶互生，线状长圆形，呈羽状复叶状。花单性同株，簇生于叶腋，每簇具雌花 1 朵和雄花多数；萼片 5 ～ 6，黄色，无花瓣；雄花具腺体，雄蕊 3，花丝合生呈柱状；雌花花盘杯状。蒴果球形（图 9-49）。**药用部位**：果。**功效**：清热凉血、消食健胃、生津止咳。同属植物**叶下珠**与余甘子主要区别在于它是一年生直立草本。花几无梗，雄花 2 ～ 3，簇生于叶腋；雌花单生。全草入药可平肝清热、利水解毒。注：在 APG Ⅳ分类系统中，两种植物均属于叶下珠科。

图 9-49　余甘子

④ **大戟** ***Euphorbia pekinensis*** **Rupr.**，多年生草本，具白色乳汁。单叶，互生，披针形至长椭圆形。多歧聚伞花序，总伞梗基部具 5 ～ 8 个卵形或卵状披针形的叶状总苞片，每伞梗常具 2 级分枝 3 ～ 4 个，其基部着生卵圆形叶状苞片 3 ～ 4，末级分枝顶端着生杯状聚伞花序，其外面围以黄绿色杯状总苞，总苞顶端具相间排列的萼状裂片和肥厚肉质腺体，内部着生多数雄花和 1 枚雌花。雄花仅具 1 雄蕊，花丝和花柄间有关节是花被退化的痕迹；雌花位于花序中央，仅具 1 雌蕊，子房具长柄，突出且下垂于总苞之外，子房上位，3 心皮合生，3 室，每室具 1 胚珠，花柱 3，上部常二叉。蒴果三棱状球形，表面具疣状突起（图 9-50）。**药用部位**：根有毒。**功效**：泻水、利尿、降压和消肿散结。

同属植物**甘肃大戟**（月腺大戟）和**狼毒大戟**都以根入药，称“狼毒”。有散结、杀虫的功效。

⑤ **龙脷叶** ***Sauropus spatulifolius*** **Beille**，常绿小灌木，叶通常聚生于小枝上部，常向下弯垂，叶片鲜时近肉质，干后近革质或厚纸质，匙形、倒卵状长圆形或卵形，有时长圆形，叶脉处呈灰白色，干时黄白色；花红色或紫红色，雌雄同株，2 ～ 5 朵簇生于落叶的枝条中部或下部，有时组成短聚伞花序；雄花花梗丝状，雄蕊 3，花丝合生，呈短柱状。叶入药，《中国药典》收录，可治咳嗽、喉痛、急性支气管炎等。

本科药用植物还有：**黑面神、毛果算盘子、鸡骨香、地锦草**。

课堂技能训练

观察巴豆、蓖麻、叶下珠：性状、花结构。

图 9-50　大戟

1—根；2—花；3—茎；4—植株

20. 冬青科　$\male * K_{(3\sim6)} C_{4\sim5,(4\sim5)} A_{4\sim5}$；$\female * K_{(3\sim6)} C_{4\sim5,(4\sim5)} \underline{G}_{(2\sim\infty:2\sim\infty:1\sim2)}$

【本科识别特征】**乔木或灌木，多常绿**。单叶，互生。花腋生或呈聚伞花序，**单性异株**或杂性；花小，辐射对称，**花萼 4（3～6）裂**，基部多少连合，常宿存；花瓣 4～5，多基部合生；雄蕊与花瓣同数而互生；子房上位，**二至多数心皮**，合生成二至多室，每室具胚珠 1～2。**浆果状核果**，由二至多个分核组成，每分核含 1 种子。

【药用植物】本科具 4 属 400 余种，广布热带和亚热带地区。我国仅有冬青属（*Ilex*）1 属 140 余种，药用 44 种，主要分布于长江流域及以南地区。

① **枸骨 *Ilex cornuta* Lindl. & Paxton**，常绿灌木或小乔木。叶互生，硬革质，叶片长圆状，两侧各具棘刺 1～2 个。花单性异株，簇生于二年生枝上。花瓣 4，黄绿色；雄蕊 4，与花瓣互生；子房上位，4 室。核果球形，熟时红色，具分核 4 枚（图 9-51）。**药用部位**：叶、果实。**功效**：叶称“功劳叶”，能清热养阴、平肝益肾；果实称“枸骨子”，能补肝肾、强筋活络、固涩下焦。

② **秤星树**（梅叶冬青）***Ilex asprella*（Hook. et Arn.）Champ. ex Benth**，落叶灌木。枝条上密布白色皮孔，犹如杆秤的星点。叶膜质，在长枝上互生，在缩短枝上，1～4 枚簇生于枝顶，先端尾状渐尖（形如梅的叶），边缘具锯齿。雄花序 2 或 3 朵花呈束状或单生于叶

腋或鳞片腋内，位于腋芽与叶柄之间；花冠白色，辐状，花瓣 4 ～ 5，近圆形；雄蕊 4 或 5；雌花序单生于叶腋或鳞片腋内，花梗长 1 ～ 2cm，无毛；花 4 ～ 6 基数；花冠辐状，花瓣近圆形。果球形，熟时变黑色（图 9-52）。其根称为岗梅根。根、叶均入药，能清热解毒，生津止渴。

图 9-51　枸骨

图 9-52　秤星树

③ **大叶冬青** ***Ilex latifolia* Thunb.**，常绿乔木。叶厚革质，螺旋状着生，长椭圆形或卵状椭圆形。聚伞花序，密生于叶腋；花杂性，4 基数，花被片基部合生。核果球形，分核长 4mm。**药用部位：**嫩叶为我国南部及西南部传统用药，民间使用历史悠久，称“苦丁茶”。**功效：**散风热、清头目、除烦渴。

目前有 5 属 16 种 1 变种在不同地区作为苦丁茶饮用。其中来自**大叶冬青**和**扣树**的苦丁茶为主流产品。扣树叶薄革质，果实分核长约 7mm。

此外，本属植物**冬青**的叶片作“四季青”入药，能清热解毒、活血止血、生肌敛疮。**铁冬青**，茎皮入药，称“救必应”，可清热利湿、消炎止痛。**毛冬青**，根、叶入药，可清热解毒、活血通脉。

课堂技能训练

观察枸骨、大叶冬青：性状、花结构。

21. 鼠李科

⚥ $* K_{(4\sim5)} C_{(4\sim5)} A_{4\sim5} \underline{G}_{(2\sim4:2\sim4:1)}$

【本科识别特征】**乔木或灌木，常具枝刺或托叶刺。单叶互生，**稀对生，羽状脉或 3 ～ 5 基出脉，常具托叶。花小，两性或单性，辐射对称，聚伞花序或圆锥花序；花萼 4 ～ 5 裂，镊合状排列；花瓣 4 ～ 5；**雄蕊 4 ～ 5，与花瓣对生，花盘发达；**子房上位或部分埋藏于花盘中，2 ～ 4 心皮合生，2 ～ 4 室，每室 1 胚珠。核果或蒴果，种子常具胚乳。

【药用植物】本科 58 属 900 余种，分布于温带至热带地区。我国产 14 属 130 余种，南北均有分布；药用 12 属 76 种。

① **枣** ***Ziziphus jujuba* (L.) Lam.**，落叶乔木或灌木。小枝红褐色，光滑，具刺，长刺粗壮，短刺钩状。单叶互生，长圆状卵形或披针形，基生三出脉。聚伞花序腋生；花黄绿色，萼片、花瓣、雄蕊均 5 枚；花盘肉质圆形，子房下部与花盘合生。核果熟时深红色，果核两端尖。**药用部位：**果（大枣）。**功效：**补中益气、养血安神。

② **酸枣** ***Ziziphus jujuba* var. *spinosa* (Bunge) Hu ex H. F. Chow**，与原种主要区别为灌木、枝刺细长、叶较小。果小，短长圆形，果皮薄；果核两端钝。**药用部位：**种子称“酸枣仁”。**功效：**补肝宁心、敛汗生津。

本科植物**枳椇**，种子能止渴除烦、清温热、解酒毒；**铁包金**，药用根能散瘀止血、化痰止咳、消滞。

课堂技能训练

观察枣、铁包金：叶脉、枝、花结构。

22. 锦葵科

⚥ $* K_{(5),5} C_5 A_{(\infty)} \underline{G}_{(3\sim\infty:3\sim\infty:1\sim\infty)}$

【本科识别特征】草本或木本，**常具丰富的韧皮纤维，有的植物含黏液质。单叶互生，多具掌状脉，**托叶早落。花两性，辐射对称，单生或呈聚伞花序；花萼通常 5，离生或基部合生，镊合状排列，**其下具一轮副萼，萼宿存；花瓣 5，旋转状排列；雄蕊多数，单体（花丝下部合生成管状）；**子房上位，心皮三至多数合生，三至多室，中轴胎座。蒴果或分果。

【药用植物】本科约50属，1000余种，分布于温带和热带地区。我国17属80余种，分布于南北各地；药用12属60余种。

① **苘麻** ***Abutilon theophrasti*** **Medikus**，一年生草本，全株密生星状毛。叶互生，心脏形，具长尖。花单生于叶腋，黄色，无副萼；单体雄蕊，与花瓣基部合生；心皮15～20，排成一轮。蒴果半球形，成熟后分果分离，分果先端具2长芒（图9-53）。**药用部位**：种子称“苘麻子”。**功效**：清热利湿、解毒退翳。

同属植物**磨盘草**，为一年生或多年生直立的亚灌木状草本，全株均被灰色短柔毛。叶卵圆形或近圆形，叶比苘麻大2倍以上，两面均密被灰色星状柔毛；花瓣相互有些重叠状，果为倒圆形，似磨盘，具短芒，被星状长硬毛（图9-54）。全草供药用，有散风、清血热、开窍、活血之功效，为治疗耳聋的良药。

图9-53　苘麻

图9-54　苘麻与磨盘草

② **木槿** ***Hibiscus syriacus*** **L.**，落叶灌木或小乔木。单叶互生，叶片菱状卵形或卵形，常3裂。花单生于叶腋，副萼线形；花萼钟形，5裂；花瓣5，淡红色、紫色或白色；单体雄蕊；5心皮合生。蒴果长椭圆形，先端具尖嘴。**药用部位**：全株。**功效**：根皮和茎皮作“木槿皮”入药，能清热利湿、解毒止痒；花能清热解毒、消炎；果实能解毒止痛、清肝化痰。

本科重要药用植物还有：**草棉**，各地栽培，根能补气、止咳、平喘；种子（棉籽）能补肝肾、强腰、催乳，有毒慎用。**冬葵**的果实，可利水、滑肠、下乳。

课堂技能训练

观察木槿：托叶，茎纤维，雄蕊。

23. 瑞香科

$⚥ * K_{(4\sim5)}C_0A_{4\sim5,\ 8\sim10}\underline{G}_{(2:1\sim2:1)}$

【本科识别特征】**灌木**，稀乔木或草本。**茎韧皮纤维发达**。单叶，对生或互生，全缘，无托叶。花两性或单性，辐射对称，集成头状、总状或伞形花序，稀单生；**花萼管状，4～5裂，呈花瓣状；花瓣缺或退化成鳞片状；雄蕊常与花萼裂片同数或为其2倍，通常着生于萼管的喉部**；花盘环形或杯形；**子房上位**，常生于雌蕊柄上，1～2室，每室1倒生胚珠。浆果、核果或坚果，稀蒴果。

【药用植物】本科约42属800种，主要分布于温带及热带地区。我国有10属90余种，主要分布于长江以南地区；药用7属，近40种。

① **白木香**（现中文学名：土沉香）***Aquilaria sinensis* (Lour.) Spreng.**，常绿乔木。叶互生，革质，长卵形、倒卵形或椭圆形。伞形花序顶生或腋生；花钟形，黄绿色，被柔毛；花瓣10，退化成鳞片状，着生于花被管喉部；雄蕊10；子房2室。蒴果木质。种子黑棕色，基部有红棕色角状附属物（图9-55）。**药用部位：**树干含树脂的木材入药为沉香。**功效：**行气止痛、温中止呕、纳气平喘。

图9-55　白木香

传统所称的沉香为同属植物**沉香**的含树脂木材，主产于南亚地区，我国广东、广西、海南有引种，药用主要依赖进口。过去，在药材经销中称来自白木香的为“土沉香”，由于成分和作用相近，现已作沉香入药，进口沉香已较少。

② **芫花** ***Daphne genkwa*** **Sieb. et Zucc.**，灌木。叶对生，椭圆形。花先于叶开放，淡紫色，数朵簇生于短枝的叶腋上；花萼管状，被绢毛，花冠状，先端4裂；雄蕊8，2轮着生于花萼管上，几无花丝；花盘上部全缘。核果白色。种子1枚，黑色。**药用部位：**花蕾称“芫花”。**功效：**具泻水逐饮、解毒杀虫、抗肿瘤、利尿、镇咳、祛痰、镇痛、抗惊厥、杀虫等作用。

同属药用的还有：**黄瑞香**，其茎皮和根皮药用称“祖师麻”；**滇瑞香**；**瑞香**等。多具祛风、除湿、止痛的功效。

③ **了哥王**（南岭荛花）***Wikstroemia indica*** **(L.)C. A. Mey.**，小灌木，光滑无毛，多分枝，幼枝红褐色。叶对生，倒卵形或长椭圆形。花数朵，呈伞状或近头状。花被管4裂；雄蕊8，2轮，浆果，熟时鲜红色。**药用部位：**茎叶入药。**功效：**清热解毒、消肿止痛、化痰散结。

课堂技能训练

观察白木香：性状，叶脉、茎纤维，花结构。

24. 桃金娘科

⚥ $* K_{(3\sim\infty)} C_{4\sim5} A_{\infty} \overline{G}_{(2\sim5:1\sim\infty:\infty)}$

【本科识别特征】**常绿木本，多具挥发油。单叶对生，具透明腺点，**无托叶。花两性，辐射对称，单生或集成穗状、伞房状、总状或头状花序；**花萼4～5裂，宿存；**花瓣4～5，着生于花盘边缘，或与萼片连成一帽状体；**雄蕊多数，**花丝分离或合生成一至多体，**药隔顶端常有1腺体；**心皮2～5，合生，**子房下位或半下位，**一至多室，每室多数胚珠，**花柱单生**。浆果、核果或蒴果。种子无胚乳。

【药用植物】本科约100属，3000余种，分布于热带和亚热带地区。我国原产8属，分布于长江以南地区，另引种7属，共130种；药用10属30余种。

① **丁香蒲桃** ***Syzygium aromaticum*** **(L.) Merr. & L. M. Perry**，常绿乔木。叶对生，长椭圆形，羽状脉具透明油腺点。聚伞花序顶生；萼筒4裂，花瓣4，淡紫色，具浓烈香气；雄蕊多数；子房下位，2室。浆果红棕色，具宿存萼片。原产于马来群岛及东非沿海地区，以桑给巴尔产量最大，质量最佳；我国广东、广西、海南、云南等地有引种栽培。**药用部位：**花蕾（公丁香）、果实（母丁香）。**功效：**温中降逆、补肾助阳。

② **桃金娘** ***Rhodomyrtus tomentosa*** **(Ait.) Hassk.**，常绿灌木。叶对生，近革质，椭圆形或倒卵形。聚伞花序，有花1～3朵；花萼5裂，不等长；花瓣5，玫瑰红色；雄蕊多数，分离；子房下位，2～6室。浆果熟时暗紫色。**药用部位：**全株。**功效：**果实入药称“山稔子”，可养血止血、涩肠固精；根能祛风活络、收敛止泻；叶、花能止血。

③ **蓝桉** ***Eucalyptus globulus*** **Labill.**，常绿乔木，树皮呈薄片状剥落，幼枝呈方形。叶蓝绿色，被白粉，披针形，常一侧弯曲，具腺点，侧脉末端于叶缘处合生。花白色；花萼与花瓣合生，呈帽状。蒴果杯形。**药用部位：**挥发油入药称“桉油”。**功效：**祛风止痛。

同属其他植物的挥发油亦作桉油入药，如**桉、细叶桉、柠檬桉**等。

课堂技能训练

观察桃金娘：性状，叶脉，枝，花结构。

25. 五加科 $⚥ * K_5C_{5\sim10}A_{5\sim10}\overline{G}_{(2\sim5:2\sim5:1)}$

【本科识别特征】**木本，稀多年生草本，**茎有时具刺。叶多为掌状复叶或羽状复叶，少单叶，多互生。花两性或杂性，稀单性异株，花小，辐射对称；花序伞形、头状、总状或穗状，或有时再集成圆锥状；花萼 5，通常不显著；花瓣 5 ～ 10，稀顶部连合成帽状；**雄蕊多与花瓣同数而互生，生于花盘边缘，花盘肉质生于子房顶部；**心皮 2 ～ 15，合生，**子房下位；**常 2 ～ 5 室，每室有 1 倒生胚珠；**浆果或核果；**种子具胚乳。

【药用植物】本科约 80 属，900 多种，多分布于热带和温带地区。我国有 22 属 160 余种，除新疆外，各地均有分布。种类较多的属有鹅掌柴属、树参属、五加属、楤木属等。药用 18 属 100 余种。

① **人参 *Panax ginseng* C. A. Mey.，**多年生草本。主根粗壮，肉质，顶端具根茎，习称“芦头”。掌状复叶轮生茎端，通常一年生者生一片三出复叶，二年生者生一片掌状五出复叶，三年生者生二片掌状五出复叶，以后每年递增一复叶，最多可达 6 片复叶；复叶有长柄，中央小叶最大，卵圆形，上面脉上疏生刚毛，下面无毛，叶缘有细锯齿。伞形花序顶生，总花梗比叶长；花萼 5 齿裂；花瓣 5，淡黄绿色；雄蕊 5；花盘杯状；2 心皮合生。核果浆果状，熟时鲜红色（图 9-56）。**药用部位：**肉质根为著名滋补强壮药。**功效：**大补元气、复脉固脱、补脾益肺、生津安神。

图 9-56　人参

② **西洋参 *Panax quinquefolius* L.，**本种与人参很相似，主要区别是西洋参的总花梗与叶柄近等长，小叶片椭圆形，上面脉上几无刚毛，先端凸尖（图 9-57）。原产于北美，现我国吉林、辽宁、河北、陕西等地已引种成功。**药用部位：**根。**功效：**补肺降火、养胃生津。

③ **三七**（田七）***Panax notoginseng* (Burkill) F. H. Chen ex C. H. Chow，**多年生草本。主根粗，肉质，倒圆锥形或圆柱形，具疣状突起的分枝。掌状复叶，小叶片上、下脉上均密生刚毛。伞形花序顶生，具 80 朵以上小花（图 9-58）。**药用部位：**根、花。**功效：**止血散瘀、消肿定痛；花能清热、降压、平肝。

④ 同属植物**竹节参** ***Panax japonicus*（T. Ness）C. A. Meyer**，多年生草本。根茎横卧，节结膨大，节间短，每节具一浅环形的茎痕，呈竹鞭状。中央小叶椭圆形或长圆形，基部钝。**竹节参** ***Panax japonicus*（T. Nees）C. A. Meyer**，根茎细，节间长，节膨大成珠状或纺锤状，形似纽扣，故名"钮子七"。**药用部位**：根状茎。**功效**：舒筋活络、补血止血。

⑤ **刺五加** ***Eleutherococcus senticosus*（Rupr. et Maxim.）Maxim.**，灌木，茎枝密生细长倒刺。掌状复叶互生，具 5 小叶，稀 3 或 4，叶下面脉密生黄褐色毛。伞形花序顶生，单个或 2～4 聚生，花多而密；花萼绿色，与子房合生，萼齿 5；花瓣 5，黄色；雄蕊 5；子房 5 室，花柱全部合生成柱状。浆果状核果，紫黑色，干后有 5 棱。先端具宿存花柱（图 9-59）。**药用部位**：根、根茎及茎。**功效**：益气健脾、补肾安神。

图 9-57　西洋参

图 9-58　三七

图 9-59　刺五加

本属多种植物亦可作刺五加药用，如**细柱五加**、**无梗五加**、**糙叶五加**等。

本科重要药用植物还有：**鹅掌柴**、**楤木**、**通脱木**，茎髓（通草）能清热利尿、通气下乳；**刺楸**，树皮（川桐皮）能通络、除湿；**树参**，根、茎、叶药用，能活血、祛风；食用**土当归**

和柔毛龙眼独活的根茎称“九眼独活”，能散寒止痛、除湿祛风。

课堂技能训练

观察人参、三七、五加：性状、叶柄、花序、果实。

26. 伞形科

$⚥ * K_{(5),0} C_5 A_5 \overline{G}_{(2:2:1)}$

【本科识别特征】**草本，多含挥发油而具香气。**茎中空。叶互生，一至多回三出复叶或羽状分裂；**叶柄基部扩大成鞘状。**花两性或杂性，辐射对称，**花序复伞形或伞形，**基部具总苞片，稀头状，小伞形花序的柄称伞辐，基部常有小总苞片；萼齿5或不明显；花瓣5，顶端圆或具内折的小舌片；雄蕊5，与花瓣互生，着生于花盘的周围；**子房下位，2心皮合生，**2室，每室1胚珠，**子房顶部具盘状或短圆锥状的花柱基（上位花盘），**花柱2。**双悬果，**成熟时沿2心皮合生面裂成二分果瓣，分果瓣通过纤细的心皮柄与果柄相连。每个分果具5条主棱（背棱1条、中棱2条、侧棱2条），有时在主棱之间还有次棱，棱与棱之间称棱槽；外果皮中具纵向油管一至多条。种子有胚乳，胚细小。

【药用植物】本科约270属2800种，广布于热带、亚热带和温带地区。我国约95属，600余种，广布全国各地；药用55属230种。

① **当归*Angelica sinensis*（Oliv.）Diels，**多年生草本。主根和支根肉质，黄棕色，具浓郁香气。茎直立，绿色或带紫色。叶二至三回三出羽状全裂，末回裂片卵形或卵状披针形，下面具乳头状细毛，边缘具锯齿，叶柄基部膨大成鞘状。复伞形花序顶生，总苞片线形，2或无，伞梗10～14条，花白色或紫色，花瓣先端内折；雄蕊5；子房下位，花柱基圆锥形。双悬果背腹压扁，侧棱发育成薄翅，每棱槽内有油管1，合生面2个（图9-60）。

图9-60 当归

② **白芷**（兴安白芷）***Angelica dahurica*（Fisch. ex Hoffm.）Benth. et Hook. f. ex Franch.，**多年生草本。根圆柱形，具分枝。茎粗2～5cm，紫色，有纵沟纹。叶二至三回羽状分裂，叶柄基部具囊状膜质鞘。复伞形花序，伞辐17～40～70，总苞片缺或1～2，膨大成鞘状；

图 9-61 白芷

小总苞片 5 ～ 10 或更多；花小，花瓣白色，先端内凹。双悬果长圆形，背棱扁，侧棱翅状，棱槽中有 1 油管，合生面有 2（图 9-61）。**药用部位**：根。**功效**：通窍止痛、散风祛寒、燥湿、排脓、止痛。

③ **杭白芷** ***Angelica dahurica* ‘*Hangbaizhi*’ C. Q. Yuan & Shan**，本种植株较矮。茎及叶鞘多为黄绿色。根上部近方形或类方形，灰棕色，皮孔突起明显，大而突出。根药用同白芷。

④ **紫花前胡** ***Angelica decursiva* (Miquel) Franchet & Savatier**，多年生草本。根粗大，圆锥形，有分枝。茎具浅纵沟，紫色，叶一至二回羽状分裂。复伞形花序顶生或侧生，伞辐 10 ～ 20，紫色，有柔毛；总苞片 1 ～ 2；小总苞片数枚；花瓣深紫色。双悬果椭圆形，背部扁平，背棱和中棱突起，侧棱具狭翅，棱槽内油管 1 ～ 3，合生面 4 ～ 6。**药用部位**：根。**功效**：化痰止咳、散风热。

我国当归属植物约 38 种。其中，**重齿毛当归**，根入药称“独活”，能散寒止痛、祛风除湿。

⑤ **柴胡**（北柴胡）***Bupleurum chinense* Franch.**，多年生草本。主根坚硬，纤维性强，表面黑褐色或浅棕色，根头膨大，下部多分枝。茎单生或丛生，上部分枝稍成“之”字形弯曲。叶互生，基生叶线状披针形或倒披针形，茎生叶长圆状披针形或倒披针形，全缘，平行脉 5 ～ 9 条。复伞形花序；伞辐 3 ～ 8；总苞片 2 ～ 3，狭披针形；花黄色。双悬果长圆形，棱槽中具 3 条油管，合生面有 4 条（图 9-62）。**药用部位**：根。**功效**：和解表里、疏肝升阳。

图 9-62 柴胡

同属植物**狭叶柴胡**（红柴胡），根较细，质柔，不具纤维性，表面红棕色或黑棕色，顶端具多数细毛状枯叶纤维，下部分枝少。叶线形或狭线形，边缘呈白色，骨质。分布于东北、华北、西北及华东地区。根入药同柴胡。

柴胡属约100种，我国有36种17变种7变型，其中近20种在不同地区作柴胡入药，但**大叶柴胡**的根有毒，不能药用。

⑥ **川芎** ***Ligusticum sinense* 'Chuanxiong'**，多年生草本。全草具浓郁香气。根茎呈不规则的结节状拳形团块，具多数须根。茎直立，茎部的节膨大呈盘状（俗称“苓子”）。叶互生，二至三回羽状复叶；小叶3～5对，羽状全裂。复伞形花序，伞辐10～24，总苞片3～6，小总苞片2～7，线形；花白色，萼齿不明显。双悬果卵形，分果背棱棱槽中有油管3，侧棱槽中有2～5，合生面4～6（图9-63）。**药用部位**：根茎。**功效**：活血行气、祛风止痛。

图9-63　川芎

⑦ **珊瑚菜** ***Glehnia littoralis* Fr. Schmidt ex Miq.**，多年生草本。全株被柔毛，主根肉质，细长，分枝少。叶三出式分裂或三出式二回羽状复叶，末回裂片倒卵形至卵圆形，叶缘具缺刻状锯齿，齿缘白色软骨质。复伞形花序顶生，密生灰褐色长柔毛；花白色。双悬果圆球形或椭圆形，果棱有木栓质翅，被棕色粗毛。**药用部位**：根入药称“北沙参”。**功效**：养阴清肺、益胃生津。

⑧ **蛇床** ***Cnidium monnieri*（L.）Spreng.**，一年生草本。茎多分枝，基生叶具短柄，2～3回三出式羽状全裂，末回裂片线形或线状披针形。复伞形花序顶生或侧生；总苞片6～10，线形至线状披针形；小总苞片多数；花白色。分果长圆形，主棱5，均扩展成翅状，每棱槽中有油管1，合生面2（图9-64）。**药用部位**：果实入药称“蛇床子”。**功效**：温肾壮阳、燥湿、祛风、杀虫。

⑨ **防风** ***Saposhnikovia divaricata*（Turcz.）Schischk.**，多年生草本。根粗壮，上部密生纤维状叶柄残基及明显的环纹，淡黄棕色。茎单一，二歧状分枝。叶二至三回羽状分裂，末回裂片狭楔形，三深裂，裂片披针形。复伞形花序多数，顶生，形成聚伞状圆锥花序；无总苞片，小总苞片4～6；花白色。双悬果狭圆形或椭圆形，每棱槽具油管1，合生面2。**药用部位**：根。**功效**：解表祛风、燥湿止痉。

⑩ **积雪草** ***Centella asiatica*（L.）Urb.**，多年生匍匐草本。茎节生根。单叶互生，圆肾形，具钝齿。伞形花序腋生；花红紫色，花柱基不明显。双悬果扁圆形，主棱和次棱同样明显（图9-65）。**药用部位**：全草。**功效**：清热利湿、解毒消肿。

本科尚有多种药用植物，如**羌活**，根茎和根入药，能解表散寒、祛风除湿、止痛；**明党参**，分布于江苏、安徽、浙江、江西等地，根能润肺化痰、养阴和胃；**茴香**，原产于地中海地区，现各地均有栽培，果实能散寒止痛、理气和胃；**天胡荽**，分布于华东、华南、西南地区及陕西，全草能清热、利尿，还能解毒消肿。

图 9-64　蛇床

图 9-65　积雪草

课堂技能训练

观察蛇床、积雪草：性状、花序、果实。

简述五加科与伞形科的区别。

（二）合瓣花亚纲

合瓣花亚纲又称后生花被亚纲，主要特征是花瓣多少连合成合瓣花冠。花冠有漏斗状、唇形、钟状、管状、舌状等多种类型，花冠的连合增加了对虫媒传粉的适应及对雄蕊和雌蕊的保护，是较离瓣花类更为进化的类群。

1. 紫金牛科

$⚥ * K_{(4\sim5)} C_{(4\sim5)} A_{4\sim5} \underline{\overline{G}}_{(4\sim5:1:\infty)}$

【本科识别特征】**灌木或乔木**，稀藤本。**单叶互生，常具腺点或脉状腺条纹，**无托叶。花两性或杂性，稀单性，辐射对称，**4 ～ 5 基数，**排成总状、伞房状、伞形、聚伞状或再组成圆锥状花序；花萼连合或近于分离，宿存常具腺点；花瓣合生，常具腺点；**雄蕊着生在花冠管上，且与花冠裂片同数而对生；心皮 4 ～ 5 合生，**通常子房上位，少半下位或下位，1 室，**具中轴或特立中央胎座，**胚珠多数，多仅 1 枚发育成种子。核果或浆果。

【药用植物】本科约 35 属，1000 余种，分布于热带和亚热带地区。我国 6 属 130 种，主要分布于长江流域及其以南各省区。药用 5 属 72 种。

① **紫金牛**（平地木）***Ardisia japonica* (Thunb.) Bl.，**常绿小灌木。根状茎匍匐，地上茎单一，表面带紫色。单叶对生或 3 ～ 4 叶集生于茎顶，椭圆形，近革质，具细锯齿，下面淡紫色。花 2 ～ 6 朵顶生或腋生，排成伞形；花萼 5 裂，花冠淡红色或白色，5 深裂。核果球形，熟时红色。**药用部位：**全株。**功效：**化痰止咳、利湿活血。

② **朱砂根 *Ardisia crenata* Sims，**直立灌木。根肉质。单叶互生，椭圆状披针形至倒披针形，叶缘背卷，具波状齿或圆齿，有黑色腺体，叶两面具突起腺点。伞形花序顶生或腋生；花萼 5 裂；花冠白色或淡红色，5 裂，具腺点。核果球形，熟时黑色，有黑色斑点。**药用部位：**全株。**功效：**清热解毒、散瘀止痛。

紫金牛属约 300 种，我国产 68 种。药用植物还有：**百两金**，全株能消炎利咽、祛痰止咳、舒筋活血。**走马胎**，根茎可治疗跌打损伤。

本科药用还有杜茎山属，子房半下位或下位，种子多数，有棱角，花下有 1 对小苞片。常见药用植物有**杜茎山**，全株能消肿、祛风；**当归藤**，根能活血通络、接骨止痛。

课堂技能训练

观察紫金牛：性状、花序、果实。

2. 木樨科

$⚥ * K_{(4)} C_{(4),\,0} A_2 \underline{G}_{(2:2:2)}$

【本科识别特征】**灌木、乔木或攀援藤本。叶对生，**稀互生或轮生，单叶、三出复叶或羽状复叶，无托叶。花为圆锥、聚伞花序或簇生，稀单生；花两性，稀单性或杂性，辐射对称，雌雄同株、异株或杂性异株；**花萼通常 4 裂，**或先端近平截；**花瓣 4，合生，**稀无花瓣；**雄蕊 2，稀 4；**着生于花冠上，**子房上位，2 室，每室具 2 胚珠。**翅果、蒴果、核果或浆果。

【药用植物】本科约30属，500余种，广布于温带和热带地区，我国有12属，约178种，南北各地均有分布；药用8属，80余种。

① **连翘** ***Forsythia suspense*** **（Thunb.）Vahl**，落叶灌木。枝条先端常下垂，节间髓部中空。单叶，对生，卵形至椭圆形，或3全裂，具锯齿。先叶开花，1～3朵簇生于叶腋；花萼上部4裂；花冠黄色，4裂；雄蕊2枚，着生于花冠筒基部；子房上位。蒴果卵形至长椭圆形，果皮木质，具瘤状突起，熟时2裂。种子多数，具翅（图9-66）。**药用部位**：果实入药分青翘和老翘，前者为近成熟带绿色未开裂的果实，后者为熟透干裂的果实。**功效**：清热解毒、消肿散结。

图9-66　连翘

② **女贞** ***Ligustrum lucidum*** **W. T. Aiton**，常绿乔木。单叶对生，长卵形至阔椭圆形，革质。圆锥花序顶生；花小，花冠漏斗状，4裂，白色；雄蕊2，着生于花冠喉部，花丝伸出花冠外；雌蕊1，子房上位，2室。核果长圆形，微弯，熟时深蓝黑色，被白粉（图9-67）。**药用部位**：果实称“女贞子”。**功效**：滋补肝肾、明目乌发。

③ **白蜡树**（梣）***Fraxinus chinensis*** **Roxb.**，落叶乔木。叶对生，奇数羽状复叶，小叶5～7枚，卵状披针形至倒卵状椭圆形，具锯齿。雌雄异株；圆锥花序顶生；雄花密集，花萼钟状，无花瓣；雌花疏离，花萼大，筒状。翅果倒披针形。西南地区常放养白蜡虫，其雄虫可分泌虫白蜡作药用或工业用。**药用部位**：茎皮称“秦皮”。**功效**：清热燥湿、收涩明目。

图 9-67　女贞

同属植物**花曲柳**（大叶白蜡）和**宿柱梣**的树皮均可作秦皮入药。

本科植物**木樨**，俗称“桂花”，为名贵香料，全国各地均有栽培。本科还有药用植物**扭肚藤**、**小蜡**（山指甲）等。

课堂技能训练

观察女贞：性状、花序、雄蕊。

3. 夹竹桃科

⚥ $* K_{(5)} C_{(5)} A_5 \underline{G}_{(2:1\sim2:1\sim\infty)}$

【本科识别特征】乔木、灌木、藤本或草本。**具白色乳汁或水液**，多有毒。**单叶对生或轮生，全缘**，通常无托叶或退化成腺体。花单生，或呈聚伞花序及圆锥花序；花两性，辐射对称；**萼 5 裂**，基部内面常具腺体；**花瓣合生，上部 5 裂**，覆瓦状排列，**花冠喉部常具副花冠或鳞片状、毛状附属物**；雄蕊 5，着生于花冠筒上，花药长圆形或箭头形，分离或互相粘连并与柱头贴生，通常具花盘；子房上位，稀半下位，2 心皮，离生或合生，1 ～ 2 室。浆果、核果、蒴果或蓇葖果。种子具胚乳，**一端常具毛或翅**。

【药用植物】本科 250 属 2000 余种，分布于热带或亚热带地区；多有毒，如羊角拗属 *Strophanthus*、海杧果属 *Cerbera*、黄花夹竹桃属 *Thevetia*、夹竹桃属 *Nerium* 等。我国约有 46 属 180 种，主要分布于长江以南各省区；药用 35 属 95 种。

① **萝芙木 *Rauvolfia verticillata*（Lour.）Baill.**，直立灌木，多分枝，全体无毛，具乳汁。单叶对生或轮生，长椭圆形或披针形。顶生聚伞花序；花冠白色，高脚碟状，先端 5 裂，向左旋转；雄蕊 5，着生于花冠筒中部膨大处；心皮 2，离生。核果椭圆形，熟时由红变紫黑色（图 9-68）。**药用部位**：全株。**功效**：镇静、降压、活血止痛，是提取利血平的原料。同属其他植物如**蛇根木**等也有同样作用。

② **长春花 *Catharanthus roseus*（L.）G. Don**，多年生草本或半灌木，光滑无毛，具水液。单叶对生，倒卵状矩圆形。聚伞花序，具花 1 ～ 3 朵；花冠淡红色或白色，高脚碟状，先端 5 裂；雄蕊 5；花盘为 2 枚舌状腺体组成，与心皮互生。蓇葖果 2 个，种子具颗粒状小瘤突起（图 9-69）。**药用部位**：全株。**功效**：抗癌、抗病毒、降血糖等，是提取长春碱和长春新

图 9-68　萝芙木

图 9-69　长春花

图 9-70　罗布麻

碱的原料。

③ 罗布麻 ***Apocynum venetum* L.**，半灌木，枝带紫红色或淡红色，无毛，具乳汁。单叶对生，叶片披针形或矩圆形，叶缘具细齿。花冠紫红或粉红色，具柔毛；雄蕊 5；子房由 2 离生心皮组成。蓇葖果双生，下垂。种子一端具白色种毛（图 9-70）。**药用部位：**全草。**功效：**清热平肝、强心、利尿、安神、降压和平喘。

④ 鸡蛋花（红鸡蛋花）***Plumeria rubra* L.**，小乔木（图 9-71）；枝条粗壮，带肉质，无毛，具丰富乳汁。叶厚纸质，长圆

状倒披针形，顶端急尖；聚伞花序顶生，**花冠深红色**，花冠筒圆筒形，花冠裂片 5（偶 4、6）；心皮 2，离生；蓇葖双生，广歧，长圆形。**鸡蛋花**的变种 ***Plumeria rubra* cv. *Acutifolia***，花冠外面白色，花冠筒外面及裂片外面左边略带淡红色斑纹，**花冠内面黄色**，其余同红鸡蛋花。广东、广西民间常采其花晒干泡茶饮，可治湿热下痢和解毒、润肺。

图 9-71　鸡蛋花

⑤ **羊角拗 *Strophanthus divaricatus*（Lour.）Hook. et Arn.**，灌木，高达 2m，全株无毛，上部枝条蔓延，小枝圆柱形，棕褐色或暗紫色，密被灰白色圆形的皮孔。叶薄纸质，椭圆状长圆形或椭圆形；花黄色，花冠漏斗状，花冠筒淡黄色，花冠裂片黄色，外弯，基部卵状披针形，顶端延长成一长尾带状，长达 10cm，裂片内面具由 10 枚舌状鳞片组成的副花冠，高出花冠喉部，白黄色；雄蕊内藏，着生在冠筒基部，花丝延长至花冠筒上呈肋状凸起；子房半下位，由 2 枚离生心皮组成，无毛，花柱圆柱状，柱头棍棒状，顶端浅裂，每心皮有胚珠多颗；无花盘。蓇葖果叉开，木质，椭圆状长圆形，顶端渐尖，基部膨大，外果皮绿色，干时黑色，具纵条纹；种子纺锤形，扁平，轮生白色绢质种毛（图 9-72）。全株有毒，因此也称为断肠草，叶和种子可作杀虫药，民间用于治蛇咬伤。

图 9-72　羊角拗

⑥ **络石** ***Trachelospermum Jasminoides*** **(Lindl.) Lem.**，常绿木质藤本，具乳汁；茎赤褐色，圆柱形，有皮孔。叶革质或近革质，椭圆形至卵状椭圆形或宽倒卵形，二歧聚伞花序腋生或顶生，花多朵组成圆锥状，与叶等长或较长；花白色，芳香；花冠筒圆筒形，中部膨大，外面无毛，内面在喉部及雄蕊着生处被短柔毛；雄蕊着生在花冠筒中部，腹部粘生在柱头上，花药箭头状，基部具耳，隐藏在花喉内；子房由 2 个离生心皮组成。蓇葖果双生，叉开，无毛，线状披针形；种子多颗，褐色，线形，顶端具白色绢质种毛（图 9-73）。茎叶入药，《中国药典》称"络石藤"，能祛风通络，活血止痛。

图 9-73　络石

本科药用植物还有：**黄花夹竹桃**，全株有毒，具强心、利尿和消肿作用；**夹竹桃**，叶、树皮、根、花、种子均含有多种配糖体，毒性极强，人、畜误食能致死，叶、茎皮可提制强心剂，但有毒，用时需慎重；**山橙**（思茅山橙），果实可药用，治小儿脑膜炎、骨折等。

课堂技能训练

观察长春花：性状、花、果。

4. 萝藦科　⚥ $* K_{(5)} C_{(5)} A_5 \underline{G}_{2:1:\infty}$

【本科识别特征】多年生草质藤本或灌木，**具乳汁**。根常呈木质或肉质块状。**单叶对生**，稀轮生，全缘；**叶柄顶端常具丛生腺体**；常无托叶。聚伞花序常呈伞形、伞房状或总状；花两性，辐射对称；花萼筒短，5 裂，**内面基部常具腺体**；花冠辐状或坛状，稀高脚碟状，5 裂，**常具 5 枚离生或基部合生的副花冠，呈裂片或鳞片状，生在花冠筒上或雄蕊背部或合蕊冠上**；雄蕊 5，**与雌蕊合生成合蕊柱**；花药连生而与柱头基部的膨大处相贴，**花丝合生成筒状，称合蕊冠**，或花丝离生；在原始的类群中，花粉呈四合花粉，承载于匙形的载粉器中，而在较进化的类群中，花粉连合成花粉块，通过花粉块柄与着粉腺相连，每花药具花粉块 2 ～ 4 个；子房上位，心皮 2，离生，胚珠多数。**蓇葖果**双生或仅 1 个发育。**种子顶端具白色绢质种毛**。注：在 APG Ⅳ分类系统中，萝藦科被归为夹竹桃科。

【药用植物】本科约 180 属，2000 余种，分布于世界各地。我国有 44 属 250 种，以西南部和东南部地区最多；药用 32 属 112 种。

① **白薇** ***Vincetoxicum atratum*** **(Bunge) Morren et Decne.**，多年生草本，具乳汁，根须状，长 20cm 以上，土黄色具香气。单叶对生，卵状矩圆形，被白色绒毛。聚伞花序；花萼 5 裂，内面基部具 5 个小腺体，花冠深紫色，具缘毛，副花冠 5 裂，裂片盾状，圆形；花药顶端具 1 圆形的膜片，花粉块每室 1 枚。蓇葖果单生。种子一端有长毛（图 9-74）。**药用部位：**根及根茎。**功效：**清热凉血、利尿通淋、解毒疗疮。

图 9-74　白薇

本属植物**变色白前**不具乳汁，茎上部缠绕。同作白薇入药。

② **柳叶白前**（鹅管白前）***Vincetoxicum stauntonii*** **(Decne.) C. Y. Wu & D. Z. Li**，直立半灌木，全体无毛。根茎横生或斜生，中空，根系发达，须根纤细，黄白色或带红棕色，无香气。单叶对生，披针形。伞状聚伞花序腋生；花冠紫红色，内面具长柔毛；副花冠裂片盾状，肥厚；雄蕊 5，花粉块每室 1 个。蓇葖果单生，狭长纺锤形（图 9-75）。**药用部位：**根茎和根。**功效：**降气、消痰、止咳。

图 9-75　柳叶白前

同属**白前**，叶长椭圆形，花黄白色。同作白前入药。

③ **徐长卿** ***V. pycnostelma*** **Kitag.**，多年生直立草本，具白色乳汁，具特异香气。茎直立，常不分枝。单叶对生，线状披针形，叶缘稍反卷，圆锥状聚伞花序生于叶腋内；花冠黄绿色；副花冠 5，黄色，肉质；雄蕊 5，花药 2 室，每室具 2 个花粉块；2 心皮离生，柱头五角形。蓇葖果单生，长纺锤形。**药用部位：**根和根茎。**功效：**祛风化湿、止痛止痒。

④ **杠柳** ***Periploca sepium*** **Bunge**，蔓生灌木，具白色乳汁。单叶对生，披针形，光滑无

毛。聚伞花序腋生；花萼5深裂，内面基部腺体10个；花冠5，暗紫色，反折；副花冠环状，顶端10裂，其中5裂丝状伸长；花粉颗粒状，藏于直立匙形的载粉器内。蓇葖果双生，圆柱状。种子顶部有白色长柔毛。**药用部位：**根皮称“北五加皮”或“香加皮”。**功效：**祛风湿、强筋骨。

本科常见的药用植物还有**萝藦**，分布于东北、华北、西北等地区，全草能补肾强壮、行气活血、消肿解毒；**马利筋**，原产美洲，现全国各地栽培，全草能清热解毒、活血止血。

课堂技能训练

观察柳叶白前：性状、花、果。
区别夹竹桃科与萝藦科。

5. 旋花科

$⚥ * K_5C_{(5)}A_5\underline{G}_{(2:1\sim4:1\sim2)}$

【本科识别特征】**多为缠绕草质藤本，**常具乳汁，具双韧维管束。**单叶互生，**无托叶，寄生种类无叶或叶退化成小鳞片状。花两性，辐射对称，单生或为聚伞花序；**萼片5枚，**分离或近基部连合，**常宿存；**花冠通常漏斗状、钟状、坛状等，**全缘或微5裂，**蕾期旋转折扇状或镊合状至向内镊合状排列；**雄蕊5枚，**着生在花冠管上；**子房上位，常由花盘包围，2心皮合生，1～2室，**有时因假隔膜而呈4室，**每室具胚珠1～2枚。蒴果，**稀浆果。种子胚乳少，肉质或软骨质。

【药用植物】本科56属1800多种，分布于热带至温带地区。我国有22属，约128种，南北均有分布；药用16属，54种。

① **牵牛**（裂叶牵牛）***Ipomoea nil* (Linnaeus) Roth，**一年生缠绕草本，全体被粗毛。单叶互生，阔卵形，先端3浅裂，基部心形。花单生或2～3朵生于花梗顶端；萼片5，条状披针形；花冠漏斗形，白色、蓝紫色或紫红色；雄蕊5；子房上位，3室，每室具胚珠2枚。蒴果。种子卵圆形，黑色或淡黄白色（图9-76）。**药用部位：**黑色种子称“黑丑”，淡黄白色种子称“白丑”。**功效：**泻水通便、消痰涤饮、杀虫攻积。

图9-76　裂叶牵牛（左）、圆叶牵牛（右）

同属植物**圆叶牵牛**的种子同作牵牛子入药（图 9-76）。

② **菟丝子 *Cuscuta chinensis* Lam.**，一年生寄生草本，茎纤细，缠绕，黄色，多分枝。叶退化成鳞片状。花簇生成球形，花梗粗壮；花萼杯形，中部以下连合；花冠白色，壶状，裂片 5，内面基部有 5 枚鳞片，边缘流苏状；雄蕊 5，着生于花冠喉部；子房上位，2 心皮合生，柱头 2，分离。蒴果近球形，熟时被宿存的花冠所包围，盖裂。种子黄褐色，卵形，表面粗糙。多寄生于豆科、菊科、藜科植物上（图 9-77）。**药用部位：**种子。**功效：**滋补肝肾、固精缩尿、安胎、明目、止泻。

图 9-77　菟丝子

同属植物**日本菟丝子**（金灯藤）（柱头单一，先端两裂）和**南方菟丝子**的种子亦可作菟丝子入药。

本科药用植物还有：**丁公藤**和**光叶丁公藤**，茎藤可祛风除湿、消肿止痛；**马蹄金**（金锁匙），全草能消炎解毒和清热利水；**白鹤藤**，茎叶能化痰止咳、祛风利湿、止血消肿。

课堂技能训练

观察裂叶牵牛：性状、果实。

6. 马鞭草科

⚥ ↑ $K_{(4\sim5)}\ C_{(4\sim5)}\ A_{4\sim6}\ \underline{G}_{(2:4:1\sim2)}$

【本科识别特征】木本，稀草本，**常具特异臭味**。单叶或掌状复叶，**常对生**，无托叶。穗状或聚伞花序，或聚伞花序再排成头状、圆锥状或伞房状；**花两性，两侧对称**，花萼 4～5 裂，宿存，常在果实成熟时增大；花冠基部呈筒形，上部二唇形，或 4～5 不等分裂；**雄蕊 4，常二强**，着生于花冠管上部或基部；**子房上位**，2 心皮合生，**全缘或 4 裂**，每室具胚珠 1～2；**花柱顶生，柱头 2 裂或不裂**。**核果**或蒴果状，通常分离成几个小坚果。

【药用植物】本科约 90 属，3000 余种，多分布于热带和亚热带地区。我国有 21 属 180 种，主要分布于长江以南各省区；药用 15 属 100 余种。

① **马鞭草 *Verbena officinalis* L.**，多年生草本。茎四棱形。叶对生，卵圆形、倒卵形至

矩圆形，基生叶具粗锯齿及缺刻；茎生叶多3深裂，裂片边缘具不整齐锯齿，被粗毛。穗状花序细长，顶生或腋生；花萼管状，先端5裂；花冠淡紫色或蓝色，5裂，略二唇形；雄蕊4，二强。子房4室，每室具1胚珠。果为蒴果状，藏于萼内，成熟时4瓣裂（图9-78）。**药用部位：**全草。**功效：**活血散瘀、截疟解毒、利水消肿。

图 9-78　马鞭草

图 9-79　蔓荆

② **蔓荆** ***Vitex trifolia*** **L.**，落叶灌木，嫩枝四方形。掌状三出复叶，小叶卵形或长倒卵形全缘，叶背密生灰白色绒毛。圆锥花序顶生；花萼钟状，5齿裂，宿存；花冠淡紫色或蓝紫色，5裂，二唇形；雄蕊4，伸出花冠外。核果球形，黑色（图9-79）。**药用部位：**果实。**功效：**疏散风热、清利头目；叶可提取芳香油等。

③ **单叶蔓荆** ***V. rotundifolia*** **Linnaeus f.**，主茎匍匐，单叶。分布于我国沿海各地，用途同蔓荆，主产于山东、福建等地。

同属的**牡荆**为掌状复叶，小叶5枚。新鲜叶片或从中提取的牡荆油入药可祛痰、止咳、平喘。

④ **大青**（路边青）***Clerodendrum cyrtophyllum*** **Turcz.**，灌木或小乔木。单叶对生，卵形至椭圆形，全缘，背面常具腺点。聚伞花序伞房状；花萼钟形，宿存，结果时增大呈紫红色；花冠管状，白色，5裂；雄蕊4，着生于花冠喉部，伸出花冠外。核果浆果状，熟时紫色（图9-80）。**药用部位：**叶。**功效：**清热解毒、凉血止血，为药材“大青叶”的原植物之一。

本属药用植物还有**海州常山**（臭梧桐）、**臭牡丹**、**赪桐**、**白花灯笼**、**苦郎树**等。

⑤ **杜虹花**（紫珠）***Callicarpa pedunculata*** **R. Br.**，灌木。被灰黄色星状毛和分枝毛。单叶对生，叶片卵状椭圆形至椭圆形，叶缘具细锯齿，下面具黄色腺点。聚伞花序腋生；花小，花萼先端4裂，有毛和腺点；花冠紫色至淡紫色，4裂，无毛；雄蕊4，伸出花冠外。

子房无毛。浆果状核果近球形，紫红色（图 9-81）。**药用部位**：叶入药称“紫珠”。**功效**：收敛止血、清热解毒。备注：《中国药典》中杜虹花的拉丁文为 *Callicarpa formosana* Rolfe.。

图 9-80　大青

图 9-81　杜虹花

同属多种植物可作紫珠入药，如**白棠子树**（细亚锡饭）、**华紫珠**、**老鸦糊**、**全缘叶紫珠**、**日本紫珠**、**裸花紫珠**、**大叶紫珠**、**广东紫珠**等。注：紫珠属在 APG Ⅳ分类系统中被归为唇形科。

本科常见的药用植物还有：**兰香草**，全株能散瘀止痛、祛痰止咳。**马缨丹**，根能解毒、散结止痛，枝、叶亦可药用。**过江藤**，全草入药，能破瘀生新、通利小便。柚木属和石梓属植物多为贵重木材。

课堂技能训练

观察蔓荆：性状、花、果实。

7. 唇形科

$⚥\uparrow K_{(5)} C_{(5),(4)} A_{4,2} \underline{G}_{(2:4:1)}$

【本科识别特征】**草本**，稀木本，**常含挥发油而具香气。茎四棱。单叶对生。花序为腋生聚伞花序，常再集成穗状、总状、圆锥状或头状花序；花两性，两侧对称**；花萼 5 裂，宿存，果时常不同程度地增大；**花冠 5 裂，二唇形**（上唇 2 裂、下唇 3 裂），少为单唇形（无上唇，5 个裂片全在下唇）或假单唇形（上唇很短，2 裂，下唇 3 裂），花冠筒常有毛环，基部常具蜜腺；雄蕊 4 枚，二强，或上面 2 枚不育，着生于花冠筒上，花药 2 室，常呈分叉状，或药隔叉开后下延，1 药室退化成杠杆的头，常具花盘；子房上位，2 心皮合生，通常 4 深裂而成 4 室，每室具胚珠 1 枚，花柱着生于 4 裂子房中央基部。小坚果 4 枚。

【药用植物】本科约 220 属 3500 种，广布世界各地。我国约 100 属，800 余种，全国各地均有分布；药用 75 属 436 种。

① **广藿香 *Pogostemon cablin*（Blanco）Benth.**，多年生草本，老茎外皮木栓化，全株密被短柔毛。叶对生，叶片卵圆形或长椭圆形，具重锯齿。嫩茎方形，老茎圆柱形。轮伞花序密集，呈穗状，顶生或腋生；花冠紫色，外被长毛；雄蕊外伸，具髯毛。我国栽培者很少开花结果，主要应用营养繁殖。原产于菲律宾等亚洲热带地区，我国广东、海南、广西等地有栽培（图 9-82）。**药用部位**：全草。**功效**：芳香化浊，开胃止呕，发表解暑。

本科植物**藿香**，锯齿有规则，单锯齿，叶少毛，轮伞花序顶生，能正常结果（图 9-83）。广布全国各地。茎叶能祛暑解表，化湿和胃。

图 9-82 广藿香

图 9-83 藿香

② **益母草 *Leonurus japonicus* Houttuyn**，草本。一年或二年生，茎四棱，被倒向糙伏毛。基生叶近圆形，5 ～ 9 浅裂，基部心形，具长柄；茎下部叶掌状 3 深裂，裂片通常再分裂，上部叶常裂成狭条形。轮伞花序腋生，小苞片针刺状；花萼具 5 齿裂，裂片刺芒状，宿存；花冠唇形，粉红至淡紫红色，上唇全缘，下唇 3 裂，中裂片倒心形；雄蕊 4，二强；子房深 4 裂。小坚果矩圆状，褐色（图 9-84）。**药用部位**：全草。**功效**：活血调经、利尿消肿、清热解毒。

本属国产 12 种 2 变型。其中，**细叶益母草**，也可作益母草入药，主产于西北部和内蒙古等地；**錾菜**，在局部地区作益母草入药；**突厥益母草**，在新疆作益母草入药。

图 9-84　益母草

③ **丹参** ***Salvia miltiorrhiza*** **Bunge，**多年生草本。全株密被淡黄色柔毛及腺毛。根粗大，肉质，表面砖红色。茎四棱。羽状复叶对生；小叶 5 ～ 7，卵圆形，具粗齿。轮伞花序再排成假总状；花萼近钟形，紫色；花冠二唇形，紫蓝色，管内有毛环，上唇近盔状，下唇 3 裂，中裂片较大，先端 2 浅裂；雄蕊 2，着生于下唇的中部，药隔伸长呈杠杆状，上端药室发育，下端药室退化；子房 4 深裂，花柱着生于子房基底。小坚果长圆形（图 9-85）。

图 9-85　丹参

本属多种植物的根，在一些地区也作丹参入药，如**白花丹参**分布于山东、安徽、河南、湖北，**甘西鼠尾草**分布于甘肃、宁夏、西藏等，**南丹参**分布于华南，**拟丹参**分布于安徽、湖北。

④ **黄芩** ***Scutellaria baicalensis*** **Georgi，**多年生草本，主根粗壮。茎多分枝，基部伏地，四棱形。单叶对生，披针形，全缘，背面密被黑色下陷的腺点。总状花序顶生；花偏向一侧；花萼二唇形，上唇背部具盾状物；花冠紫色至白色，二唇形，上唇盔形，筒部细长，基部膝曲；雄蕊 4，二强。小坚果 4 枚，近球形，包于宿存萼中（图 9-86）。**药用部位：**根。**功效：**清热燥湿、泻火解毒、止血安胎。

图 9-86　黄芩

同属多种植物在不同地区作黄芩入药，如**滇黄芩**，根细小，节间具白柔毛及腺毛；**黏毛黄芩**，植株密被柔毛及腺毛，花淡黄色；**丽江黄芩**，叶卵形或椭圆形，花淡黄色，具紫斑。另外还有**甘肃黄芩**、**连翘叶黄芩**等。

本属植物多达 300 余种，我国已知有 102 种，多具药用价值。其中比较重要的还有**半枝莲**，全草入药，能清热解毒、散瘀止血、利尿消肿，临床上用于多种癌症的治疗。

⑤ **薄荷** ***Mentha canadensis* Linnaeus**. 多年生芳香草本。茎四棱，具匍匐根状茎。单叶对生，叶片披针形至长圆形，两面具腺鳞及柔毛。边缘具细锯齿，到达叶基部以上的 3/4。轮伞花序腋生；花萼钟形，5 裂；花冠淡紫色或白色，4 裂，上唇裂片较大，先端 2 浅裂，下唇 3 裂，裂片近等大；雄蕊 2 强。小坚果卵球形（图 9-87）。分布于全国各地。喜生于潮湿处。**药用部位**：全草。**功效**：宣散风热，清头目，透疹。

薄荷属我国有 12 种，其中**兴安薄荷**、**东北薄荷**等也可作薄荷入药；**留兰香**，叶缘锯齿一直到基部，花序为顶生轮伞花序，叶脉更为突出，其余与薄荷相似。

图 9-87　薄荷

⑥ **紫苏** ***Perilla frutescens* (L.) Britt.**，一年生草本，被长柔毛，具特异芳香。茎四棱，多分枝。单叶对生，叶片卵圆形，具粗圆齿，绿色、两面紫色或仅下面紫色。轮伞花序排成穗状；萼钟形，宿存，果期增大成囊状；花冠唇形，白色或紫红色；雄蕊 4，二强，生于花冠筒中部。小坚果近球形。**药用部位**：嫩枝及叶、种子。**功效**：其嫩枝及叶称“紫苏叶”，能解表散寒、行气和胃；茎入药称“紫苏梗”，能理气宽中、止痛安胎；种子称“紫苏子”，能降气消痰、平喘润肠。

本种栽培历史悠久，变异类型较多，除叶色和花色显著不同外，还有数个变种，如**野生紫苏**、**茴茴苏**等，入药同紫苏。

⑦ **夏枯草** ***Prunella vulgaris* L.**，多年生草本，具匍匐的根状茎。地上茎多分枝，四棱，紫红色。

单叶对生，卵状矩圆形。轮伞花序每轮 6 朵，花集成顶生穗状花序，呈假穗状；花萼二唇形，上唇顶端平截，具 3 齿，下唇具 2 齿；花冠唇形，红紫色，下唇中裂片宽大，边缘呈流苏状。小坚果矩圆状卵形（图 9-88）。**药用部位：**果穗入药能清火明目、散结消肿。本属**山菠菜**、**硬毛夏枯草**等在部分地区也作夏枯草入药。

图 9-88　夏枯草

⑧ **碎米桠**（冬凌草）***Isodon rubescens*** **(Hemsl.) H. Hara**，小灌木，常带紫红色。根茎木质。茎直立，基部近圆形，上部多分枝，四棱形。单叶对生，卵圆形或菱状卵圆形。聚伞花序具花 3 ～ 5 朵，再排成圆锥状。花萼稍呈二唇形；花冠二唇形，上唇外卷，先端具 4 圆裂。小坚果倒卵状三棱形。广泛分布于黄河流域及其以南各地。**药用部位：**全草称冬凌草。**功效：**清热解毒、消炎止痛。

本科药用植物还有**裂叶荆芥**，全草和花穗均可入药，能解表散风、透疹、消疮；**青香薷**（石香薷），全草入药称“青香薷”，能发汗解表、化湿和中；**海州香薷**，全草入药称“江香薷”，与青香薷功效同；以及**连钱草**（活血丹）、**白毛夏枯草**（紫背金盘）、**凉粉草**、**线纹香茶菜**、**溪黄草**、**地蚕**、**地笋**（地瓜儿苗、泽兰）等。

课堂技能训练

观察益母草、紫苏：性状、花序、果实。

简述马鞭草科与唇形科的区别。

8. 茄科

$⚥ * K_{(5)} C_{(5)} A_{5,4} \underline{G}_{(2:2:\infty)}$

【本科识别特征】草本或木本，**具双韧维管束**。**单叶互生**，或在近开花枝上大小叶双生，无托叶。花两性，辐射对称，单生或为各式聚伞花序，常由于花轴与茎合生而使花序生于叶腋之外；**花萼通常 5 裂，宿存，果期常增大；花冠合瓣成辐状、漏斗状、高脚碟状或钟状**，5 裂；雄蕊 5，着生于花冠筒上，与花冠裂片同数而互生；**子房上位，2 心皮合生，2 室**，有时由于假隔膜而形成不完全 4 室，或胎座延伸成假多室，**中轴胎座，胚珠多数**。蒴果或浆果。种子圆盘形或肾形，具胚乳。

【药用植物】本科约 80 属 3000 种，广布于温带及热带地区。我国产 24 属 115 种，药用 25 属 84 种。

① **洋金花**（白花曼陀罗）***Datura metel*** **L.**，一年生草本，有毒。茎直立，基部木质化，

上部多分枝。单叶互生，卵形或宽卵形，基部偏斜，边缘具波状齿或全缘。花单生于叶腋；花萼筒状，先端5裂，花后于近基部周裂而脱落，基部宿存，果期增大成盘状；花冠漏斗状，白色，5裂，裂片三角状，栽培品种有重瓣类型；雄蕊5；子房不完全4室。蒴果近球形，表面疏生粗短刺，成熟后4瓣开裂。种子扁平，多数（图9-89）。**药用部位**：花。**功效**：花称“洋金花”，能止咳平喘、镇痛解痉。

图9-89　白花曼陀罗

同属的多种植物均可作洋金花入药。常见的如下：

1. 一年生草本；花直立或斜生；蒴果，表面多针刺或稀无刺，成熟后规则或不规则4瓣裂。
  2. 果实直立生，规则4瓣裂；花萼筒部呈5棱角；花冠长6～10cm…………曼陀罗
  2. 果实横向或俯垂生，不规则4瓣裂；花萼筒部呈圆筒状，不具5棱角；花冠长14～20cm。
    3. 全体密生细腺毛及短柔毛；蒴果俯垂生，表面密生细针刺，针刺有韧曲性，全果亦密生灰白色柔毛 ……………………………………………………毛曼陀罗
    3. 全体无毛或仅幼嫩部分有稀疏短柔毛；蒴果斜生至横向生，表面针刺短而粗壮 ……………………………………………………………………洋金花

② **宁夏枸杞** ***Lycium barbarum*** **L.**，灌木或呈小乔木状，具枝刺，果枝常下垂。单叶互生或丛生，披针形或长圆状披针形。花单生于叶腋，或数朵簇生于短枝上；花萼杯状，先端2～3裂；花冠漏斗状，5裂，粉红色或紫红色，具暗紫色脉纹，花冠管长于裂片。雄蕊5，着生处上部具1圈柔毛。浆果宽椭圆形，红色（图9-90）。**药用部位**：果实、根皮。**功效**：果实能滋补肝肾、益精明目；根皮称“地骨皮”，能凉血除蒸、清肺降火。

同属植物**枸杞**，枝条柔弱，花冠管短或等于花冠裂片，果小，长椭圆形；**新疆枸杞**、**北方枸杞**也作枸杞入药。

③ **天仙子**（莨菪）***Hyoscyamus*** **niger L.**，二年生草本，全株被黏性腺毛和柔毛，具特殊气味。根粗壮，肉质。基生叶丛生；茎生叶互生，叶片长圆形，叶缘羽状浅裂或深裂，或呈波状粗齿。花单生于叶腋，常于茎端密集；花萼筒状钟形，5浅裂，果期增大成坛状；花冠漏斗形，黄色，具紫堇色脉纹，先端5浅裂；雄蕊5。蒴果顶端盖裂，藏于宿萼内。种子圆肾形，有网纹（图9-91）。**药用部位**：种子称“天仙子”。**功效**：解痉止痛、安神定喘。

图 9-90　宁夏枸杞

图 9-91　莨菪

同属植物**中亚天仙子**等的种子在不同地区亦作天仙子入药。

本科常见药用植物还有：**酸浆**的干燥宿萼作锦灯笼入药，能清热解毒、利咽化痰、利尿。**三分三、铃铛子、赛莨菪**等的根或叶作三分三入药，可解痉镇痛、祛风除湿。**颠茄**全草用作抗胆碱药。此外还有**龙葵、少花龙葵、白英，**全草有小毒，能清热解毒、利湿，亦可用于抗癌。**辣椒，**果实入药，能温中散寒、开胃消食。

课堂技能训练

观察白花曼陀罗：花萼、果实。

9. 玄参科

$⚥ \uparrow K_{(4\sim5)} C_{(4\sim5)} A_{4,\,2} \underline{G}_{(2:2:\infty)}$

【本科识别特征】**常为草本，**稀灌木、乔木或半寄生植物，常有各种毛茸和腺体。叶多对生，少互生或轮生，无托叶。花两性，**常两侧对称，**较少近辐射对称，排成总状或聚伞花序；花萼常 4 ～ 5 裂，宿存；花冠合瓣，辐射状、钟状或筒状，上部 4 ～ 5 裂，通常形成各式各样的二唇形；**雄蕊着生于花冠管上，多为 4 枚，二强，**少为 2 枚或 5 枚，花药 2 室，药室分离或顶端相连，有的种退化为 1 室；子房上位，基部常有花盘，2 心皮，2 室，**中轴胎座，每室胚珠多数，花柱顶生。蒴果，**稀浆果，蒴果 2 ～ 4 裂，**常有宿存花柱。**种子多数，细小。

【药用植物】200 余属，3000 余种，遍布于世界各地。我国约 60 属 650 种，全国均产，西南部最盛；药用 45 属 233 种。

① **地黄**（怀地黄）***Rehmannia glutinosa*** **(Gaert.) Libosch. ex Fisch. et Mey.**，多年生草本，全株密被灰白色长柔毛及腺毛。块根肉质肥厚，呈块状，圆锥形或纺锤形，淡黄色。叶基生成丛，叶片倒卵形或长椭圆形；先端钝，基部渐窄，下延成长叶柄；茎生叶互生，叶面有泡状隆起与皱纹，边缘有钝的锯齿。总状花序顶生；花萼钟状，浅裂；花冠近二唇形，稍弯曲，外面紫红色或淡紫红色，内面黄色有紫斑；雄蕊 4，二强；子房上位，2 室。蒴果球形或卵圆形；种子细小多数，淡棕色（图 9-92）。**药用部位：**地黄又名“生地黄”，加工后叫“熟地黄”，为常用中药。**功效：**生地黄能滋阴清热、凉血止血；熟地黄能滋阴补血、补益精髓。注：地黄在 APG Ⅳ 分类系统中被归为列当科。

图 9-92　地黄

② **玄参**（浙玄参）***Scrophularia ningpoensis*** **Hemsl.**，多年生大草本。根数条，肥大，纺锤形，黄褐色，干后变黑色。茎方形，下部的叶对生，上部的叶有时互生；叶片卵形至披针形，边缘具细锯齿。聚伞花序合成大而疏散的圆锥花序；花萼 5 裂；花冠褐紫色，管部多少壶状，上部 5 裂，二唇形，上唇长于下唇；雄蕊 4，二强，退化雄蕊近于圆形。蒴果卵形（图 9-93）。**药用部位：**根。**功效：**滋阴降火、生津、消肿散结、解毒。

北玄参 *S. buergeriana* Miq.，与上种的主要不同点是聚伞花序缩成穗状，花冠黄绿色。分布于辽宁、山东、江苏等地，生于低山坡草丛中。

③ **胡黄连** ***Neopicrorhiza scrophulariiflora*** **(Pennell) D. Y. Hong**，多年生矮小草本。根状茎粗长，节密集，支根粗长，有老叶残基。叶全部基生，呈莲座状，匙形或近圆形，基部下延成宽柄状。花葶上部生棕色腺毛，总状花序顶生，花序轴及花梗有棕色腺毛；花冠浅蓝紫色，裂片略呈二唇形；雄蕊 4 枚，2 强。蒴果卵圆形，4 瓣裂。**药用部位：**根茎。**功效：**清虚热燥湿、消疳解毒。注：胡黄连在 APG Ⅳ 分类系统中被归为车前科。

图 9-93　玄参

④ **毛地黄**（洋地黄）***Digitalis purpurea* L.**，多年生草本。全株密被灰白色短柔毛和腺毛。茎单生或多数枝丛生，基生叶多数呈莲座状，长卵形，茎生叶下部与基生叶同形，上部渐小。总状花序顶生，花向一侧偏斜；花萼钟状，5裂深至基部；花冠唇形，花冠筒钟状，表面紫红色，内面白色，具紫色斑点；二强雄蕊；子房上位，柱头2裂。蒴果卵形，顶端尖，密被腺毛。**药用部位**：叶。**功效**：叶含强心苷，有兴奋心肌、增强心肌收缩力、改善血液循环等作用，对心脏水肿患者有利尿作用。注：毛地黄在APG Ⅳ分类系统中被归为列当科。

课堂技能训练

观察地黄：性状、花、雄蕊。

10. 爵床科

⚥ $\uparrow K_{(4\sim5)} C_{(4\sim5)} A_{4,2} \underline{G}_{(2:2:\infty)}$

【本科识别特征】草本或灌木。**茎节常膨大。单叶对生，**无托叶；**叶、茎的表皮细胞内常含钟乳体。**花两性，左右对称，通常组成总状花序、穗状花序、聚伞花序，有时单生或簇生而不组成花序；苞片通常大；花萼4～5裂；花冠4～5裂，**常为二唇形，上唇2裂，**有时全缘，下唇3裂；雄蕊2枚或4枚（稀5枚），通常为二强；**子房上位，**下部常有花盘，**2心皮构成2室，中轴胎座，**每室有胚珠二至多数；花柱单一，柱头通常2裂。**蒴果室背开裂，种子通常着生于胎座的钩状物**（由珠柄生出，称为种钩）上。种子成熟后弹出。

【药用植物】本科约250属，2500种以上，广布于热带及亚热带地区。我国有61属178种，产于长江流域以南各省区；药用32属71种。

① **板蓝**（马蓝）***Strobilanthes cusia*（Nees）Kuntze**，草本。具根茎。茎多分枝，节膨大。单叶对生，叶片卵形至披针形，边缘有粗齿，两面无毛。穗状花序，2～3节，每节具2朵对生的花；花萼裂片5；花冠淡紫色，5裂，裂片近相等，先端微凹，花冠筒内具两行短柔毛；雄蕊4，二强。蒴果（图9-94）。分布于我国西南及华南等地区，为商品药材"大青叶"的来源之一。**药用部位**：根作为药材"板蓝根"（南板蓝根）；叶可加工制成"青黛"，为中药青黛的原料来源之一。**功效**：清热解毒、凉血消斑。

图9-94　板蓝

② **穿心莲** ***Andrographis paniculata*** **(Burm. f.) Wall. ex Nees**，一年生草本。茎直立，四棱形，下部多分枝，节呈膝状膨大。单叶对生，近于无柄；叶长卵形或披针形，先端渐尖。总状花序，顶生或腋生；花小，白色或淡紫色，二唇形，下唇内面有紫红色花斑；雄蕊2枚；子房上位，2室。蒴果扁状长椭圆形，表面中间有一浅沟，疏生腺毛。种子多数（图9-95）。原产于热带地区，现我国主要栽培于广东、广西、福建等省区。**药用部位：**全草。**功效：**清热解毒、消炎、消肿止痛。

图 9-95　穿心莲

③ **爵床** ***Justicia procumbens*** **L.**，一年生小草本。茎常簇生，多分枝，节部膨大成膝状。叶对生，椭圆形或卵形。穗状花序；苞片1，小苞片2；花萼4裂；花冠粉红色，二唇形；雄蕊2；子房2室。蒴果线形。**药用部位：**全草。**功效：**清热解毒、利尿消肿、活血止痛，可治小儿疳积。

④ **白接骨** ***Asystasia neesiana*** **(Wall.) Nees**，多年生草本，富含白色黏液。茎方形，节膨大。叶片卵形或披针形。穗状花序；花偏于一侧，花冠淡紫红色，5裂；雄蕊4，二强；子房2室。蒴果2瓣裂。**药用部位：**叶及根茎。**功效：**主治外伤出血。

本科常见的药用植物尚有：**九头狮子草**，全草能清热解毒、发汗解表、降压；**狗肝菜**，全草能清热解毒、凉血利尿。

课堂技能训练

观察马蓝、穿心莲：性状、茎节、花、果实。

11. 茜草科

⚥ * $K_{(4 \sim 5)}\ C_{(4 \sim 5)}\ A_{4 \sim 5}\ \overline{G}_{(2:2:1 \sim \infty)}$

【本科识别特征】木本或草本，有时呈攀援状。**单叶对生或轮生，常全缘或有锯齿；具各式托叶，**位于叶柄间或叶柄内或变为叶状、连合成鞘，宿存或脱落。二歧聚伞花序排成圆锥状或头状，有时单生；**花通常两性，辐射对称；**花萼筒与子房合生，先端平截或4～5裂；花冠合瓣，4裂或5裂，稀6裂；雄蕊与花冠裂片同数，且互生，均着生于花冠筒内；花盘形状各式；**子房下位，通常2心皮，合生常为2室，**每室一至多数胚珠。蒴果、浆果或核果。

【药用植物】约500属，6000余种，广布于热带和亚热带地区，少数分布于温带或北极地区，是合瓣花第二大科。我国有100属670种，分布于西南至东南部；药用59属219种。

① **钩藤** ***Uncaria rhynchophylla*** **(Miq.) Miq. ex Havil.**，常绿木质大藤本。小枝四棱形，单叶对生，纸质，椭圆形，两面均无毛，干时褐色或红褐色，下面有时有白粉；托叶2深

裂，叶腋有钩状变态枝成对或单生。头状花序单生于叶腋或顶生成总状花序；花被5基数，花冠黄色，漏斗状，裂片外面被粉末状柔毛；子房下位。蒴果，被疏柔毛（图9-96）。**药用部位：**带钩的茎枝（钩藤）及叶。**功效：**清热平肝，息风定惊。

图 9-96　钩藤

同属植物**毛钩藤**，藤本，嫩枝纤细，圆柱形或略具4棱角，被硬毛。叶革质，卵形或椭圆形，上面稍粗糙，被稀疏硬毛，下面被稀疏或稠密糙伏毛。头状花序单个腋生（图9-97）。此外同属植物我国15种，亦以带钩的茎入药。

② **巴戟天** ***Morinda officinalis* F. C. How**，缠绕型草质藤本。根有不规则的连续膨大部分。小枝及嫩叶有短粗毛，后变粗糙。单叶对生；矩圆形，托叶鞘状。花序头状或由三至多个头状花序再排成伞形；花4数，花冠白色；子房下位，

图 9-97　毛钩藤

柱头2深裂。核果红色（图9-98）。**药用部位**：根。**功效**：补肾壮阳、强筋骨、祛风湿。

图 9-98　巴戟天

③ **栀子 *Gardenia jasminoides* J. Ellis**，常绿灌木，小枝圆柱形，嫩部被短柔毛。叶对生或三叶轮生，有短柄，革质，椭圆状倒卵形至倒阔披针形，表面光滑；托叶在叶柄内合成鞘状，膜质。花硕大，白色，芳香，单生于枝顶；花部常5～7数，萼筒有翅状直棱，花冠高脚碟状；雄蕊与花冠裂片同数，花丝极短，花药线形；子房下位，1室，胚珠多数，侧膜胎座。蒴果，外果皮略带革质，熟时黄色，有翅状棱5～8条，顶冠以5～8片增大的宿存萼裂片（图9-99）。**药用部位**：果。**功效**：泻火解毒、清利湿热、凉血散瘀。

同属植物我国有4种和多个变种。

④ **茜草 *Rubia cordifolia* L.**，多年生攀援草本。根丛生，橙红色。茎4棱，棱上具倒生刺。叶4片轮生，有长柄，卵形至卵状披针形，下面中脉及叶柄上有倒刺，弧形脉3～5条。聚伞花序呈疏松的圆锥状，腋生或顶生；花小，5数，黄白色；子房下位，2室。浆果熟时黑色，近球形。**药用部位**：根。**功效**：凉血、止血、祛瘀、通经、镇痛。

茜草属我国产16种和多个变种，均可入药。

⑤ **白花蛇舌草 *Scleromitrion diffusum*（Willd.）R. J. Wang**，一年生小草本，基部多分枝。单叶对生，叶片线形，无柄。花小，单生于叶腋；花冠漏斗状，先端4深裂，白色。蒴

图 9-99 栀子

果扁球形，内含多数种子。**药用部位：**全草。**功效：**清热解毒、活血散瘀，对阑尾炎有效，并用于治疗癌症和毒蛇咬伤。

本科常见的药用植物尚有：**金鸡纳树**，树皮具抗疟、解毒、镇痛作用，为提取奎宁的原料；**鸡屎藤**，全草能清热解毒、镇痛、止咳。

课堂技能训练

观察巴戟天、茜草：托叶，子叶位置。

12. 忍冬科

⚥ $* \uparrow K_{(4\sim5)} C_{(4\sim5)} A_{4\sim5} \overline{G}_{(2\sim5:1\sim5:1\sim\infty)}$

【本科识别特征】**木本**，稀草本。**叶对生，单叶**，少为羽状复叶；**常无托叶。聚伞花序**，也有的数朵簇生或单生；花两性，辐射对称或两侧对称；**花萼 4 ～ 5 裂；花冠管状，通常 5 裂**，有的呈二唇形；**雄蕊和花冠裂片同数而互生**，着生于花冠管上；**子房下位**，2 ～ 5 心皮，形成 1 ～ 5 室，**通常为 3 室**，每室一或多数胚珠，有时仅 1 室发育。浆果、核果或蒴果。种子内含肉质胚乳。

【药用植物】本科植物 15 属，约 450 种，分布于温带地区。我国 12 属 259 种，广布全国；药用 9 属 106 种。

忍冬 ***Lonicera japonica* Thunb.**，多年生半常绿缠绕灌木，幼枝密生柔毛和腺毛。单叶对生，卵形至卵状椭圆形，全缘，叶柄短，幼时两面被短毛。总花梗单生于叶腋，花成对，苞片叶状；花萼 5 裂，无毛；花冠唇形，上唇 4 裂，下唇反卷不裂，花初开白色，3 ～ 4 天后转黄色，黄白相间，故称"金银花"，外面有柔毛和腺毛；雄蕊 5；子房下位。浆果球形，熟时黑色（图 9-100）。**药用部位：**花蕾（金银花）和茎枝（忍冬藤）。**功效：**清热解毒，茎还有通络作用，另有报道称藤叶可治肝炎、高脂血症。

忍冬属植物约 200 种，我国有 98 种，广泛分布于全国各省区，以西南部种类最多。可供药用的品种有 47 种，形态、功效与忍冬近似，已发现的化学成分主要有黄酮类、三萜类及有机酸等，且富含挥发油。《中国药典》中药材山银花的来源有四种：**华南忍冬**（山银花），萼筒密生小硬毛，苞片不呈叶状，产于广东。**菰腺忍冬**（山银花、红腺忍冬），叶下面密生微毛和橘红色腺毛，叶腋中总花梗单生或多个集生。**大花忍冬**（灰毡毛忍冬、黄褐毛忍冬）（注：在《中国药典》中灰毡毛忍冬、黄褐毛忍冬是分开不同的植物，但目前分类系统已经合在一起，统称为大花忍冬）。

图 9-100　忍冬

本科还有**接骨草**（陆英），多年生草本，奇数羽状复叶，全草能散瘀消肿、祛风活络，用于跌打损伤，并可治传染性肝炎。同属植物**接骨木**的茎和叶可治跌打损伤、骨折、风湿痛。接骨木属在 APG Ⅳ系统中被归为荚蒾科。

课堂技能训练

观察山银花：叶、花。

13. 葫芦科

$♂ * K_{(5)} C_{(5)} A_{(2)+(2)+1}$； $♀ * K_{(5)} C_{(5)} \overline{G}_{(3:1:\infty)}$

【本科识别特征】草质藤本，茎常有纵沟纹，**具卷须**。叶互生；**常为单叶，掌状分裂**，有时为鸟趾状复叶。花单性，同株或异株，辐射对称，单生、簇生或集合成各种花序；花萼及花冠裂片 5；雄花雄蕊 3 或 5 枚，分离或合生，花药通直或折曲；雌花萼管与子房合生，上部 5 裂，花瓣合生，5 裂；**由 3 心皮组成，子房下位，1 室，侧膜胎座**，常在中间相遇，少为 3 室。花柱 1，柱头膨大，3 裂。**多为瓠果**，少为蒴果。种子多数，常扁平，无胚乳。

【药用植物】约 113 属 800 种，大多数分布于热带和亚热带地区。我国约 32 属 155 种，全国各地均有分布，南部和西南部最多；药用 21 属 90 种。

① **栝楼 *Trichosanthes kirilowii* Maxim.**，多年生草质藤本。雌雄异株，雄株块根肥厚，雌株块根瘦长。卷须 2 ～ 5 分叉。单叶互生，通常近心形，掌状 3 ～ 9 浅裂至中裂，中裂片菱状倒卵形，边缘常再浅裂或有齿。雄花组成总状花序，花萼 5 裂，花冠白色，裂片倒卵形，顶端流苏状；雄蕊 3 枚，花丝短，药室“S”形曲折。雌花单生，子房下位，花柱 3 裂。瓠果椭圆形，熟时橙黄色。种子椭圆形，浅棕色（图 9-101）。**药用部位：**根、成熟果实称栝蒌（全瓜蒌）。**功效：**清热涤痰、宽胸散结、润燥滑肠。果皮（瓜蒌皮、瓜壳）能清热化痰、利气宽胸；种子（瓜蒌子）能润肺化痰、润肠通便；根（天花粉）能生津止渴、降火润燥、润肺化痰；天花粉蛋白能引产及治疗宫外孕，对葡萄胎及绒毛膜上皮癌有一定疗效。

图 9-101　栝楼

栝楼属植物我国有 40 种，25 种可入药。其中**双边栝楼**（现植物志正名为中华栝楼）的干燥成熟果实亦作“栝蒌”用，主产于长江以南各省区；**中华栝楼**的根可作“天花粉”用。

② **绞股蓝** ***Gynostemma pentaphyllum*** **(Thunb.) Makino**，多年生草质藤本。卷须 2 叉，生于叶腋；叶鸟足状复叶，小叶 5 ～ 7，具柔毛。雌雄异株；雌、雄花序均为圆锥状；花小，花萼、花冠均 5 裂；雄蕊 5；子房 2 ～ 3 室。瓠果球形，熟时黑色（图 9-102）。**药用部位：**全草。**功效：**消炎解毒、止咳祛痰。

图 9-102　绞股蓝

同属植物我国产 7 种，均可入药。

③ **罗汉果** ***Siraitia grosvenorii*** **(Swingle) C. Jeffrey ex A. M. Lu & Zhi Y. Zhang**，多年生草质藤本，全株被白色或黑色柔毛。根块状。卷须 2 裂几达基部。叶心状卵形。雌雄异株；雄花为总状花序；花梗在中部以下有小苞片；萼 5 裂，花瓣 5，黄色；雄蕊 3；雌花序总状，子房密被短柔毛。瓠果淡黄色，干后黑褐色（图 9-103）。**药用部位：**果。**功效：**清热凉血、润肺止咳、润肠通便；块根能清除湿热、解毒。

同属植物共有 7 种，我国有 4 种，其中 2 种入药，即罗汉果和**翅子罗汉果，**这两种植物对呼吸系统和消化系统有相近的功效。药用罗汉果以广西产为最好，药用历史已有 300 多年。根据它的果实形状和产地的不同，分为多种园艺品种，主要有长滩果、拉江果、冬瓜果、青皮果等。传统上认为人工栽培品种的药效较野生品种为好，而在栽培品种中又以果形为长圆形，产于永福县长滩山区的长滩果为最好。

图 9-103　罗汉果

④ **丝瓜** ***Luffa aegyptiaca*** **Miller，**一年生攀援草本。卷须被毛，2～4 叉，叶掌状 5 浅裂。雌雄同株；雄花组成总状花序，雌花单生；花黄色，雄花雄蕊 5，开时花药靠合，后分离；雌花柱头 3。瓠果长圆柱状，肉质，干后里面有网状纤维。种子扁，黑色。**药用部位：**果内的维管束称“丝瓜络”，能祛风通络、活血消肿；根能通络消肿；果能清热化痰、凉血、解毒。

本科药用植物还有：**木鳖子，**药用种子有毒，内服化积利肠，外用消肿、透毒生肌。**雪胆，**根能清热利湿、消肿止痛。**冬瓜，**果皮（冬瓜皮）能清热利尿、消肿；种子（冬瓜子）能清热利湿、排脓消肿。

课堂技能训练

观察丝瓜：性状、花、果实。

14. 桔梗科

$⚥ * \uparrow K_{(5)} C_{(5)} A_{5,(5)} \overline{G}_{(2\sim5:2\sim5:\infty)}$

【本科识别特征】**草本，**少灌木，或呈攀援状，**常具乳汁。**单叶互生，少为对生或轮生，无托叶。花单生或呈各种花序；花两性，辐射对称或两侧对称；花萼常 5 裂，宿存；**花冠呈钟状、管状、辐状或二唇形，**先端 5 裂，裂片镊合状或覆瓦状排列；**雄蕊 5，**与花冠裂片同数而互生；花丝分离，**花药通常聚合成管状或分离；心皮 2～5，合生，子房通常下位或半下位，中轴胎座，2～5 室，胚珠多数；**花柱圆柱形，柱头 2～5 裂。蒴果，稀浆果。种子扁平，胚乳丰富。

有的分类系统认为半边莲属植物的花两侧对称，花冠二唇形，上唇 2 裂至基部，下唇 3 裂，5 枚雄蕊着生在花冠管上，花丝分离而花药合生环绕花柱，即与桔梗科其他属不同，因而主张将半边莲属独立成**半边莲科**。

【药用植物】本科 70 属，约 2500 种，分布于世界各地，以温带和亚热带为多。我国 17 属，约 170 种，分布全国，以西南部为多；药用 13 属 111 种。

① **桔梗** ***Platycodon grandiflorus*** **（Jacq.）A. DC.，**多年生草本，体内有白色乳汁。主根肥大肉质，长圆锥形；茎直立，有分枝。叶近于无柄，多互生，少数轮生或对生，叶片披针形，边缘有锐锯齿。花单生或数朵聚集成疏总状花序，生于枝端；花冠钟状，蓝紫色或白色，先端 5 裂；雄蕊 5；雌蕊 1，子房半下位，5 室。蒴果倒卵形，成熟时上部先端 5 孔裂。种子多数（图 9-104）。**药用部位：**根。**功效：**宣肺祛痰、消肿排脓。

桔梗不仅是一味传统中药，还是一种食品，其根可制成美味的菜肴。

② **沙参** ***Adenophora stricta*** **Miq.，**为多年生草本，全体有白色乳汁。根肥大，圆锥形。茎直立，不分枝。叶互生，基生叶心形，大而具长柄；茎生叶常 4 叶轮生，无柄，叶片椭圆

图 9-104　桔梗

形或卵形，边缘有锯齿，两面疏被柔毛。圆锥花序不分枝或少分枝；花萼常有毛，萼片披针形；花冠略呈钟形，蓝紫色，有毛，5浅裂；雄蕊 5；花盘圆筒状；子房下位，花柱伸出花冠外，柱头 3 裂。蒴果 3 室，卵圆形（图 9-105）。**药用部位：**根称“南沙参”。**功效：**养阴清肺、祛痰止咳。

图 9-105　沙参

同属植物以根作“南沙参”的种类甚多，常见的如**轮叶沙参，**茎生叶 4 ～ 6 片轮生；花序分枝轮生；花下垂，花冠蓝色，花冠口部微缩，呈坛状；多数省区有分布。

③ **党参** ***Codonopsis pilosula*** **(Franch.) Nannf. ，**为多年生草质藤本。根圆柱形，表层浅灰色，内有“菊花心”。茎缠绕，断面有白色乳汁，长而多分枝，下部有短糙毛，上部光滑；叶对生或互生，有柄，叶片卵形或广卵形，全缘。花单生于叶腋或顶端；花冠广钟形，淡黄绿色，具淡紫色斑点，先端 5 裂，裂片三角形；雄蕊 5，花丝基部微扩大；子房半下位，3 室，每室胚珠多数。蒴果圆锥形，具宿存萼。种子小，卵形，褐色有光泽（图 9-106）。**药用部位：**根。**功效：**补气养血、调和脾胃、生津清肺。党参含菊糖、果糖、蒲公英萜醇乙酸酯、木栓酮、棕榈酸及多种氨基酸等。

同属**管花党参**，花萼外面有短毛，萼裂片边缘有小牙齿，花冠筒状，花丝有毛，分布于西南部地区，也作“党参”药用。

本科药用的还有**半边莲**，小草本，具乳汁。主茎平卧，分枝直立。叶互生，狭披针形。花单生于叶腋；花冠粉红色，近唇形，裂片偏向一侧，上唇分裂至基部为 2 裂片，下唇 3 裂；花丝上部及花药合生，下方有髯毛；子房下位，2 室。蒴果 2 裂。**药用部位：**全草。**功效：**可清热解毒、消瘀排脓、利尿和治蛇咬伤。

课堂技能训练

观察桔梗：性状、花、子房位置。

图 9-106　党参

15. 菊科

⚥ $* \uparrow K_0C_{(3\sim5)}A_{(4\sim5)}\overline{G}_{(2:1:1)}$

【本科识别特征】**草本、**灌木或藤本。**有的具乳汁或树脂道**。叶互生，稀对生或轮生，无托叶；花两性或单性，极少单性异株，**少数或多数聚集成头状花序，托以一或多层总苞片组成的总苞**。花序托是短缩的花序轴，每朵花的基部具苞片 1 片，称托片，或呈毛状，称托毛，或缺，花序托凸、扁或圆柱状。头状花序单生或数个至多数排成总状、聚伞状、伞房状或圆锥状；**头状花序中的花有同型的，**即全部为管状花或舌状花，**或为异型的，**即外围为舌状花、中央为管状花，**或具多型的；萼片变态为冠毛状、刺状或鳞片状；**花冠合瓣、管状、舌状、二唇形、假舌状或漏斗状，4 或 5 裂；**雄蕊 4 ～ 5，**着生于花冠上，**花药合生成筒状（聚药雄蕊），**花丝分离；**子房下位，2 心皮合生，**1 室，具 1 倒生胚珠，**花柱顶端 2 裂。连萼瘦果**（萼筒参与果实形成），或称“菊果”。种子无胚乳。

菊科植物的花有如下几种。

① 管状花　是辐射对称的两性花。

② 舌状花　是两侧对称的两性花。

③ 假舌状花　是两侧对称的雌花或中性花，先端 3 齿。

④ 二唇形花　是两侧对称的两性花，上唇 2 裂，下唇 3 裂。

在一个头状花序中，位于边缘的小花称“边缘花”或“缘花”，位于中央的小花称“盘花”。

【药用植物】菊科是被子植物第一大科，约 1100 属，25000 ～ 30000 种，广布世界各地，主产于温带地区。我国约 230 属 2323 种，全国各地均有分布；药用 155 属 778 种。

菊科有两个亚科：**管状花亚科**，整个花序为管状花，有的中央为管状花，边缘为舌状花，植物体无乳汁，有的含挥发油；**舌状花亚科**，整个花序全为舌状花，叶互生，植物体具乳汁。

（1）管状花亚科

① **红花**（川红花）***Carthamus tinctorius* L.，**为一年生或越年生草本植物，全株光滑无毛。茎直立，上部有分枝。叶互生，几无柄，抱茎，长椭圆形或卵状披针形，先端尖，基部渐窄，边缘有不规则的锐锯齿，齿端有刺，上部叶渐小，呈苞片状，围绕花序。头状花序顶生，着生多数管状花；总苞片多列；花托扁平。花两性，初开放时为黄色，渐变为橘红色，成熟时变成深红色，有香气。瘦果卵形，白色，稍有光泽（图 9-107）。**药用部位：**花入药。

功效： 活血、散瘀、通经、止痛。

图 9-107　红花

② **菊花 *Chrysanthemum* × *morifolium* (Ramat.) Hemsl.** ，多年生草本；茎直立，基部常木化，上部多分枝，具细毛或柔毛。叶互生，卵形至披针形，边缘有粗大锯齿或深裂成羽状，基部楔形，下面有白色毛茸；具叶柄。头状花序顶生或腋生，总苞半球形，总苞片多层，外层绿色，条形，有白色绒毛，边缘膜质；舌状花，雌性，白色、黄色或淡红色等；管状花两性，黄色，基部常有膜质鳞片。瘦果不发育，无冠毛（图 9-108）。**药用部位：** 花序。**功效：** 清热解毒、疏散风热、清肝明目、抗菌、降压。

图 9-108　菊花

③ **苍术 *Atractylodes lancea* (Thunb.) DC.** ，多年生草本。根茎横走，粗壮，呈结节状，断面具红棕色油点。叶互生，革质，卵状披针形或椭圆形，顶端渐尖，基部渐狭，边缘具不规则细锯齿，下部叶多 3 裂，有短柄或无柄。头状花序顶生，下有羽裂的叶状总苞 1 轮；总苞片 6 ～ 8 层；花冠白色；子房下位，密被白柔毛；单性花均为雌性，退化雄蕊 5。瘦果长圆形，被白毛，顶端具羽状冠毛（图 9-109）。

④ **白术 *Atractylodes macrocephala* Koidz.** ，多年生草本；根茎肥厚，略呈拳状。茎直立，上部分枝。叶互生，3 深裂或羽状 5 深裂，顶端裂片最大，裂片椭圆形至卵状披针形，边缘具细锯齿，有长柄；茎基上部叶狭披针形，不分裂，叶柄渐短。头状花序单生于枝顶。总苞钟状，总苞片 7 ～ 8 层，基部被 1 轮羽状深裂的叶状苞片包围；整个花序全为管状花，花冠紫色，先端 5 裂；雄蕊 5；子房下位，表面密被绒毛。瘦果密生柔毛，冠毛羽裂，与花冠略等长。**药用部位：** 根茎。**功效：** 健脾益气、燥湿利水、止汗、安胎。

图 9-109　苍术

⑤ **紫菀** ***Aster tataricus*** **L. f.，** 多年生草本。根状茎短，簇生多数细根，外皮紫红色或灰褐色。茎直立，上部多分枝。基生叶丛生，匙形，有长柄；茎生叶互生，几无柄，披针形。头状花序排列成复伞房状，边缘为舌状花，蓝紫色，中央为两性管状花，黄色，花5数。瘦果长方状倒卵形，扁平，冠毛灰白色或淡褐色。**药用部位：**根茎及根。**功效：**散寒润肺、止咳化痰。

⑥ **牛蒡** ***Arctium lappa*** **L.，** 二年生草本。根深长，肉质。茎直立，多分枝。基生叶丛生，茎生叶互生；有长柄，叶片心状卵形至宽卵形，基部通常为心形，边缘带波状或具细锯齿。头状花序簇生于茎顶，略呈伞房状；总苞片披针形，先端弯曲，呈钩刺状；花小，全为管状花。两性，紫红色。瘦果长椭圆形或倒卵形，略呈三棱，有斑点；冠毛淡褐色，呈短刺状。**药用部位：**果实、根及叶。**功效：**果实能疏风散热、宣肺透疹、散结解毒；根能疏风散热、清热解毒；叶能疏风利水。

⑦ **云木香** ***Aucklandia costus*** **Falc.，** 多年生草本。主根粗壮，圆柱形，有特异香气。基生叶大型，具长柄，叶片三角状卵形或长三角形，边缘具不规则的浅裂或呈波状，疏生短刺，基部下延成不规则分裂的翼，叶面被短柔毛；茎生叶较小，互生。头状花序2～3个丛生于茎顶；总苞由十余层线状披针形的苞片组成，先端刺状；花全为管状花，暗紫色，花冠5裂；子房下位，柱头2裂。瘦果线形，有棱，上端着生一轮黄色直立的羽状冠毛，熟时脱落。**药用部位：**根。**功效：**行气止痛、健脾消食。

⑧ **豨莶** ***Sigesbeckia orientalis*** **L.，** 一年生草本。枝上部被紫褐色头状有柄腺毛及白色长柔毛。叶对生，三角状卵形至卵状披针形，边缘有钝齿，两面均被柔毛，下面有腺点，掌状脉三条。头状花序多数，排成圆锥状，花梗具白色长柔毛及紫褐色头状有柄腺毛，总苞片2层；雌花舌状，黄色；两性花筒状。瘦果倒卵形，有四棱。**药用部位：**全草。**功效：**祛风湿、利关节、解毒。

⑨ **旋覆花** ***Inula japonica*** **Thunb.，** 多年生草本。茎直立，上部有分枝，被白色绵毛。基生叶花后凋落，中部叶互生，长卵状披针形或披针形，基部抱茎，全缘或有微齿，背面被疏伏毛和腺点；上部叶渐小，狭披针形。头状花序，单生于茎顶或数个排列成伞房状；总苞片5层，外面密被白色绵毛；花黄色，边缘舌状花，先端3齿裂，中央管状花，两性，先端5齿裂。瘦果长椭圆形，冠毛灰白色。**药用部位：**幼苗称“金沸草”，头状花序称“旋覆花”。**功效：**化痰降气、软坚行水。

⑩ **黄花蒿** ***Artemisia annua*** **L.，** 一年生草本，全株黄绿色，有臭气。茎直立，多分枝。茎基部及下部的叶在花期枯萎，中部叶卵形，二至三回羽状深裂，两面被短微毛；上部叶小，常一次羽状细裂。头状花序多数，球形，有短梗，下垂，总苞片2～3层，无毛；小花均为管状，黄色，边缘雌性，中央两性。瘦果椭圆形，无毛（图9-110）。**药用部位：**地上部分（青蒿）。**功效：**清热祛暑、退虚热。

同属植物**茵陈蒿**（绵茵陈），幼嫩枝密被白色柔毛，入药称“茵陈”，能清湿热、退黄疸；**艾蒿**（艾），叶（艾叶）入药，能散寒止痛、温经止血（图9-111）。

图 9-110　黄花蒿

图 9-111　艾

⑪ **鬼针草** ***Bidens pilosa* L.**，一年生草本。茎直立，具四棱，基部略带紫色，上部分枝。茎下部叶对生，二回羽状深裂，裂片披针形至狭卵形，边缘有不规则细尖齿或钝齿，两面略有细毛，叶柄长；上部叶互生，较小，一回羽状分裂。头状花序直径 6 ～ 10mm，有梗，总苞片 1 层，线状椭圆形，被细短毛。舌状花黄色，1 ～ 3 朵，雌性，不育；管状花黄色，两性，能育。瘦果长线形，具 3 ～ 4 棱，有短毛；冠毛芒状。**药用部位：**全草。**功效：**清热解毒、祛风除湿、止泻。

本亚科药用植物尚有：**漏芦**和**驴欺口**（蓝刺头、禹州漏芦），根入药，都称“漏芦”，能清热解毒、消痈肿、通乳。**苍耳，**果实入药，称“苍耳子”，能散风湿、通鼻窍。**蓟**，全草（大蓟）能散瘀消肿、凉血止血；**刺儿菜**（小蓟、刻叶刺儿菜），全草能凉血止血、消散痈肿。**水飞蓟**，原产于南欧至北非，我国有引种，果实能清热解毒、利肝胆，用于治肝炎。**佩兰**，生于荒地、林边，也有栽培，全草能芳香化湿、醒脾开胃、发表清暑。**千里光**，**药用部位：**全草。**功效：**清热解毒、明目、去腐生肌。**艾纳香**，全草有祛风除湿、温中止泻、活血解毒的功效。**野菊**，花序入药，可清热解毒、泻火平肝。**款冬**，花蕾入药，有止咳、润肺、化痰之功效。**天名精**，药材称北鹤虱，具有杀虫消积功效。

（2）舌状花亚科

① **蒲公英** ***Taraxacum mongolicum*** **Hand. -Mazz.**，多年生草本，含白色乳汁。根深长。叶基生，莲座状，叶片倒披针形，边缘有倒向不规则的羽状缺刻。头状花序单生于花葶顶端；总苞片多层，外层卵状披针形，边缘白膜质，内层线状披针形，先端均有角状突起；花全为舌状花，黄色。瘦果纺锤形，具纵棱，全体被有刺状或瘤状突起，成行排列，顶端具纤细的喙，冠毛白色（图 9-112）。**药用部位：**全草。**功效：**清热解毒、消肿散结。

图 9-112　蒲公英

② **苦苣菜** ***Sonchus oleraceus*** **L.**，根纺锤状。茎上部有时具腺毛。叶羽状深裂或大头羽状半裂。分布于全国各地，生于荒地、田边。全草能清热解毒、凉血。

舌状花亚科还有药用植物**鳢肠**，全草入药，《中国药典》称为墨旱莲。主治凉血、止血、补肾、益阴。

课堂技能训练

① 观察菊花、苦苣菜：性状、花序、雄蕊。
② 观察菊科两个亚科的花序结构。

二、单子叶植物纲

1. 禾本科

$⚥ * P_{2\sim3}A_{3,1\sim6}\underline{G}_{(2\sim3:1:1)}$

【本科识别特征】**多数草本**。少数为木本（如竹类）。须根，具根茎。**地上茎特称为秆，**具显著而突出的节和节间，节间中空，稀为实心，如甘蔗、玉米等。**单叶互生，2 列，**具叶片、叶鞘和叶舌；叶片狭长，具平行脉；**叶鞘抱秆，开放或闭合；**叶片和叶鞘连接处具膜质**或纤毛状叶舌，**外侧常稍厚，称**叶颈，**两侧常突出或呈纤毛状，称**叶耳**。花序由小穗排列组成，有穗状、总状、圆锥状等。小穗具一或多朵花，**2 行排列在小穗轴上，基部常有 2 片不孕的苞片，称颖片。在下方的为外颖，上方的为内颖。花小，两性、单性或中性，外有小苞片，称外稃和内稃；**外稃较厚而硬，**顶端或背部有芒，**内稃膜质，**外稃与内稃之内有 2 个透明而肉质的小鳞片状物，称浆片或鳞被（特花的花被）。雄蕊常 3 枚，花丝细长，**花药呈“丁”字形着生。**子房上位，**2 ～ 3 **心皮合生，1 室，**1 胚珠。**花柱 2，柱头呈羽毛状。颖果。**种子含有大量的淀粉质胚乳。

禾本科是被子植物中的大科之一，共有 700 属，近 10000 种。世界各地均有分布。本科植物分禾亚科和竹亚科。我国有 200 余属，1000 多种，全国均有分布；药用 84 属 174 种，大多数为禾亚科植物。

（1）禾亚科

【药用植物】草本，秆为草质或木质，秆上生普通叶，具明显的中脉，通常无叶柄，故不易自叶鞘处脱落。本亚科植物有 550 属 6000 种，广泛分布于世界各地，我国有 170 余属，600 种以上。

① 薏米 ***Coix lacryma-jobi* var. *ma-yuen*（Rom. Caill）Stapf. in Hook. f.，**一年生或多年生草本。秆直立，基部节上生根。叶互生，2 纵列排列，叶鞘与叶片间具白色膜状的叶舌；叶片长披针形，基部鞘状抱茎，总状花序成束腋生；小穗单性；雄小穗排列于花序上部，雌小穗生于花序的下部，包藏于骨质总苞中。果实成熟时，总苞坚硬而光滑，质脆，易破碎，内含 1 颖果（图 9-113）。**药用部位：**种子称“薏苡仁”。**功效：**健脾利湿、清热排脓、抗癌。

图 9-113　薏米

② 大白茅 ***Imperata cylindrica* var. *major*（Nees）C. E. Hubb.，**《中国药典》上名为白茅，多年生草本，具根状茎。叶片线形或线状披针形。圆锥形花序，紧贴在一起呈穗状，有白色丝状柔毛，密生（图 9-114）。**药用部位：**根茎药用。**功效：**凉血止血、清热利尿；花能止血。

图 9-114　大白茅

③ 淡竹叶 ***Lophatherum gracile* Brongn.，**多年生草本。根状茎粗短，近顶端部分常肥厚，呈纺锤状块根，叶片披针形，基部狭缩成柄状，平行脉有明显的小横脉。圆锥状花序，具有极短的柄；小穗绿色，疏生，条状（图 9-115）。**药用部位：**茎叶（淡竹叶）。**功效：**清热除烦、利尿生津。

④ 芦苇 ***Phragmites australis*（Cav.）Trin. ex Steud.，**多年生湿生草本植物，具有粗壮的根状茎。叶片广披针形至宽条形，叶舌有毛。圆锥状花序顶生，微垂头，分枝纤细，呈毛帚状，棕紫色。**药用部位：**根茎。**功效：**生津止咳、清肺、胃热、除烦止呕、利尿。

（2）竹亚科

【药用植物】木本。枝上生普通叶，具明显的中脉和小横脉，有短柄，叶鞘与叶柄相接

图 9-115　淡竹叶

处有一个关节，叶片容易从关节处脱落。主秆叶叫笋壳，与枝上叶有明显的区别。雄蕊 6，浆片 3 片。秆木质，枝条的叶具有短柄是禾亚科与竹亚科的主要区别。本亚科约 66 属，1000 多种，分布于世界各地的热带地区。我国有 30 余属，400 多种。

毛金竹 ***Phyllostachys nigra*** **var.** ***henonis*** **(Mitford) Stapf ex Rendle**，《图经本草》称淡竹，乔木。秆绿色至灰绿色，无毛。在分枝一侧的节间有明显的沟槽。叶 1～3 片互生于最终小枝上，叶片窄披针形，背面基部疏生细柔毛。圆锥花序，小穗有 2～3 花。**药用部位：**其秆的中层刮下后称“竹茹”。**功效：**清热化痰、除烦止呕。

本科药用植物还有：**稻**，其颖果发芽后称“谷芽”，能健脾消食；**大麦**，发芽颖果称“麦芽”，能消食；**柠檬草**（香茅），全草能祛风除湿、消肿止痛；**小麦**，干瘪轻浮的颖果称“浮小麦”，能止汗、解毒；**玉蜀黍**，花柱（玉米须）能清热利尿、消肿、消渴；**青皮竹**，被竹黄蜂咬伤后秆内分泌液干燥凝结而成的块状物称“天竺黄”，能清热祛痰、凉心定惊。

课堂技能训练

观察淡竹叶：性状、秆、叶、小穗、果实。

2. 莎草科

⚥，♂，♀，$* P_0A_{1\sim3}\underline{G}_{(2\sim3:1:1)}$

【本科识别特征】多年生**草本**，少数为一年生。根簇生，呈纤维状。**有根状茎，**常丛生或呈匍匐状。少数还兼有块茎，茎常被称为秆，单生或丛生，**坚实**或少数中空，通常为**三棱柱形**或圆柱形，或少数为 4～5 棱形或扁平，无节。叶 3 列，叶片条形，**基部具有闭合的叶鞘**。**花甚小，**单生于鳞片腋间，两性或单性，同株或异株，二至多花组成小穗，小穗单一或若干枚组成各式花序，花序具一至多数叶状，刚毛状或鳞片状苞片。小穗单性或两性，颖片 2 列或螺旋状排列在小穗轴上；花被缺或变态为下位鳞片或下位刚毛；雄蕊 3 枚或 2 枚，或 1 枚，花药底生；花丝丝状。**子房上位，1 室，胚珠 1**。花柱 1 枚，柱头 2～3 个。**小坚果或瘦果，三棱，**双凸或平凸，或球状，有时为苞片所形成的果囊所包裹。

【药用植物】本科共有 70 属，4000 多种，广泛分布于世界各地。我国共有 31 属 670 种，全国各地均有分布。

① **香附子** ***Cyperus rotundus*** **L.**，多年生草本，根状茎匍匐，末端有灰黑色、椭圆形、具芳香气味的块茎。茎直立，上部三棱形，叶基部丛生，3 列，叶片窄条形。花序形如小穗，在茎顶排成伞形；花两性，无花被；雄蕊 5；子房椭圆形，柱头 3 裂。坚果三棱形（图 9-116）。**药用部位：**根状茎。**功效：**行气解郁、调经止痛。

图 9-116　香附子

② **荆三棱** ***Bolboschoenus yagara*** **(Ohwi) Y. C. Yang & M. Zhan** ，多年生草本。根状茎顶端膨大成块茎。秆三棱。叶基生及秆生，条形。叶状苞 3 ～ 4 个，比花序长。聚伞状花序，每个花序有 3 ～ 4 个辐射枝，每个辐射枝有 1 ～ 3 个小穗，小穗呈褐色；鳞片外面有短的绒毛，顶端具有芒；小花有 6 条刚毛与小坚果等长，花两性。小坚果，有三棱。**药用部位**：块茎。**功效**：破血祛痰、行气止痛。

③ **荸荠** ***Eleocharis dulcis*** **(Burm. f.) Trinius ex Henschel**，球茎能清热生津、开胃解毒。

课堂技能训练

观察莎草：性状、叶、小穗。

3. 棕榈科

⚥，♂，♀，$* P_{3+3} A_{3+3} G_{(3:1 \sim 3:1)}$

【本科识别特征】**乔木或灌木**，有时为藤本。茎通常不分枝，丛生或单生。直立或攀援，常有残存的老叶、叶柄基或叶痕。**叶互生，常聚生于茎顶**；通常较大型，常绿，全缘或羽状、掌状分裂。**叶柄基部常扩大成为具有纤维状结构的鞘。花小，有苞片或小苞片**，辐射对称，两性或单性，同株或异株，有时杂性，**聚生成分枝或不分枝肉穗花序，并被一至多枚大型的佛焰状总苞**，生于叶丛中或叶鞘束下。花被片 6，合生或离生，覆瓦状或镊合状排列；**雄蕊 6，排成两轮。子房上位**，1 ～ 3 室，少 4 ～ 7 室或具 3 枚离生或仅基部合生的心皮，胚珠 1 枚；花柱短或无，柱头 3。**浆果、核果或坚果。外果皮常纤维质，或覆盖着覆瓦状排列的鳞片**。种子与内果皮分离或黏合，胚乳均匀或嚼烂状。

【药用植物】本科植物有 217 属，2500 多种。分布于热带、亚热带地区，以美洲和亚洲为中心，是热带地区重要的植物资源。我国有 28 属 100 种，分布于西南至东南部地区；药用有 16 属 26 种。

① **槟榔** ***Areca catechu*** **L.** ，常绿乔木，不分枝。茎有叶痕形成的环纹。叶大型，羽状复叶，聚生于茎顶，小叶多数，条状披针形，先端有不规则齿裂；总叶柄三棱状，具长叶鞘。肉穗花序多分枝，排成圆锥状，上部为雄花，花被片 6，雄蕊 3；下部为雌花，子房 1 室。坚果红色，中果皮纤维质，种子 1（图 9-117）。**药用部位**：种子（槟榔）。**功效**：杀虫、消积、行气、利水；果皮（大腹皮）能宽中、下气、行水、消肿。

图 9-117　槟榔

② **棕榈** ***Trachycarpus fortunei*** **(Hook.) H. Wendl.** ，乔木。茎有残存但不易脱落的老叶柄。叶丛生于茎顶，扇形或椭圆形，掌状分裂，裂片顶端 2 浅裂；叶柄基部扩大成为具纤维的鞘。肉穗状圆锥花序从叶丛中生出，总苞多数，革质，被锈色绒毛；花小，黄白色，雌雄

异株；雌花心皮3，离生。核果肾状球形，深蓝色。**药用部位：**叶柄及叶鞘纤维（药材称“棕榈皮”，煅后称“棕榈炭”）、根、叶、果实（棕榈子）。**功效：**收敛止血、通淋、止泻；髓心（棕树心）能治心悸、头昏，可止血。

③ **椰子** ***Cocos nucifera*** **L.**，乔木。干直立，不分枝，密生轮状叶痕。羽状复叶，丛生于茎顶。肉穗花序腋生，多分枝；花单性，同株；雄花聚生于分枝上部；雌花散生于下部；总苞纺锤状，厚木质。核果，顶端具有三棱，中果皮厚而具有纤维质，内果皮骨质，近基部有3个发芽的小孔；种子1枚，种皮薄，紧贴白色坚实的胚乳，且胚乳内含有1个富含汁液的空腔。**药用部位：**果、根。**功效：**止痛止血；果壳能治癣；油能治疥癣及冻疮；椰肉（胚乳）能益气祛风。

本科药用植物还有**麒麟竭**，多年生常绿藤本。果实内渗出的深棕色树脂，干后入药称“血竭”，能散瘀止痛、活血生肌。

课堂技能训练

观察槟榔：性状、花、果实。

4. 天南星科

♂，⚥，♀，$*P_{4\sim6}A_{1\sim6}\underline{G}_{(1\sim\infty:1\sim\infty:1\sim\infty)}$

【本科识别特征】**草本**，稀为攀援灌木或附生藤本，常具块茎或伸长的根状茎。植物体内多含苦味水汁、乳汁或针状草酸钙结晶。单叶或复叶，常基生，**叶柄基部常具膜质鞘；叶脉多网状脉。肉穗花序，具佛焰苞；**花小，两性或单性；单性花雌雄同株或异株；雌雄同序者雌花群在花序下部，雄花群在上部，之间常有中性花相隔；单性花缺花被，雄蕊1～6，常分离或愈合成雄蕊柱；两性花常具花被片4～6，雄蕊与之同数且对生；**子房上位，**由一至数心皮组成一至数室，胚珠一至多数。**浆果，密集于花序轴上。**种子一至多数，通常具胚乳。

【药用植物】本科有约115属，2500多种，广布于世界各地，主产于热带地区。我国共有35属，210余种，主要分布于华南、西南部各省区；药用22属106种。主要属有菖蒲属、天南星属、半夏属、千年健属等，多为药用，通常有毒。

分属检索表

1. 花两性；肉穗花序上部无附属体；具根状茎。
  2. 叶剑形，无柄，佛焰苞呈剑形；全株有特殊香气……………………………菖蒲属
  2. 叶心形或卵状心形，有长柄，佛焰苞广卵形，全株无香气…………………水芋属
1. 花单性；肉穗花序上部具附属体；具块茎。
    3. 肉穗花序与佛焰苞分离，佛焰苞无隔膜，不缢缩，叶柄下部不具珠芽。
      4. 雌雄同株……………………………………………………………………犁头尖属
      4. 雌雄异株……………………………………………………………………天南星属
    3. 肉穗花序下部的雌花序一侧着花，与佛焰苞合生，佛焰苞隔膜处缢缩，叶柄下部具珠芽…………………………………………………………………………半夏属

① **天南星** ***Arisaema heterophyllum*** **Blume**（《中国药典》上名为异叶天南星），多年生草本，块茎扁球形。叶1~3枚，叶片辐射状全裂，具10～24裂，裂片披针形。叶柄长，呈圆柱形。佛焰苞绿白色，浆果红色，聚合成穗状，果序下垂。**药用部位：**块茎。

同属植物**一把伞南星**（《中国药典》上名为天南星），叶1，极稀2，叶柄长40～80cm，中部以下具鞘，鞘部粉绿色，上部绿色，有时具褐色斑块；叶片放射状分裂，裂片无定数；

幼株少则 3 ～ 4 枚，多年生植株有多至 20 枚的，常 1 枚上举，余放射状平展，披针形、长圆形至椭圆形，无柄，长 6 ～ 24cm，宽 6 ～ 35mm，长渐尖，具线形长尾（长可达 7cm）或否。花序柄比叶柄短，直立，果时下弯或否。佛焰苞绿色，背面有清晰的白色条纹，或淡紫色至深紫色而无条纹，管部圆筒形，长 4 ～ 8mm，粗 9 ～ 20mm；雄花序的附属器下部光滑或有少数中性花；雌花序上的具多数中性花。雄花具短柄，淡绿色、紫色至暗褐色，雄蕊 2 ～ 4，药室近球形，顶孔开裂成圆形。雌花子房卵圆形，柱头无柄。果序柄下弯或直立，浆果红色（图 9-118）。还有**东北南星**，小叶 5 枚，佛焰苞绿色或带紫色，有白色条纹。分布于东北、华北。两者块茎也作天南星入药。

图 9-118　一把伞南星

② **半夏** ***Pinellia ternata*** **(Thunb.) Ten. ex Breitenb.** ，多年生草本，全株光滑无毛。块茎扁球形。叶及花茎由块茎顶端生出。一年生叶单生，卵状心形至戟形，全缘；二至三年生叶为 3 全裂，叶柄基部具鞘，其内侧或上方叶柄顶部有 1 小珠芽。佛焰苞绿色，管部狭圆柱形，附属体鼠尾状，细长，伸出佛焰苞外。花单性，雌雄同株，无花被；肉穗花序下部为雌花，与佛焰苞贴生，子房 1 室，胚珠 1 枚；雄花位于上部，雄蕊 2 枚；雌雄花之间有一段不育部分。浆果卵形，绿色，成熟时红色（图 9-119）。**药用部位：**块茎。**功效：**有毒，炮制后

图 9-119　半夏

图 9-120　石菖蒲

才能使用，能燥湿化痰、降逆止呕，外敷治痈肿。

③ **石菖蒲**（现名金钱蒲）***Acorus gramineus* Soland.**，多年生草本，全株具浓烈芳香气。根状茎匍匐横走。叶基生，无柄，叶片暗绿色，狭条形，无中肋，平行脉多数。佛焰苞和叶同形、同色，不包被花序；花序柄腋生，三棱形。花两性，花被片 6；雄蕊 6，与花被片对生；子房 2 ～ 3 室。浆果倒卵形（图 9-120）。**药用部位：**根状茎。**功效：**开窍、豁痰、理气、活血、散风、祛湿，叶可治疥癣。同属**水菖蒲**（现名菖蒲）（图 9-121），狭条形的叶中间有一条突出的中肋，以根状茎入药，能开窍化痰、避秽杀虫、健脾利湿。注：在 APG Ⅳ系统中菖蒲属独立为菖蒲科。

④ **千年健** ***Homalomena occulta* (Lour.) Schott**，多年生草本。根状茎匍匐。叶箭状心形至心形。佛焰苞绿白色，宿存。肉穗花序无附属体，雄花序在上部，雌花序在下部，二者间无中性花；雄花具 4 雄蕊；雌花具雌蕊和 1 退化雄蕊，子房长圆形，柱头盘状。**药用部位：**根状茎。**功效：**祛风湿、健筋骨。

图 9-121　水菖蒲

课堂技能训练

观察石菖蒲：性状、花序。

5. 百合科

$⚥ * P_{3+3,\ (3+3)}\ A_{3+3}\ \underline{G}_{(3:3:\infty)}$

【本科识别特征】常为**多年生草本**，少数为灌木，具鳞茎或根状茎；单叶，互生或基生，少数对生或轮生，极少数退化成鳞片状，茎扁化成叶状枝（如天门冬属、假叶树属）；花单生或排成总状、穗状、伞形花序；**花常两性，辐射对称；花被片 6，花瓣状，2 轮排列，**分离或合生；**雄蕊 6；子房上位，**少半下位，**3 心皮合生成 3 室，**中轴胎座，稀 1 室而为侧膜胎座，胚珠常多数。蒴果或浆果。种子多数，有丰富的胚乳，胚小。

【药用植物】共 280 属，约 4000 种，分布于世界各地，以温带和亚热带地区为多。我国有 60 属 570 种，分布于南北各地，以西南地区最丰富；药用 46 属 359 种。

① **百合** ***Lilium brownii*** **var.** ***viridulum*** **Baker，**多年生草本。鳞茎近球形，白色。叶互生，倒披针形至倒卵形。花单生或数朵排成近伞形；花喇叭状，乳白色，外面稍紫色，芳香，先端外弯，蜜腺沟两侧和花被片基部具乳头状突起，花冠喉部淡黄色，常在开放一段时间后转为白色。雄蕊6枚，着生于花被的基部，花丝有柔毛，花药“丁”字形；子房上位，3室，中轴胎座，胚珠多数，花柱细长，柱头3裂。蒴果长卵圆形，具钝棱。种子多数，卵形，扁平（图9-122）。**药用部位：**鳞茎。**功效：**润肺止咳、宁心安神，亦可食用。

图 9-122　百合

百合属植物我国有39种，南北均有分布，尤以西南和华中地区最多，鳞茎供食用和药用的还有：**卷丹，**叶腋常有株芽，花橘红色，有紫黑色斑点；**山丹，**叶条形，有一条明显的脉，花鲜红色或紫红色，无斑点或有少数斑点。

② **黄精** ***Polygonatum sibiricum*** **Redouté，**多年生草本。根状茎近圆锥状，黄白色。叶通常4～6片轮生，叶片条状披针形，先端卷曲。花腋生，总花梗顶端常2分叉，各生1花；苞片膜质，位于花梗基部；花近白色；雄蕊6，花丝短，着生于花被上部。浆果球形，成熟时黑色（图9-123）。**药用部位：**根状茎。**功效：**补气养阴、健脾、润肺、益肾、降血脂及延缓衰老等。**多花黄精**（囊丝黄精）***P. cyrtonema*** **Hua，**根状茎肥厚，稍呈串珠状。茎常向一

图 9-123　黄精

边倾斜，具条纹或紫色斑点。叶互生，卵状或矩圆状披针形。花腋生，二至多朵集成伞形花序；有时单花，苞片微小或无；花被筒状，6裂，黄绿色；花丝顶端膨大至囊状突起。浆果黑色。**药用部位**：根状茎，亦作“黄精”药用。在APG Ⅳ系统中黄精属归为新的天门冬科。

③ **玉竹** ***P. odoratum*** **(Mill.) Druce**，根状茎圆柱形，肥厚。茎单一，稍斜立，具纵棱。单叶互生，椭圆形或卵状矩圆形，先端尖。花腋生，单一或2朵生于长梗顶端，花梗下垂，无苞片；花被管窄钟形，先端6裂，黄绿色至白色；雄蕊6，花丝丝状，近平滑至具乳头状突起。浆果蓝黑色（图9-124）。**药用部位**：根状茎（玉竹）。**功效**：养阴润燥、生津止咳。在APG Ⅳ系统中黄精属归为新的天门冬科，因此玉竹在新系统中属于天门冬科。

图9-124　玉竹

④ **知母** ***Anemarrhena asphodeloides*** **Bunge**，多年生草本。根茎肥厚，横走，残留许多黄褐色纤维状的叶残痕。叶基生，叶的先端渐尖，呈丝状，基部呈鞘状，平行脉。总状花序，花2～6朵成一簇散生在花序轴上，每簇花具1苞片，苞片小，卵形或卵圆形；花粉红色、淡紫色至白色；花被片条形，基部稍连合；雄蕊3枚，与内轮花被片对生，花丝贴生于内轮花被片上；雌蕊3心皮，子房上位3室，每室2胚珠。蒴果长卵形，具6纵棱，每室具种子1～2枚，黑色（图9-125）。**药用部位**：根状茎。**功效**：滋阴降火、润燥滑肠、利大小便。在APG Ⅳ系统中知母属归为新的天门冬科，因此知母在新系统中属于天门冬科。

图9-125　知母

⑤ **麦冬 *Ophiopogon japonicus* (L. f.) Ker Gawl. ，** 多年生草本。须根，中间或下端常膨大成纺锤状块根。叶基生成丛，细条形。总状花序，比叶短；花单生或成对着生于苞片腋内，苞片披针形；花被片白色或淡紫色，稍下垂；雄蕊 6，花丝很短，花药三角状披针形；子房半下位，花柱基部宽阔，稍粗而短，略呈圆锥形（图 9-126）。**药用部位：** 块根（麦冬）。**功效：** 养阴生津、润肺清心。在 APG Ⅳ系统中沿阶草属归为新的天门冬科，因此麦冬在新系统中属于天门冬科。

山麦冬属的**山麦冬，** 在湖北省大量栽培，其块根亦作“麦冬”药用。该种花梗直立、子房上位、叶片狭倒披针形等特征可区别于麦冬。

⑥ **天门冬 *Asparagus cochinchinensis* (Lour.) Merr. ，** 多年生具刺攀援植物。块根纺锤状膨大。茎细长，常扭曲；叶状枝通常 3 枚成簇，扁平或呈锐三棱形，稍镰刀状，中脉明显。茎上的鳞片状叶基部延伸为硬刺。花单性异株，每 2 朵腋生，淡绿色；雄花花被片 6 枚，2 轮排列，雄蕊 6 枚；雌花与雄花相似，具退化的雄蕊 6 枚，子房 3 室，柱头 3 裂。浆果红色，具种子 1 枚（图 9-127）。**药用部位：** 块根（天门冬）。**功效：** 滋阴润燥、清肺生津。在 APG Ⅳ系统中天门冬属归为新的天门冬科，因此天门冬在新系统中属于天门冬科。

图 9-126　麦冬

图 9-127　天门冬

⑦ **浙贝母**（象贝）***Fritillaria thunbergii* Miq. ，** 多年生草本。地下鳞茎球形或扁球形，白色，由 2 ～ 3 枚鳞叶对合而成。叶近条形至披针形，先端不卷曲或稍卷曲，茎下部及上部的叶对生或散生，近中部的叶轮生。花 2 ～ 6 朵生于茎顶或上部叶腋，花钟状俯垂；花被片 6 片，淡黄绿色，或稍带淡紫色，内外轮花被片大小形状相似，内面具紫色方格斑纹；雄蕊 6 枚，长为花被片的一半；雌蕊 1 枚，由 3 心皮合生而成，子房上位，3 室，胚珠多数，柱

图 9-128　浙贝母

头 3 裂。蒴果，有 6 条宽的纵翼。种子多数，扁平（图 9-128）。**药用部位：**鳞茎。**功效：**清热化痰、开郁散结。鳞茎含甾醇类生物碱如贝母素甲、贝母素乙、浙贝宁、浙贝丙素、浙贝酮等。此外，尚含胆碱及两种中性甾类成分：贝母醇及植物甾醇。

⑧ **卷叶贝母**（川贝母）***Fritillaria cirrhosa* D. Don，**多年生草本，鳞茎卵圆形，由两枚鳞片组成。茎生叶条形至披针形，通常对生，兼互生或 3 ～ 4 叶轮生，下部的叶先端稍卷曲或不卷曲。花常单生于茎顶，钟状，紫色至黄绿色，通常有浅绿色小方格，少数仅具斑点或条纹；叶状苞片 3，狭长，先端卷曲；花被片 6，蜜腺窝在背面明显凸出。蒴果，棱上有 1 ～ 1.5mm 的狭翅。鳞茎是川贝母商品之一“青贝”的主要来源。

贝母属植物我国有 20 种 2 变种，作“贝母”入药的还有：**甘肃贝母、梭砂贝母、太白贝母、天目贝母**（湖北贝母）、**平贝母、伊贝母、新疆贝母。**

⑨ **七叶一枝花**（蚤休）***Paris polyphylla* Sm.，**多年生草本。根状茎短而粗壮。叶多为 5 ～ 7 片轮生于茎顶，叶片椭圆形或倒卵状披针形。花被片 4 ～ 7，外轮绿色，狭卵状披针形，内轮黄绿色，狭条形，长于外轮；雄蕊 8 ～ 12，花药长度为花丝的 3 ～ 4 倍，药隔突出为小尖头；子房上位，具棱，先端具盘状花柱基，子房 1 室。蒴果（图 9-129）。**药用部位：**根茎。**功效：**清热解毒、消肿散瘀。在 APG Ⅳ系统中重楼属归为新的藜芦科，因此七叶一枝花在新系统中属于藜芦科。

图 9-129　七叶一枝花

⑩ **芦荟 *Aloe vera*（L.）Burm. f.，**多年生肉质草本。叶近簇生，肥厚多汁，条状披针形，边缘疏生刺状小齿，具白色斑点状花纹。总状花序；苞片近披针形；花黄色，有红斑。蒴果（图 9-130）。**药用部位：**叶或叶汁混悬液的浓缩干燥品。**功效：**清热、杀虫、通便。在 APG Ⅳ系统中芦荟属归为新的阿福花科，因此芦荟在新系统中属于阿福花科。

⑪ **光叶菝葜**（土茯苓）***Smilax glabra* Roxb.，**攀援灌木。根状茎块状。叶薄革质，互生，椭圆状披针形或披针形；叶柄具狭鞘，有卷须，脱落点位于近叶柄顶端。伞形花序，通常具十余朵花；花绿白色，六棱状球形；雄花外轮花被片近扁圆形，背面中央具纵槽，内花被片近圆形，边缘有不规则的齿；花丝极短；雌花外形与雄花相似，但内花被片边缘无齿。浆果

图 9-130　芦荟

（图 9-131）。**药用部位：**根状茎（土茯苓）。**功效：**除湿、解毒、利关节。在 APG Ⅳ系统中菝葜属归为新的菝葜科，因此光叶菝葜在新系统中属于菝葜科。

本科药用植物还有：**剑叶龙血树、海南龙血树**（柬埔寨龙血树），树干中流出的紫红色树脂是中药“血竭”的来源。在 APG Ⅳ系统中，龙血树属属于天门冬科。**藜芦，**根有毒，能祛痰、催吐、杀虫，在 APG Ⅳ系统中，属于藜芦科。**铃兰，**全草能强心、利尿，有毒。在 APG Ⅳ系统中，铃兰属属于天门冬科。

图 9-131　光叶菝葜

课堂技能训练

观察百合：性状、花。

6. 姜科

⚥ ↑ $K_{(3)}\ C_{(3)}\ A_{1}\overline{G}_{(3:3:\infty)}$

【本科识别特征】**多年生草本，通常具芳香**。有块茎或匍匐延长的根状茎。叶基生或茎生，通常2列，或螺旋状排列，具**开放或闭合的叶鞘，鞘顶具明显的叶舌**；花两性，两侧对称；单生或组成总状、穗状、头状或圆锥花序；生于具叶的茎上或有根茎发出的花葶上；花被片6，2轮，内轮萼状，常合生成管，一侧开裂或顶端齿裂，外轮瓣状，后方的1片最大，基部合成管；雄蕊3或5，2轮，内轮雄蕊近轴1枚发育，**花丝具槽，侧生的2枚连合成1唇瓣；**外轮雄蕊侧生2枚退化成瓣状或齿状或缺；子房下位，1～3室；花柱1枚，丝状，通常经发育雄蕊的花丝槽中由花药室间穿出，柱头头状。**蒴果**2瓣裂，少为肉质浆果。种子有假种皮。

【药用植物】约50属，1000余种，主要分布于热带、亚热带地区。我国19属，约200种，分布于西南至东部；药用15属，约100种，是药用、香料、调味、观赏等植物资源。

① **姜 *Zingiber officinale* Roscoe**，多年生宿根草本。根状茎肥厚，横走，多分枝，断面淡黄色，有芳香及辛辣味。叶互生，叶片披针形，无柄，有抱茎的叶鞘。花葶直立，自根状茎上抽出，被以覆瓦状的鳞片，穗状花序球果状；苞片卵形，淡绿色或边缘淡黄色；花冠黄绿色，唇瓣中央裂片长圆状倒卵形，短于花冠裂片，具紫色条纹及淡黄色斑点，侧裂片卵形；雄蕊暗紫色，药隔附属体延伸成长喙状。栽培品很少开花。**药用部位**：根状茎。**功效**：鲜品能发表散寒、温中止呕、化痰止咳；干品（干姜）能温中散寒、回阳通脉、燥湿消痰；根状茎外皮（姜皮）能治疗水肿。

② **姜黄 *Curcuma longa* L.**，根状茎断面深黄色至黄红色，具香气，须根先端膨大成淡黄色块根。叶片椭圆形，除上面先端具短柔毛及缘毛外，两面均无毛。穗状花序自叶鞘内抽出，球果状；花冠裂片白色；侧生退化雄蕊淡黄色，唇瓣长圆形，中部深黄色；花药淡白色，基部两侧有距。分布于我国西南及华东、华南等地，野生于草地、路旁阴湿处或灌丛中。常栽培。根状茎为中药“姜黄”的来源之一，能破血行气、通经止痛。**药用部位**：块根为中药“郁金”的植物来源之一，习称“黄丝郁金”。**功效**：行气化瘀、清心解郁、利胆退黄。

我国药用郁金尚来源于下列四种植物的块根。

温郁金 *C. wenyujin* Y. H. Chen et C. Ling，块根断面白色，根茎断面柠檬黄色。穗状花序先叶于根茎处抽出；花冠白色，膜质。分布于浙江南部。本种新鲜的根茎切片晒干后称“片姜黄”，根茎煮熟后晒干称“温莪术”，块根为“温郁金”。

莪术 *C. phaeocaulis* Valeton，块根断面浅绿色或近白色，根茎断面黄绿色至墨绿色；叶鞘下端常为褐紫色；穗状花序先叶或与叶同时从根茎上抽出。主根茎为中药“莪术”的来源之一，块根为中药“绿丝郁金”。

广西莪术 *C. kwangsiensis* S. K. Lee & C. F. Liang，块根断面白色，根茎断面白色或微黄色；叶片两面密被粗柔毛，沿中脉两侧有紫晕；穗状花序先叶或与叶同时从叶鞘中央抽出或从根茎上抽出；花冠粉红色。主根茎为中药“莪术”的来源，块根为中药“桂郁金”的来源。

川郁金 *C. sichuanensis* X. X. Chen，块根断面浅黄色至白色；叶两面具毛茸；圆锥状穗状花序于根茎上抽出；花冠淡粉红色。块根为中药“黄白丝郁金”。

③ **砂仁**（阳春砂仁、春砂仁）***Amomum villosum* Lour.**，多年生草本，根茎匍匐。叶片长披针形，先端渐尖呈尾状或急尖，叶鞘上有凹陷的方格状网纹，叶舌半圆形。花葶从根茎上生出；穗状花序，球状；花冠3裂，裂片白色，唇瓣圆匙形，先端2裂，白色，中脉黄色

而染紫斑；侧生退化雄蕊呈细小的乳状凸起，雄蕊 1 个，药隔顶端附属体半圆形，两侧有耳状突起；子房下位，3 室，每室胚珠多数。蒴果椭圆形，熟时紫色，有刺状突起。种子多角形，有浓郁的香气（图 9-132）。**药用部位：**果实（砂仁）。**功效：**化湿开胃、温脾止泻、理气安胎。**海南砂仁** ***Amomum longiligulare*** **T. L. Wu**，叶舌长 1.5 ～ 3.5cm，蒴果卵圆形，具钝三棱，被片状、分裂的短柔刺，果实不饱满（图 9-133）。

图 9-132　砂仁

④ **白豆蔻** ***Amomum kravanh*** **Pierre ex Gagnep.**，多年生草本。茎丛生，茎基叶鞘绿色。叶 2 列，叶片卵状披针形，先端尾尖，近无柄；叶舌圆形；叶鞘口及叶舌密被长粗毛；穗状花序自根状茎上发出；总苞片三角形，麦秆黄色，具明显的方格状网脉；小苞片管状，一侧开裂；花萼管状；花冠管裂片 3，白色，唇瓣椭圆形，内凹，中央黄色；雄蕊 1，药隔附属体 3 裂；子房下位，柱头杯状，先端具缘毛。蒴果近球形，果皮木质，易开裂成 3 瓣。原产于柬埔寨和泰国，我国云南与海南有栽培。**药用部位：**种子和果皮。**功效：**理气宽中、开胃消食、化湿止呕，亦作芳香健胃剂。

⑤ **益智** ***Alpinia oxyphylla*** **Miq.**，多年生丛生草本，全株具辛辣味。根茎横走，发达。叶 2 列，叶片披针形，边缘有脱落性的小刚毛；叶柄短，叶舌膜质，2 裂，被淡棕色柔毛。总状花序顶生，花蕾时包在一鞘状苞片内，因此益智常被称为戴帽子的植物。花白色，花冠裂片 3；唇瓣倒卵形，粉白色而具红色脉纹，先端皱波状；侧生退化雄蕊钻状，雄蕊 1，花

图 9-133　海南砂仁

图 9-134　益智

丝扁平，药隔先端具圆形鸡冠状附属物；子房下位，3 室，胚珠多数，密被茸毛。蒴果鲜时球形，干时纺锤形，果皮上有隆起的维管束条纹。种子被有假种皮，淡黄色（图 9-134）。**药用部位：**果（益智仁）。**功效：**温脾止泻、摄唾、暖肾、固精缩尿。

⑥ **高良姜 *Alpinia officinarum* Hance，**多年生草本。根茎圆柱形，节处具环形膜质鳞片，芳香。叶片线形，无柄；叶舌披针形，薄膜质。总状花序顶生，花序轴被绒毛；苞片极小；花冠白色有红色条纹，花冠裂片 3，外被短柔毛，唇瓣卵形，浅红色，中部具紫红色条纹；雄蕊 1，药隔先端无附属体；子房下位，密被绒毛。蒴果球形，熟时红色（图 9-135）。**药用部位：**根状茎。**功效：**温胃、散寒、行气、止痛。

本科药用植物还有：**大高良姜**（红豆蔻），果实称为红豆蔻；**海南山姜**（草蔻、草豆蔻），果实称为草豆蔻、**草果**等。

课堂技能训练

观察砂仁：性状、茎。

图 9-135　高良姜

7. 兰科

$⚥\uparrow\ P_{3+3}A_{1\sim 2}\overline{G}_{(3:1:\infty)}$

【本科识别特征】多年生**草本**。陆生、附生或腐生。通常具根状茎或块茎。茎直立、攀援或匍匐状。单叶互生，基部常具抱茎的叶鞘，有时退化成鳞片状。花单生或排成总状、穗状或圆锥花序；花两性，稀单性，**两侧对称；**常因子房呈 180° 扭转，而使**唇瓣位于下方；花被片 6，2 轮，外轮 3 枚为萼片，花瓣状，**离生或部分合生；中央 1 片中萼片常凹陷而与花瓣靠合成盔状，两枚侧萼片略歪斜；内轮 3 枚花被片，两侧的为花瓣，**中央 1 片特化为唇瓣，**唇瓣常 3 裂或有时中部缢缩而分为上唇与下唇两部分。基部有时有具蜜腺的囊或距。**雄蕊与雌蕊合生成合蕊柱**（蕊柱）；能育雄蕊 1 枚，稀 2 ～ 3 枚；柱头常 2 或 3 裂；花药通常 2 室，花粉黏合而成为**花粉块。子房下位，1 室，侧膜胎座。蒴果，**三棱状圆柱形或纺锤形。种子极多，微小。

【药用植物】约 1000 属，20000 种，广布世界各地，主产于热带地区。我国约 171 属，1200 余种，南北均产，而以云南、海南、广西、台湾的种类最丰富；药用 76 属 287 种。

① **天麻 *Gastrodia elate* Bl.，**多年生腐生草本，不含叶绿素。块茎长椭圆形，肥厚，有环节。茎单一，直立，淡黄褐色或带赤色。叶鳞片状，膜质，无叶绿素，基部呈鞘状，抱茎。

总状花序顶生；花多数淡黄色，花冠下部壶状，上部歪斜；唇瓣白色，3裂，中裂片舌状，具乳突，边缘不整齐，上部反曲，基部贴生于花被筒内壁上，侧裂片耳状；合蕊柱顶端有2个小的附属物；能育雄蕊1枚；子房下位，子房柄扭转。蒴果。种子极多，细小（图9-136）。**药用部位：** 块茎。**功效：** 平肝、息风止痉。

图9-136　天麻

② **石斛**（金钗石斛）***Dendrobium nobile* Lindl.，** 多年生附生草本。茎丛生，圆柱形，多节，稍扁，黄绿色，又名“扁草”，茎基部膨大成蛇头状或卵球形。叶互生，长圆形，无柄，具抱茎的鞘。总状花序；每花序有花2～3朵，总梗基部有膜质鞘1对；花大而艳丽，花萼与花瓣均粉红色，唇瓣宽卵形，近基部中央有一个深紫色大斑块，蕊柱绿色。附生于树干或岩石上。**药用部位：** 茎，称“金钗石斛”。**功效：** 滋阴清热、益胃生津。

同属植物我国有63种，一半以上可供药用。其中**霍山石斛、流苏石斛、鼓槌石斛、美花石斛、束花石斛、铁皮石斛**（图9-137）等的茎也作“石斛”用。

图9-137　铁皮石斛

③ **白及** ***Bletilla striata*（Thunb. ex A. Murray）Rchb. f.，** 多年生草本。块茎短三叉状，具环痕，断面富黏性。叶3～6片，披针形，基部下延成鞘状抱茎。总状花序顶生，有3～8多花，花淡紫红色，唇瓣3裂，上面有5条纵皱褶；合蕊柱顶部生1雄蕊，药室中共有花粉块8个。蒴果（图9-138）。**药用部位：** 块茎。**功效：** 收敛止血、消肿生肌。

图 9-138　白及

本科药用植物还有：**杜鹃兰**、**石仙桃**，其假鳞茎能养阴清肺、化痰止咳；**独蒜兰**，其假鳞茎（山慈姑）能清热解毒，治淋巴结核和蛇虫咬伤；**斑叶兰**（银线盘），能清热解毒、润肺止咳、消痈肿、补虚。

课堂技能训练

观察石斛：茎、花。

第三节　其他非重点科药用植物

1. 列当科

肉苁蓉 ***Cistanche deserticola*** **Ma**，列当科肉苁蓉属高大草本植物。肉苁蓉大部分生长在地下，茎从下向上渐变细；叶片为宽卵形，茎部上部的较稀疏狭窄，一般为披针形；花序穗状，花瓣边缘常常外卷，淡黄白色或淡紫色，变干后常变为棕褐色；果实卵球形；种子椭圆形或近卵形，外面网状，有光泽（图 9-139）。因肉苁蓉是肉质植物，药性从容和缓，故名“肉苁蓉”。肉苁蓉主要分布在中国内蒙古、宁夏、甘肃及新疆地区。肉苁蓉为寄生植物，寄主为梭梭和白梭梭等。适生长于沙漠环境中。**入药部位：**带鳞叶的肉质茎。**功效：**补肾助

图 9-139　肉苁蓉

阳、强阴益精、润肠通便。

2. 薯蓣科

薯蓣 ***Dioscorea polystachya* Turcz.**，薯蓣科薯蓣属植物。茎为长圆柱形，垂直生长；叶在茎下部互生，在中上部有时对生；花序轴呈“之”字状，苞片和花被片有紫褐色斑点；果实为三棱状扁圆形或三棱状圆形，有白粉（图 9-140）。**入药部位：**根茎入药称为“山药”。**功效：**固精止带，益气养阴。备注：《中国药典》中薯蓣的拉丁文为 *Dioscorea opposita* Thunb.。

图 9-140　薯蓣

3. 山茱萸科

山茱萸 ***Cornus officinalis* Siebold & Zucc.**，山茱萸科山茱萸属落叶乔木或灌木。其树皮灰褐色；小枝细圆柱形，无毛或稀被贴生短柔毛；冬芽顶生及腋生，卵形至披针形，被黄褐色短柔毛；叶对生，纸质，卵状披针形或卵状椭圆形，叶柄细圆柱形；伞形花序生于枝侧，卵形，厚纸质至革质，总花梗粗壮，花小，两性，先于叶开放，花梗纤细；核果长椭圆形，红色至紫红色，核骨质，狭椭圆形（图 9-141）。**入药部位：**果肉入药。**功效：**补益肝肾，收敛固涩。

图 9-141　山茱萸

4. 马钱科

马钱子 ***Strychnos nux-vomica*** **L.**，马钱科马钱属乔木植物。树干直立，粗壮；树皮灰色，枝条幼时被微毛，老枝脱落；叶对生，圆形至宽圆形；圆锥状聚伞花序腋生，花较小，灰白色，花萼绿色，花柱圆柱形，无毛，柱头头状；浆果圆球形，熟时橙黄色；种子扁圆盘状，表面灰黄色，密被银色绒毛（图 9-142）。李时珍谓："状如马之连钱，故名马钱。"**入药部位：**成熟种子。**功效：**具有散结消肿、通络止痛的功效，具大毒，炮制后入丸散用。

图 9-142 马钱子

5. 使君子科

① **诃子** ***Terminalia chebula*** **Retz.**，使君子科榄仁属植物，高可达 30m，径可达 1m，树皮灰黑色至灰色。叶互生或近对生，叶片卵形或椭圆形至长椭圆形。穗状花序腋生或顶生，有时又组成圆锥花序。核果，坚硬，卵形或椭圆形，青色，成熟时黑褐色（图 9-143）。诃子分布于越南（南部）、老挝等亚洲国家。中国云南西部和西南部有天然分布的诃子。中国广东、广西（南宁）有栽培。**入药部位：**干燥成熟果实。**功效：**涩肠止泻、敛肺止咳、降火利咽。

图 9-143 诃子

② **使君子** ***Combretum indicum*** **(L.) Jongkind**，使君子科风车子属木质藤本植物。单叶对生，叶片卵形或椭圆形；伞房式穗状花序顶生；花冠初放时白色，后转为红色，芳香；果实长卵形或椭圆形；成熟后外果皮黑褐色；种子白色，圆柱状纺锤形（图 9-144）。相传，为了纪念古代潘州郭使君医生独用此药治疗儿童疾患且疗效很好的事迹，后人特意把它称为"使君子"。使君子原产于东南亚地区、印度，适合中国华南地区栽培。**入药部位：**干燥成熟果实，**功效：**杀虫消积。

6. 椴树科

破布叶 ***Microcos paniculata*** **L.**，俗名布渣叶，灌木或小乔木，树皮粗糙。幼枝被毛。叶薄革质，卵状长圆形，先端渐尖，基部初两面被星状柔毛，后脱落无毛，3 出脉的两侧脉由基部生出，向上过中部，边缘有细锯齿；托叶线状披针形。顶生圆锥花序被星状柔毛；苞片披针形；花梗短；萼片长圆形，被毛；花瓣长圆形。核果近球形或倒卵圆形（图 9-145）。入

图 9-144　使君子

图 9-145　破布叶

药部位：叶入药，称为“布渣叶”。**功效**：常用于感冒发热、黄疸、食欲不振、消化不良、脘腹胀痛、泄泻、疮疡、蜈蚣咬伤。注：在 APG Ⅳ系统中，归为锦葵科。

7. 鸢尾科

① **射干** ***Belamcanda chinensis*** **(L.) Redouté**，鸢尾科射干属多年生草本植物。根状茎为不规则的块状，斜黄色或黄褐色；花橙红色，散生紫褐色的斑点；花药呈条形；子房下位，倒卵形；蒴果倒卵形或长椭圆形；种子圆球形，黑紫色，有光泽（图 9-146）。射干，在《荀子 · 劝学篇》中就有记载：“西方有木焉，名曰射干，茎长四寸，生于高山之上，而临百仞之渊。”**入药部位**：根茎。**功效**：清热解毒，消痰，利咽。

② **番红花** ***Crocus sativus*** **L.**，鸢尾科番红花属的多年生草本。球茎扁圆球形，直径约 3cm，外有黄褐色的膜质包被。叶基生，9 ～ 15 枚，条形，灰绿色，边缘反卷；叶丛基部包有 4 ～ 5 片膜质的鞘状叶。花茎甚短，不伸出地面；花 1 ～ 2 朵，淡蓝色、红紫色或白色，

有香味；花被裂片6，2轮排列，内、外轮花被裂片皆为倒卵形；雄蕊直立，长约2.5cm，花药黄色，顶端尖，略弯曲；花柱橙红色，长约4cm，上部3分枝，分枝弯曲而下垂，柱头略扁，顶端楔形，有浅齿，较雄蕊长。蒴果椭圆形（图9-147）。**入药部位：**干燥柱头入药，**功效：**活血化瘀，凉血解毒，解郁安神。

图9-146　射干

图9-147　番红花

8. 百部科

① **百部**（蔓生百部）***Stemona japonica*（Blume）Miq.**，百部科百部属多年生攀援性草本植物。地下根为块状根，成束，肉质，为长纺锤形；茎较长；叶为卵形、卵状披针形，顶端渐尖或锐尖，叶有叶柄；花梗紧贴叶片中脉生长，花单生或数朵排列成总状花序；蒴果卵形，稍扁，表面暗红棕色；种子椭圆形，紫褐色。

② **直立百部 *Stemona sessilifolia*（Miq.）Miq.**，百部科百部属亚灌木。块根纺锤状；茎直立，不分枝；叶常轮生，卵状椭圆形或卵状披针形，先端锐尖，基部收窄为短柄或近无柄；花梗外伸，花斜举，雄蕊紫红色，花丝短，子房三角状卵形。

③ **对叶百部**（大百部）***Stemona tuberosa* Lour.**，百部科百部属植物。块根通常纺锤状，长

达 30cm。茎常具少数分枝。叶对生或轮生，极少兼有互生，卵状披针形、卵形或宽卵形。花单生或2～3朵排成总状花序，生于叶腋或偶尔贴生于叶柄上。蒴果光滑，具多数种子（图9-148）。

以上三种植物均为《中华人民共和国药典》中百部的基源植物，以块根入药，具有润肺下气、止咳、杀虫灭虱的功效。

图 9-148　对叶百部

9. 桑寄生科

桑寄生（川桑寄生）***Taxillus sutchuenensis*（Lecomte）Danser**，桑寄生科钝果寄生属常绿小灌木。茎枝较粗，呈圆柱形，表面红褐色或灰褐色，有细纵纹，嫩枝有棕褐色茸毛；叶多卷曲，具短柄，叶片呈椭圆形，黄褐色，幼叶被细茸毛；花朵较小，淡黄色，花冠较大，柱头黄色（图 9-149）。桑寄生原产于中国，在广西、湖北、河南、贵州等地均有生长，在缅甸、菲律宾等国家也有分布，多生长在山地里的阔叶林中。**入药部位：**干燥带叶茎枝。**功效：**祛风湿，补肝肾，强筋骨，安胎元。

图 9-149　桑寄生

模块三

药用植物资源

第十章

药用植物资源分布与中药生产

第一节　中国药用植物的分布

我国幅员辽阔，自然环境复杂，蕴藏着极为丰富的药用植物资源。根据第三次全国中药资源普查分析，我国的药用植物资源分布于385科2312属，其中藻菌植物约300种，地衣类药用植物55种，苔藓植物约90种，蕨类植物455种，裸子植物126种，被子植物10027种。它们分布在寒带、温带、亚热带和热带的各种植被类型和人工栽培区域内，其中有些药用植物为我国所特有，如人参、杜仲、银杏等。根据我国气候特点、土壤和植被类型，以及药用植物的自然地理分布等，将药用植物生长区域分为东北、华北等八个区。

一、东北区

本区包括黑龙江、吉林、辽宁三省东部和内蒙古自治区的东北部。本区全部由山地构成，森林覆盖率达60%～80%，药用植物资源较多，以温带成分为主，如兴安升麻、白头翁、龙牙草等。这一地区尚有第三纪孑遗植物，如黄檗、五味子等。我国道地药材中的“关药”多产于本区。

1. 大兴安岭地区

大兴安岭地区位于我国最北部，与俄罗斯东部西伯利亚相邻，包括黑龙江省大兴安岭的全部地区和内蒙古自治区呼伦贝尔市的部分地区。大兴安岭北部地区气候寒冷，南部（伊勒呼里山以南）虽然温度稍高，但植物种类也不多。

大兴安岭地区药用植物有500余种，主要有兴安杜鹃、西伯利亚小檗、杜香、芍药、升麻、苍术、兴安薄荷、黄芪、红花鹿蹄草、防风、大叶龙胆（秦艽）、三花龙胆、野罂粟、北柴胡、少量五味子等。

2. 东北地区

东北地区习称“长白区”，以长白山为中心，南达丹东—沈阳沿线，西至双辽—齐齐哈尔沿线，北抵黑龙江流域，包括黑龙江、吉林、辽宁东部的地区。本区分布有刺五加、五味子、人参、细辛、天麻、党参、关木通、北马兜铃、铃兰、库页红景天、山丹、条叶龙胆、毛茛、芦苇、山梗菜、睡菜等。

二、华北区

本区包括辽东半岛、山东半岛丘陵、淮海平原、辽河下游平原以及西部的黄土高原和北部的冀北山地。华北地区植物起源于北极第三纪植物区系，由于没受到大规模冰川的直接影响，因此残留了很多种类，药用植物有文冠果、臭椿、构等。许多起源于热带的喜马拉雅和西南的植物经西北达华北，如药用大黄、大叶龙胆等，尚有欧亚大陆草原成分，如蒺藜，东北长白区系成分，如刺五加、蒙古栎等。该区是我国道地药材中“北药”的产区。

1. 辽宁、山东半岛低山丘陵地区

辽东、山东两半岛隔渤海相望，植被类型相似，地区性植被以赤松、辽东栎（蒙古栎）、麻栎为主，伴有天女花、山胡椒、三桠乌药等。大片的荒山主要由灌丛和草丛所占，常见的种类有荆条、酸枣、胡枝子、河北木蓝、细叶小檗、枸杞等。草本植物以黄背草、白羊草最占优势。本区与日本中北部、韩国区系有密切联系。

2. 淮海平原及辽河下游平原地区

本区包括华北平原及辽河下游平原，华北平原是海河、黄河、淮河等河流共同堆积的大平原。各地常见的乔木树种有旱柳、垂柳、加杨、毛白杨、侧柏、刺槐、槐等。主要灌木有荆条、胡枝子、酸枣、紫穗槐、柽柳、锦鸡儿等。这一地区由于人口密集和长期开发利用，野生药用植物种类不多，主要有酸枣、黄芩、知母、栝楼、菟丝子、香附子等。此外，大面积栽培植物还有地黄、金银花（忍冬）、怀牛膝、连翘、薯蓣、芍药、北沙参（珊瑚菜）、菘蓝、丹参、枸杞、紫菀等。本区的武陵、博爱、沁阳等地是“四大怀药”（地黄、山药、菊花、牛膝）的传统产地。

3. 黄土高原地区

黄土高原地区包括黄土高原、冀北山地（辽西低山丘陵、冀北山地、晋北山间盆地）。黄土高原位于太行山以西，伏牛山、秦岭以北，恒山、长城以南，乌鞘岭以东，包括陕西中北部、山西大部、甘肃中东部、宁夏南部及青海东部。这一地区原生植被多被破坏。在山区可见有辽东栎、山杨、白桦、油松、侧柏等组成的森林植被。林下灌木主要有胡枝子、连翘、金银忍冬、笐子梢、沙棘、蒙古荚蒾、黄刺玫、多花玉兰、野皂荚、六道木、小叶锦鸡儿、黑榆等；林下药用草本植物有桃儿七、淫羊藿、龙牙草、玉竹、黄精、北柴胡、苍术、地榆、羽叶三七（疙瘩七）、羌活、党参等；生于山坡、草甸的药用植物有伏毛铁棒锤、大叶龙胆、远志、百里香、甘肃黄芩、半夏等。栽培药用植物有党参、掌叶大黄、鸡爪大黄、沙苑子（蔓黄芪）等。

三、华东区

本区是指巫山、雪峰山以东，秦岭（东段）、淮河以南，南岭山脉以北的广大亚热带东部地区。包括江西、浙江两省和上海市的全部，湖南、湖北、安徽、江苏、福建等省的大部和广东、广西北部地区。

本区是我国道地药材“浙药”和部分“南药”的产区。如浙江主产的浙贝母、麦冬、玄参、白术、白芍、菊花、延胡索、温郁金，以“浙八味”著称，浙江厚朴，习称温朴。本区代表药用植物还有安徽的“四大皖药”（白芍、菊花、茯苓、牡丹皮），皖西的茯苓，滁州的滁菊，歙县的贡菊，铜陵、南陵的牡丹皮（凤丹），霍山石斛，宣城的木瓜，江苏的苏薄荷、茅苍术，湖北大别山的茯苓，闽北的建莲、建泽泻、厚朴，闽东的栝楼、陈皮，闽西的乌梅，江西的江枳壳，丰城鸡血藤等，此外尚有太子参、明党参、丹参、茵陈、半夏等。

1. 江淮丘陵山地地区

本区由南阳 - 襄樊盆谷、桐柏山 - 大别山山地、江淮丘陵岗地等组成。本区既是我国南方植物区系的北界，又是某些北方植物分布的南界，是落叶阔叶林逐步过渡到落叶阔叶 - 常绿阔叶混交林的地区，以落叶栎类为主，主要有栓皮栎、麻栎、槲栎等，常绿树种有细叶青冈、青冈、冬青、樟树等。山地丘陵还有大面积的黄荆灌丛，以及映山红、茅栎、化香等组成的次生灌丛。药用植物多分布在 500 ～ 1000m 的山地或丘陵山地。主要有山茱萸、侧柏、乌药、茯苓、华东菝葜、苍术、射干、半夏、辛夷、霍山石斛等。

2. 长江中游丘陵平原地区

本区由洞庭湖平原、鄱阳湖平原、江汉平原和鄂皖沿江丘陵、平原等组成。本区湖泊星罗棋布，水生植物十分丰富，其中有莲、芡、睡莲、眼子菜、荇菜等；浅水植物有水烛、黑三棱、苹（蘋）、菖蒲等；浮水植物有槐叶蘋、浮萍、满江红等。丘陵地区的草本药用植物有丹参、益母草、蔓荆、柳叶白前、芫花白前、茵陈蒿、牛膝等。藤本药用植物有三叶木通、百部、海金沙、何首乌等。

本区适用于多种药材的栽种，仅沪、浙、宁等地栽培的药用植物就达 1000 种，主要有地黄、山药、独角莲、温郁金、芍药、牡丹、白术、薄荷、延胡索、百合、天冬、杭菊花、红花、白芷、藿香等。

3. 钱塘江、长江下游山地平原地区

本区主要由苏中平原、苏浙太湖平原和丘陵山地构成。本区药用植物资源丰富，沿海滩涂有猪毛菜、滨蒿、蒲公英、罗布麻、芦苇、白茅、香附子等；江河湖泊中有莲、芡、菖蒲、黑三棱、泽泻、苹、浮萍、眼子菜等；平原地区有藜、青葙、夏枯草、蛇床等；丘陵山地有三尖杉、粗榧、乌药、狗脊（金毛狗）、华中五味子、葛、前胡等。

本区主要是冲积平原的耕作区，由于气候适宜、土质好，适于多种药材的栽种，主要有浙贝母、太子参、菊花（杭菊）、延胡索、白术、木瓜、山茱萸、薄荷、玄参、明党参、丹参、栀子、百合、白芷、天冬、番红花等。

4. 江南低山丘陵地区

江南山地广阔，主要药用植物有厚朴、吴茱萸、贴梗海棠、钩藤、杜仲、银杏、大血藤、木通、乌饭树（南烛）、淡竹叶、前胡、翠云草、桔梗、阔叶麦冬（短莛山麦冬）、浙

贝母、泽泻、金银花、明党参、杭白芷等。还引种栽培了党参、川芎、防风、怀牛膝、补骨脂、云木香、宁夏枸杞等。

本区热带成分显著增加，锥属种类占有很大优势，青冈属退居次要地位，而以热带种类的青冈属植物居多，如毛果青冈、栎子青冈等。樟科植物也有增加。在南岭山地南坡湿热的沟谷地中，常出现树木有板状根和茎花的现象。木质藤本植物很多，并有相当数量的热带成分，如鹰爪花、紫玉盘等。药用植物有肉桂、八角、花叶山姜、大高良姜（红豆蔻）、狗脊、淡竹叶、龙眼、巴戟天、广防己等。

四、西南区

西南区位于我国西南部，包括秦巴山地、四川盆地、云贵高原及部分横断山地。本区是北方暖温带落叶林与南方亚热带常绿阔叶林的过渡地带，大部分植被属亚热带常绿阔叶林，以壳斗科的常绿树种为主，只有秦巴山地、汉水谷地属于北亚热带常绿与落叶阔叶混交林。林中有较多热带林的种类混生，使本区出现南亚热带和热带植被类型交错现象。本区处在古北极和古热带植物区系的相交地带，受第四纪大陆冰川的影响较小，保留了许多第三纪以前的孑遗植物，如杜仲、厚朴等。本区是我国道地药材“川药”“云药”“桂药”和部分“广药”的产区，其药材素有“川广云贵道地药材”之称。

1. 巴山地区

本区包括秦岭、大巴山地以及其间的汉水谷地。本区位于我国亚热带的最西北角，北部为秦岭，南部为大巴山，向东进入湖北境内为神农架。由于本区北有秦岭屏障，南有大巴山和神农架，因此植物区系丰富多彩，具有许多特有科属，如甘肃瑞香（唐古特瑞香）、秦岭丁香（小叶巧玲花）等。

秦岭一带的药用植物资源丰富，据调查有 241 科 994 属，主要有太白贝母、黄芪、金翼黄芪、岩黄芪（红花羊柴）、太白岩黄芪、猪苓、华中五味子、天麻、杜仲、远志、山茱萸、党参、桃儿七等。神农架素有“植物宝库”之称，有药用植物 1800 多种，如黄连、天麻、杜仲、厚朴、八角莲、小丛红景天、延龄草、重齿当归、南方山荷叶等。本区栽培药用植物有 60 余种，主要有：当归，已有 1500 多年的栽培历史，主产于岷县、武都、漳县等地；天麻，主产于汉中及秦巴山地；杜仲，皮细、张大、肉厚；黄连、党参、多序岩黄芪、掌叶大黄等驰名中外。

2. 四川盆地地区

本区包括四面环山的四川盆地、高山深谷和河流两侧农垦区。典型植被为以壳斗科、樟科、山茶科、木兰科和山矾科等植物为主的亚热带常绿阔叶林及以松科、杉科、柏科为主的亚热带常绿针叶林和亚热带竹林。

海拔 1000m 以下的盆地底部是栽培药材的重要基地，如渠县、中江的芍药，石柱的黄连，江油的川乌（乌头），合川的使君子，灌县、崇州的东方泽泻、川芎，绵阳的麦冬，叙永、珙县的巴豆，垫江、长寿的牡丹，中江、金堂的丹参，南川、重庆的枳实，中江的荆芥、薄荷，内江、达县的红花等。

在海拔 2000m 以下的常绿阔叶林，分布有多种药用植物，如黄皮树（川黄檗）、青荚叶、小通草（西域旌节花）、朱砂根、七叶一枝花、有柄石韦、贯众、川桂、山胡椒、山苍子、麦冬、何首乌、海金沙及狗脊等。

3. 云贵高原地区

本区是青藏高原向贵州高原山地丘陵过渡的斜坡地带，包括川西南山地、云南高原大部。由于地形复杂，气候多变，本区的植被类型明显不同。

海拔 800m 以下的深谷属南亚热带干旱、半干旱气候，植被以稀树灌丛草原为主，药用植物有木蝴蝶、仙人掌等；在低、中山常绿针叶林中，药用植物有芒萁、海金沙、茯苓、滇黄芩、柴胡、连翘叶黄芩等。

海拔 2000m 以下的常绿阔叶林，药用植物有川桂、黄皮树、刺黄柏（细柄十大功劳）、鹅掌柴、西域旌节花、白木通、风龙、七叶一枝花、麦冬、贯众等。

海拔 2100 ～ 2600m 的中山常绿阔叶与落叶混交林，药用植物较丰富，主要有杜仲、天麻、枸骨、升麻、峨参、黄毛楤木、鹿蹄草等。

海拔 2600 ～ 3500m 的亚高山常绿针叶林内有羌活、宽叶羌活、岩白菜、珠子参、蒙自藜芦等；在亚高山灌丛和亚高山灌丛草甸主要有贝母、药用大黄、秦艽、冬虫夏草、云木香、白亮独活、多种绿绒蒿、多种乌头、多种小檗、多种龙胆等。

海拔 4500m 以上的高山流石滩植被中，生长有高山独特的药用植物，如梭砂贝母、雪莲花、绵参、全缘兔耳草等。

本区栽培药用植物主要有三七、当归、川贝母、茯苓等，茯苓商品质量以体坚实、个大、圆滑、不破裂为佳，著称“云苓”。

4. 川黔湘鄂山地丘陵地区

本区是云贵高原东部及其延伸地带，包括四川、贵州、湖南、湖北四省的部分地区。区内地形复杂，受冰川破坏较小，植物区系成分和植被类型特别丰富，以亚热带区系成分为主，伴有温带、南亚热带植物区系成分，古老孑遗植物和珍稀树种很丰富，如珙桐属、山白树属、串果藤属、水杉属、鹅掌楸属、领春木属植物均有分布，是我国最大的油桐、乌桕、生漆产区及油茶产区。

药用植物近 4000 种，在海拔 1300m 以下的常绿阔叶林中有巴东木莲、鹅掌楸、银杏、石楠藤、枇杷、女贞、天师栗、樟等。海拔 1300 ～ 2000m 的常绿落叶阔叶混交林中有红豆杉、粗榧、华中五味子、乌药、延龄草、淡竹叶等；还有青蒿、盐肤木、木姜子、乌桕、葛、桑树、前胡、南沙参、单叶淫羊藿、龙胆、黄精、紫菀、土茯苓等。本区民族药亦较多，主要有紫金牛、华南落新妇（大落新妇）、小花清风藤等。

5. 黔桂山原丘陵地区

本区是云贵高原东南缘向广西丘陵盆地过渡的斜坡地带，包括滇东南岩溶山原，黔西南山地丘陵，桂西北、桂北及桂东北山地丘陵。

本区是我国最典型的岩溶（喀斯特）地区，桂林山水、路南石林等是我国亚热带地区岩溶地貌的胜地。本区为亚热带常绿阔叶林，药用植物有 3000 多种，以滇、黔、桂及华南植物区系成分为主，并有华中和华东成分。

主要药用植物有华南羽节紫萁、狗脊、华北石韦、十大功劳、两面针、何首乌、路路通（枫香树）、鹅不食草（石胡荽）、土萆薢、百部、香附子、白茅根、虎杖、巴豆、轮叶沙参、木蝴蝶、美花石斛、束花石斛、倪藤（买麻藤）、飞龙掌血、大丁草、蜘蛛香、通关藤（通光散）等。

栽培药用植物有60多种，主要有艾纳香、肉桂、金银花、罗汉果、灵香草等。三七在本区文山等地有数百年栽培历史。

6. 横断山、东喜马拉雅山地区

本区位于我国西南边疆，是青藏高原东南向云南高原山地过渡的斜坡地带。本区因交通不便，人类活动较少，自然生态保护完整，药用植物种类繁多，约有4000种。

主要有川贝母、珠子参、雪莲花、重楼、冬虫夏草、天麻、胡黄连、达乌里黄芪、蕨叶藁本、雪茶、滇豆根、绿绒蒿、甘松、丽江山慈姑、单叶细辛、单叶铁线莲、云南金莲花、岩白菜、甘青青兰、地不容、大株红景天等。

栽培药用植物当归，栽培历史久远，商品当归具个大、肉质、体坚实、味香浓、色白肥润、油性足的特点，有“云归头”的美称，运销海外，此外尚有木香、胡黄连等。

五、华南区

华南区位于我国最南部，是世界热带的最北界，本区西北高，东部低。典型植被是常绿的热带雨林 - 季雨林和南亚热带季风常绿阔叶林。植物以热带区系成分为主，以桃金娘科、番荔枝科、樟科、龙脑香科、肉豆蔻科、红树科、棕榈科、猪笼草科植物为特色，并保存了大批古老的科属。

1. 东部地区

本区位于我国东南沿海地区，东起台湾，西至广西百色的岑王老山，包括台南丘陵山地、粤东南滨海丘陵、琼雷台地、桂西南石灰岩山地。

植物区系成分以马来西亚成分为主，也有不少中国 - 日本成分分布。本区是我国道地药材“广药”的产区。主要药用植物有槟榔、儿茶、广防己、粉防己、巴戟天、广豆根、何首乌、高良姜、益智、阳春砂（砂仁）、鸦胆子、柬埔寨龙血树、广藿香、广东金钱草、鸡血藤（密花豆）、肉桂、红花寄生、八角茴香等。

2. 西部地区

本区包括云南南部的峡谷中山地区、西双版纳全部地区和思茅区的西南部、滇西南河谷山地及西藏南部的东喜马拉雅南翼河谷山地。植物种类多为印度 - 缅甸成分，兼有一些中国喜马拉雅和中国热带或亚热带特有的成分。

本区药用植物非常丰富，主要有胡椒、长籽马钱、越南安息香、山茶、槟榔、肉桂、相思子、草果、萝芙木、美登木、鸡纳树、三七、白木香（土沉香）、雪兔子、红景天等。

六、内蒙古区

本区位于我国中北部，包括黑龙江中南部、吉林西部、辽宁西北部、河北北部、山西北部和内蒙古中东部。植物区系成分以多年生、旱生、草本植物占优势，多属亚洲中部成分和内蒙古草原成分，植物种类比较贫乏。

药用植物种类虽少，但每种分布广、产量大，主要有防风、黄芩、赤芍、地榆、三花龙胆、龙胆、甘草、黄精、黄芪、蒙古黄芪、远志、杏、知母、肉苁蓉、草麻黄、中麻黄、木贼麻黄、兴安升麻、银柴胡、蒙古扁桃、漏芦等。

1. 东北平原森林草原地区

本区在我国东北，包括黑龙江南部、吉林西部、辽宁西北部和内蒙古东部。本区植物以内蒙古植物区系为主。北部、东部和南部混有东北及华北植物区系成分，为典型草原区。药用植物主要有甘草、防风、麻黄、桔梗、柴胡、蒙古黄芪、黄芩、苦参、赤芍、知母等。

2. 阴山山地及坝上高原地区

本区位于我国华北北部、内蒙古高原南部，包括河北张家口，承德西北部，保定北部，山西雁北地区，内蒙古呼和浩特市、包头市、鄂尔多斯市东部及乌兰察布市。药用植物约800种，道地药材产量大、质量优，有山西的黄芪，河北的知母，坝上的黄芩、远志，阴山山地的郁李仁等。尚有党参、柴胡、草麻黄、苍术、玉竹、黄精、白头翁、苦参、狼毒等。

3. 蒙古高原地区

本区位于我国北部边疆，包括内蒙古兴安盟、锡林郭勒盟全部及呼伦贝尔市等部分地区。药用植物约600种，主要有蒙古黄芪、知母、芍药、银柴胡、远志、秦艽、防风、地榆、小白花地榆、大白花地榆、桔梗、北苍术、黄芩、黄精、草乌、铃兰、苦参等。

七、西北区

西北区深居内陆，包括新疆、青海、宁夏北部和内蒙古西部，为我国最干旱的地区。本区以亚洲荒漠成分占优势，山地森林以西伯利亚落叶松、雪岭云杉等为主体。本区植被稀疏，有大面积裸露地面，半灌木、灌木荒漠-草原化荒漠区的主要药用植物有甘草、麻黄、肉苁蓉、锁阳、新疆紫草、阿魏、苦豆子等；高山地带有雪荷花、冬虫夏草、羌活、赤芍、新疆党参等；平原、河岸边有盐生草甸、灌丛、胡杨林和荒漠植被，药用植物有甘草、罗布麻、骆驼刺、白刺、锁阳、柽柳、胡杨等。

（一）西北荒漠草原和荒漠地区

本区包括内蒙古西部，宁夏北部，新疆的准噶尔盆地、塔里木盆地，青海的柴达木盆地等。

1. 西部荒漠

本区包括准噶尔盆地西部和塔城、伊犁谷地一带。药用植物主要有弯果胡卢巴、尖喙牻牛儿苗、准噶尔山楂、新疆阿魏、伊贝母、准噶尔乌头、猪毛菜等。

2. 东部荒漠

本区包括准噶尔盆地东部和南部阿拉善、马鬃山-诺敏戈壁、东疆噶顺戈壁、塔里木和柴达木一带。药用植物主要有宁夏枸杞、锁阳、沙苁蓉、肉苁蓉、甘草、麻黄、新疆紫草（软紫草）等。

（二）西北山地地区

西北山地地区包括天山、阿尔泰山及祁连山等，位于草原或荒漠地区内。天山地区植物比较丰富，大约有2500种，主要药用植物有200多种，其中有天山贝母、黄芪、新疆紫草、新疆党参、雪莲花、圆叶鹿蹄草、新疆缬草等。

阿尔泰山地药用植物有全裂叶阿魏、阿勒泰橐吾、阿尔泰金莲花、茴香叶黑种草、红景天、阿尔泰乌头、异叶青兰（白花枝子花）等。

祁连山地区约有植物1200种。其中药用植物主要有唐古特大黄、甘肃贝母、水母雪兔子、雪莲花、冬虫夏草、高山唐松草、马尿脬、山莨菪、高山龙胆、大叶龙胆、唐古特青兰（甘青青兰）、羌活、甘青乌头、唐古特虎耳草、甘松、红景天等。

八、青藏区

青藏地区是世界著名的高原之一，包括西藏自治区大部、青海省南部、甘肃省东南部、四川省西北部。

植被类型为针阔叶混交林和寒温性针叶林，主要树种为常绿栎类、高山松、多种云杉和冷杉，局部地区有亚热带湿性常绿阔叶林；往西北地势升高，气候寒冷，植被为高寒灌丛和高寒草甸；再往西北为羌塘高原，气候寒冷半干旱，植被为高寒草原和高山荒漠草原；在海拔较低的藏南谷地，其植被为温性草原和温性干旱落叶灌丛；西藏高原的最西北部，地势更高，海拔在5000m以上，气候极为寒冷干旱，有大面积的冻土，植被类型为高寒荒漠。

青藏高原是一个近代地质活跃地区，但植物区系较为复杂，特别是东部和东南部，据调查有维管植物4000余种。

1. 川青藏高山峡谷地区

本区位于青藏高原东南，包括川西北高原、青南高原、甘南高原及藏东高山峡谷，是“世界屋脊”的第一阶梯。

在本区海拔4300m以下的沟谷、山地上，由松、云杉、圆柏、冷杉、高山栎、山杨、红杉等构成的森林中，药用植物有川贝母、羌活、黄芩、天南星、掌叶大黄、多花黄芩、甘松、长花党参（唐松草党参）、柴胡、刺参、萝卜秦艽、天麻等。在海拔2000～5000m的高山灌丛或高山灌丛草甸中，药用植物包括多种马先蒿、高山大戟、高山唐松草、唐古特大黄、银莲花、长花铁线莲、红景天、鼠掌老鹳草、独活、花锚、黄精、长松萝等。在3800～4500m的高原草甸上有冬虫夏草、网脉大黄、川西小黄菊、藏角蒿、兔耳草、乌奴龙胆、珠芽蓼、多种绿绒蒿等。

本区地广人稀、草木繁茂，区中植物资源相当丰富，冬虫夏草、贝母、大黄驰名中外，九寨沟县安乐村（古称刀口坝）所产党参，称为“刀党”。

2. 雅鲁藏布江中游山原坡地区

本区位于青藏高原的中南部，以雅鲁藏布江地段为主体，包括西藏、青海的部分地区。一般海拔在4400m以下的干旱谷区、盆地和山坡上是喜温的亚高山草原和落叶灌丛，主要由欧亚草原成分和喜暖的禾草组成；海拔4400m以上，是适于高寒气候的草原群落和高山常绿针叶灌丛、高山落叶灌丛、高山草甸等，并有零散的垫状群落。本区林木稀少，野生药用植物主要有天麻、胡黄连、山莨菪、角蒿、绿绒蒿等。

从垂直分布来看，山原湖盆地带主要分布有西藏特产的胡黄连、乌奴龙胆、角茴香、兔耳草、梭砂贝母、中麻黄、露蕊乌头、穗序大黄、狼毒、唐古特青兰等。

海拔3000～4000m地区主要有墙草、尼泊尔酸模、柴胡、红景天、喜马红景天、多花黄芪、珠子参、参三七（假人参）、疙瘩七、西藏龙胆、甘西鼠尾草、茄参、松叶辐冠参、萎软紫菀、川西小黄菊、卷鞘鸢尾、水母雪莲等。

海拔 4000 ～ 5000m 地区主要有藏麻黄、掌叶大黄、穗序大黄、甘肃雪灵芝、山蚤缀、船盔乌头、甘青铁线莲、尼泊尔黄堇、长鞭红景天、圣地红景天、云南黄芪、乌头龙胆、长梗龙胆、长花滇紫草、厚叶兔耳草、长叶绿绒蒿、青海马先蒿、齿叶玄参、象南星、西藏延龄草、西南手参、长松萝等。

海拔 5000m 以上地区主要有冬虫夏草、囊距翠雀花、绿绒蒿、绵参、马先蒿、甘松、刺参（刺续断）、川藏沙参、藏沙蒿、苞叶雪莲、星状雪兔子、梭砂贝母、角盘兰、藏黄连（短筒兔耳草）、露蕊乌头等。

3. 羌塘高原地区

本区位于青藏高原的西北部，以羌塘高原为主体，包括西藏、青海部分地区。本区气候寒冷，水量较少，环境恶劣，部分地带仍是“无人区”。

药用植物比较贫乏，在海拔 4000 ～ 5000m 地区主要有云南黄芪、西藏亚菊、棘枝忍冬、车前状垂头菊、藏麻黄、网脉大黄、穗序大黄、三裂碱毛茛、冬虫夏草、川贝母、锁阳、马尿泡、秦艽、高原毛茛等。

在海拔 5000m 以上的高山流石坡、高山流石滩上生长的药用植物主要有山岭麻黄、雪莲花、冬虫夏草、珠芽葱、穗序大黄、多刺绿绒蒿、唐古特虎耳草、雪灵芝、高山葶苈、水母雪莲、鼠曲雪兔子、三指雪兔子等。

由于本区药用植物品种较少，又多为野生，分布不均，且当地气候严酷、环境恶劣，给开发利用带来很大困难。

第二节　主要植物药材的分布

我国位于欧亚大陆东部，东自太平洋西岸，西至亚洲大陆内部，南北跨热带、亚热带、暖温带、温带和寒温带，幅员广阔，自然条件复杂多样。以大兴安岭、阴山、贺兰山至青藏高原东部为界，东南部属于季风气候，受太平洋季风的影响，气候比较湿润，季节变化分明。西南部还受印度洋季风的影响，夏季西南季风沿横断山脉长驱直入，形成干热河谷，使这一地区出现独特的植被类型。西北部为亚洲内陆干旱的荒漠和草原气候，塔里木盆地是亚洲或欧亚大陆的干旱中心，其南面的青藏高原为高寒的高原气候。

不同的自然条件决定了各地药用植物的种类和资源的丰度。黄河以北的广大地区由于气候寒冷干燥，药用植物种类较少，有 1000 ～ 2000 种。长江以南气候温暖湿润，药用植物有 2000 ～ 4000 种。西南地区地形、气候复杂多样，药用植物资源最丰富，有 4000 ～ 5000 种，其中云南省 5050 种、四川省 4350 种、贵州省 4290 种，这一区域种类多、质量优。四川、陕西、湖北三省交界的秦巴山脉，药用资源有 3000 多种，品种齐全，兼有南北药物所长；秦岭是我国南北气候的分界线，药用资源 1500 多种，素有“天然药库”之称。这些地区蕴含着极为丰富的药材资源，有些是著名的道地药材，如东北地区的人参、鹿茸、五味子、细辛、黄柏、龙胆等；西南高山地区的冬虫夏草、贝母、黄连、大黄、三七、天麻等；西北沙漠地带的肉苁蓉、锁阳、麻黄、甘草等；广东、海南的槟榔、胡椒、金线莲、穿心莲等；广大暖温带地区的地黄、银杏、红花、白术、麦冬等。

我国药用植物达 1 万种以上，其中应用范围较广、属于常用和比较常用的约有 500 种。现将主要植物药材的主要产地按省、自治区、直辖市分列如下。

① **黑龙江省：** 人参、黄芪、龙胆、防风、五味子、刺五加、黄柏、北柴胡、穿山龙、细辛、甘草、赤芍、地榆、麻黄、平贝母、草乌等。

② **吉林省：** 人参、平贝母、党参、细辛、黄芪、龙胆、牛蒡子、麻黄、五味子、甘草、防风、桔梗、北柴胡、紫草、苦参、升麻、黄芩等。

③ **辽宁省：** 细辛、五味子、人参、龙胆、黄柏、平贝母、牛蒡子、贯众、桔梗、党参、北柴胡、紫草、赤芍、地榆、防风、黄芩、三棱、郁李仁、秦皮、草乌、北沙参、朝鲜淫羊藿、马兜铃、木贼等。

④ **内蒙古自治区：** 黄芪、甘草、麻黄、银柴胡、防风、升麻、黄芩、肉苁蓉、锁阳、苦参、地榆、苦杏仁、藁本、黄精、龙胆、木贼、地骨皮等。

⑤ **河北省：** 紫菀、白芷、荆芥、知母、金莲花、黄芩、祁菊花、北苍术、柴胡、远志、酸枣仁、板蓝根、枸杞、槐米、红花、北沙参、桔梗、薏苡仁、马兜铃、麻黄、升麻、柴胡、五加皮、蒺藜、白茅根等。

⑥ **山西省：** 党参、黄芪、柴胡、远志、款冬花、地骨皮、秦艽、小茴香、防风、连翘、麻黄、黄芩、知母、猪苓、九节菖蒲等。

⑦ **陕西省：** 丹参、绞股蓝、薯蓣、秦艽、山茱萸、杜仲、酸枣仁、威灵仙、党参、汉中防己、九节菖蒲、天麻、潼蒺藜、牛蒡子、密蒙花、白附子、猪苓、小茴香、款冬花、远志、五倍子、辛夷、花椒、银柴胡、连翘等。

⑧ **甘肃省：** 当归、大黄、甘草、羌活、款冬花、贝母、秦艽、党参、黄芪、锁阳、牛蒡子、天仙子、麻黄、肉苁蓉、远志、苦杏仁、小茴香等。

⑨ **宁夏回族自治区：** 枸杞、麻黄、银柴胡、肉苁蓉、甘草、锁阳、秦艽、羌活等。

⑩ **青海省：** 大黄、贝母、甘草、羌活、秦艽、冬虫夏草、锁阳、肉苁蓉、猪苓等。

⑪ **新疆维吾尔自治区：** 雪莲、新疆紫草、红花、肉苁蓉、麻黄、甘草、贝母、锁阳、木香、阿魏、款冬花、牛蒡子、红景天等。

⑫ **山东省：** 金银花、北沙参、栝楼、天南星、徐长卿、黄芩、山楂、香附、蔓荆子、半夏、茵陈蒿、柏子仁、蒺藜、芡实、白芍、牡丹皮、太子参、昆布、海藻等。

⑬ **河南省：** 菊花、地黄、山药、牛膝、山楂、白附子、冬凌草、槐米、辛夷、茯苓、连翘、红花、补骨脂、金银花、天麻、天南星、五味子、柴胡、白芷、玉竹、杜仲等。

⑭ **安徽省：** 牡丹皮、亳菊、滁菊、贡菊、桔梗、菘蓝、芍药、柴胡、白术、葛根、紫菀、茯苓、石斛、百部、木瓜、栝楼、白前、白薇、独活、青木香等。

⑮ **江苏省：** 菊花、薄荷、银杏叶、何首乌、野马追、半夏、苍术、三棱、夏枯草、太子参、明党参、板蓝根、桔梗、玉竹、洋金花、香橼等。

⑯ **浙江省：** 延胡索、菊花、浙贝母、白术、薏苡仁、益母草、西红花、雷公藤、白芷、芍药、乌药、玄参、麦冬、温郁金、明党参、粉防己、龙胆、前胡、覆盆子、厚朴、山茱萸、地黄、桔梗、百合、三棱、丝瓜络、莪术等。

⑰ **江西省：** 栀子、枳壳、车前子、蔓荆子、夏天无、泽泻、鸡血藤、草珊瑚、覆盆子、荆芥、茵陈蒿、陈皮、枳实、香薷、姜黄、钩藤、杜仲、毛冬青等。

⑱ **福建省：** 泽泻、使君子、姜黄、青皮、薏苡仁、金樱子、狗脊、海风藤、莲子、乌

梅、昆布、海藻、毛冬青等。

⑲ **湖北省：** 茯苓、独活、厚朴、杜仲、射干、湖北贝母、贯叶连翘、宽叶缬草、木瓜、黄连、大黄、续断、连翘、白术、半夏、苍术、天麻、黄精、五倍子等。

⑳ **湖南省：** 玉竹、吴茱萸、乌药、黄精、前胡、金果榄、黄药子、陈皮、金樱子、夏枯草、厚朴、土茯苓、白术、木瓜、辛夷、牡丹皮、白及、百合、栀子、钩藤等。

㉑ **广东省：** 巴戟天、阳春砂仁、广藿香、穿心莲、佛手、溪黄草、化橘红、肉桂、广金钱草、高良姜、山柰、山银花、五爪龙、土茯苓、沉香、何首乌、广防己、诃子、相思子、黄精、玉竹、莪术、姜黄、草豆蔻、马钱子等。

㉒ **广西壮族自治区：** 罗汉果、肉桂、栝楼、何首乌、三七、石斛、八角茴香、吴茱萸、千年健、千层纸、山豆根、天冬、山柰、莪术、郁金、丁香等。

㉓ **四川省：** 川芎、川贝母、附子、天麻、黄连、麦冬、红豆杉、薯蓣、当归、川牛膝、羌活、冬虫夏草、大黄、白芷、杜仲、川木香、泽泻、党参、黄柏、使君子、枳实、枳壳、常山、甘松、巴豆、丹参、独活、郁金、川楝子、佛手、通草、辛夷、厚朴等。

㉔ **重庆市：** 半夏、天冬、黄连、金荞麦、仙茅等。

㉕ **贵州省：** 杜仲、淫羊藿、黄柏、天麻、黄精、艾纳香、半夏、天冬、吴茱萸、五倍子、白及、钩藤、千层纸、银耳、八角茴香、常山、石斛等。

㉖ **云南省：** 云木香、云当归、三七、滇龙胆、青叶胆、滇黄芩、青阳参、茯苓、贝母、猪苓、大黄、天麻、天竺黄、冬虫夏草、黄连、鸡血藤、马钱子、儿茶、佛手、防风、红芽大戟、草果、半夏、诃子、胡椒、芦荟、砂仁等。

㉗ **西藏自治区：** 红景天、冬虫夏草、大黄、羌活、麻黄、贝母、木香、秦艽、胡黄连、甘松、天仙子等。

㉘ **海南省：** 益智仁、槟榔、肉豆蔻、丁香、高良姜、胡椒、金线莲、芦荟、降香、沉香、鸦胆子、砂仁、蔓荆子、草豆蔻等。

㉙ **台湾地区：** 藿香、郁金、槟榔、泽泻、高良姜、胡椒、通草、樟脑、大风子、木瓜、苏木、海风藤、山柰、姜黄等。

第三节　广东中药资源的分布及生产现状

一、广东中药资源分布和区划

（一）广东中药资源的概况

根据20世纪80年代全国中药资源普查资料，广东省中药资源有2645种，其中药用植物2500种，隶属225科1175属；药用动物120种，隶属89科；药用矿物25种。当时编入《广东省中药资源名录》的药用植物有1170种，药用动物有109种，药用矿物有24种，共1303种。

广东地处热带、亚热带，气候温和，雨量充沛，地形复杂，地貌多样，海洋、陆地俱备，适合各种动植物生长，因而中药资源品种多、分布广、产量大，有很多广东特产品种质量好，驰名国内外，素有“广药”之称。

据有关资料统计，广东家种药材产量和野生药材蕴藏量在100万kg以上的大宗品种有194个。历史上所形成的道地药材如广陈皮、广藿香、广佛手、阳春砂仁、巴戟天、沉香、高良姜、化橘红、广地龙、白花蛇等品种，在新中国成立前已远近驰名，行销海内外。

广东家种的主要药材品种有肉桂、檀香、银杏、杜仲、黄柏、厚朴、吴茱萸、蔓荆子、何首乌、山药、泽泻、天花粉、使君子、穿心莲、紫苏、广金钱草、鸡骨草、薄荷、水半夏、干姜、姜黄、山柰、砂仁、黄精、玉竹、龙利叶、芦荟、茯苓、灵芝等。

野生植物中药资源十分丰富，主要有沉香、淡竹叶、山银花、土茯苓、木姜子、海金沙、鸦胆子、白茅根、山芝麻、广防己、毛冬青、金樱子、鱼腥草、香附子、鬼针草、灯心草、南五味子等。

（二）药用植物资源分布

植物的生长发育与生态环境有着密切的关系。广东省虽然没有严寒的冬季，但气候、土壤和植被都呈明显的带状分布。因此，中药资源也有带状分布的现象。现将广东省主要中药品种，按其产地的地理位置和自然条件分述如下。

1. 热带地区

本地区位于广东省西南部的雷州半岛，积温8000～8500℃，长夏无冬。一月份平均温度为15～19℃，年降雨量1500～2500mm，具热带季风气候的特点。地带性土壤为砖红壤。植被类型为热带雨林、热带季雨林、红树林、热带草原和热带海滨砂生植物等。

从垂直分布上看，由于地形、地貌以及植被类型的差异，中药品种分布亦有所不同。雷州半岛海拔在100m以下，地表起伏和缓，是近代玄武岩台地。本地区主要有低丘台地、海滨沙滩和红树林带。

（1）低丘台地　这一地带人口密集，由于长期的开发利用，原始植被已不存在，大部分是人工栽培植被。分布的中药资源有了哥王、大青、山芝麻、天冬、千斤拔、牛大力、鸡骨香、布渣叶、桃金娘、救必应、葫芦茶、广金钱草、土茯苓、海金沙、鸦胆子、倒扣草、马鞭草、白茅根、高良姜、海刀豆、穿破石、五指柑、香薷、独脚金、土丁桂、毛麝香、香附、崩大碗、地胆头、鬼针草等野生品种。栽培品种有广藿香、高良姜、山柰、穿心莲、鸡骨草等。

（2）海滨沙滩　分布于沿海，大多海拔不足10m，环境干热，太阳辐射强烈，土壤受海风和海水的影响而盐分高。主要品种有单叶蔓荆、香附子、马鞍藤、海刀豆、芦荟、长春花、仙人掌、天冬等。

（3）红树林带　这是一种热带海滩的特殊生态类型，植被为红树林和半红树林群落。植物资源主要有许树、木榄、角果木、海榄雌、海杧果、露兜、草海桐等。

2. 南亚热带地区

本地区位于我国亚热带的东部，广东的怀集、清远、龙川、大埔等县市以南地区，东南临海，西南接雷州半岛北部的热带植被带。境内地形以孤山丘陵为主，次为三角洲冲积平原。

北回归线横贯本地区北部，属于热带季风气候，有明显的干、湿季之分。年平均气温为20～22℃，一月份平均气温为12～15℃，极端气温在大寒潮时可降至0℃，有轻霜。年降雨量为1500～2200mm。土壤为砖红壤性红壤、山地红壤及山地黄壤。植被类型为亚热带常绿季雨林、次生亚热带草坡及人工林等。

植被的种类具有热带、亚热带过渡类型的特点，但热带植物区系成分占多数。野生中药资源和人工栽培品种比较丰富。主要有阳春砂仁、肉桂、巴戟天、何首乌、化橘红、白木香、茯苓、泽泻、广藿香、佛手、紫苏、干姜、郁金、山柰、金银花、射干、千年健、芡实、穿心莲等家种品种，以及木鳖子、蔓荆子、草豆蔻、巴豆、相思子、葛根、紫花地丁、广防己、伸筋草、鸡骨香、十大功劳、广金钱草、鸭脚木、夏枯草等野生品种。

3. 中亚热带地区

广东境内的清远、韶关、河源、梅州的北部地区县市以丘陵山地为主，气候年变幅较大。年平均气温为 18 ～ 20℃，极端最低温度在 0℃以下，霜期长达一个半月左右，有冰冻，有些年份下雪。年降雨量为 1500mm 左右，部分地区可达 1700 ～ 2000mm。春雨早，降雨季节分布均匀，气候较湿润，旱季较短，是广东省野生中药资源最丰富的地区。

从植被的水平分布来看，本地区植被以亚热带区系成分为主，其次为热带区系和山地的种类成分，温带区系成分也不少。主要品种有厚朴、黄柏、杜仲、三七、玉竹、桔梗、白术、白芷等家种品种，以及马兜铃、远志、翻白叶、女贞子、广东升麻、南丹参、黄精等野生品种。

植被在垂直分布上也有很大差异。山地主要种类有黄连、三七、三尖杉、龙胆草、藁本、寮刁竹、天南星、黄精、金耳环、钩藤等。疏林沟边分布有马蓝、鸡血藤、贯众、虎杖、茜草、溪黄草、木通、栝楼等。丘陵种类有仙茅、山苍子、乌药、了哥王、毛冬青、岗梅、山栀子、金银花、金樱子、南五味子、黑老虎、野葛、土茯苓等。草坡上有苍耳子、山芝麻、紫花地丁、独脚金、鬼羽箭、广东土牛膝等。平原及田野分布种类有木槿、樟树、桑、苦楝、木芙蓉、五指柑、菊花、薄荷、益母草、艾叶、旱莲草、田基黄、车前草、白花蛇舌草、鱼腥草、夏枯草、半边莲等。江河、湖泊及沼泽地分布有莲、芦根、菖蒲等品种。

（三）中药资源分区

根据自然地理、资源结构及分布特点，结合中药生产历史以及农业、林业、土壤、气候和植被等与专业区划相协调的因素，将广东分为六个中药资源区。

1. 粤北、粤东北山地、丘陵药材区

本区面积约占广东省的 1/3，中药资源丰富，南北药材兼备，种类繁多，动物资源为全省之冠。种植的主要药材有黄柏、杜仲、厚朴、银杏、玉竹、黄精、茯苓等，野生资源主要有卷柏、狗脊、贯众、乌药、野葛、金樱子、岗梅、山楂、山银花、溪黄草、淡竹叶等。

2. 粤东南丘陵、台地药材区

本区地貌多样，台地广布；地形北高南低，背山面海。平原和浅海滩涂也占有一定面积，适合各种药材生长。栽培的药材有穿心莲、广金钱草、溪黄草、白木香、山柰、大高良姜等。该地区也有引种省外药材品种的历史，主要品种有党参、川芎、地黄等。

3. 珠江三角洲药材区

本区因经济发展迅速，药材种植相对减少。本地传统种植排草、南豆花、灯心草、紫苏、素馨花、龙利叶、红丝线等植物。野生资源有紫花杜鹃、金毛狗脊、鸡血藤、骨碎补、白茅根、布渣叶、淡竹叶、土茯苓、山芝麻等。

4. 粤西丘陵、山地药材区

本区有多种广东特产药材，是药材的主产地。主要品种有广陈皮、阳春砂仁、化橘红、广佛手、巴戟天、肉桂、广藿香、何首乌、金银花、龙脷叶、芡实、郁金、姜黄、八角、沉香、檀香、益智、山药、茯苓、粉葛等。野生药材也十分丰富。

5. 雷州半岛热带药材区

本区为广东省大陆西南的热带半岛，热量资源丰富，适合发展多种热带药材，但因干旱缺水受到一定影响。本区栽培的中药有广藿香、高良姜、檀香、砂仁、草豆蔻、泽泻、穿心莲、广金钱草、鸡骨草等。遂溪岭北镇的湛江南药试验场，引种成功了多种进口南药，以檀香为主，还有儿茶、大风子、马钱子、安息香、诃子等。本区是广东省唯一的南药种子种苗基地。

6. 南海海洋海产药材区

广东省大陆海岸线长3368.1km，居全国第一，海产中药资源十分丰富，仅海丰一带就采集到海产药材标本108种，主要品种有海藻、昆布、海带、石莼、江蓠等。

二、广东主要特产药材及生产现状

1. 广藿香

本品为唇形科植物广藿香 *Pogostemon cablin*（Blanco）Benth. 的全草。性味归经：辛，微温，归脾、胃、肺经，具有芳香化浊、开胃止呕、发表解暑等功效。用于治疗湿浊中阻、脘痞呕吐、暑湿倦怠、胸闷不舒、寒湿闭暑、腹痛吐泻、鼻渊头痛。广藿香是中成药的原料，广藿香油是医药工业、轻工业（如香料、香精、香水等制造业）的主要原料，是重要的出口商品。

广藿香原产于印度和马来西亚，我国岭南地区在宋代或更早已有引种，过去广州、肇庆是主要产地，而且质量最好，现在主产地是湛江市、阳江市、茂名市，以遂溪县、吴川市、阳春市最多。电白、化州、徐闻、廉江、四会、高要等市县（区）也有种植。广东省一般年产量为300万kg。广州的石碑藿香由于城市发展，产量较少，无法供应市场需求。

2. 广佛手

本品为芸香科植物佛手 *Citrus meclica* '*Fingered*' 的果实。性味归经：辛、苦、酸，温，入肝、胃经，有疏肝理气、和胃止痛的功效。用于肝胃气滞的胸胁胀痛、胃脘痞满、食少呕吐，可解酒。

佛手主要分布于高要、四会、德庆、云浮等县市（区），粤东的河源市、梅州市、潮州市以及粤西的廉江市也有种植，受市场供需关系影响，价格和种植面积波动较大。

3. 檀香

檀香 *Santalum album* L. 为檀香科植物，心材供药用。本品有行气温中、开胃止痛之功能。用于寒凝气滞的胸痛、腹痛、胃痛食少，冠心病，心绞痛。檀香木材芳香坚实，适用于制作檀香工艺雕刻品。檀香油是名贵香精。本品价格昂贵。

檀香主产于印度、印度尼西亚、马来西亚等地。广东省自1962年开始引种栽培，经几十年的实验研究和推广栽培，已经总结出一套成熟的栽培技术。原试种于高州、遂溪、电白、徐闻等地，后有较大面积的发展，主要种植于阳西、德庆、廉江、化州、遂溪、电白等市县，广州及周边地区也有种植。

4. 巴戟天

本品为茜草科植物巴戟天 *Morinda officinalis* F. C. How。性味归经：辛、甘，温，入肝、肾经。有补肾、壮筋骨、祛风湿的功效。治阳痿、小腹冷痛、月经不调、子宫虚冷、风寒湿痹、腰膝酸痛。

巴戟天主产于我国的广东、广西、福建等地区，越南也有产。广东省主要产于高要、德庆、郁南、怀集、五华、河源等市县（区），以高要、德庆产量最大。

5. 南肉桂

本品是樟科肉桂 *Cinnamomum cassia*（L.）D. Don 的一个变型，据称为越南的清化肉桂，商品名暂定为南肉桂。药用树皮、嫩枝（桂枝）和幼嫩果实（桂子）。桂皮用于补元阳、暖脾胃、除积冷、通血脉。桂枝可发表解肌、温经通脉。桂子用于温中暖胃。

南肉桂主要分布于信宜、高要、罗定、德庆、郁南、云浮等县市（区），信宜种植的面积最大，高要、罗定、德庆等西江流域地区以西江肉桂为主。

6. 阳春砂仁

本品为姜科植物砂仁 *Amomum villosum* Lour.，是中药砂仁中的佳品。本品性温，味辛，归脾、胃、肾经，具有化湿开胃、温脾止泻、理气安胎的功效。

本品是我国特产中药，历来以广东阳春出产者最为地道，云南、海南两省也有种植，广东省除阳春外还有信宜、高州、广宁、封开等地有产。

7. 高良姜

本品为姜科植物高良姜 *Alpinia officinarum* Hance 的干燥根茎。高良姜性热，味辛，入脾、胃经，具有温胃散寒、消食止痛的功效。用于脘腹冷痛、胃寒呕吐、嗳气吞酸。

高良姜主产于徐闻、雷州、遂溪、廉江，以徐闻县的龙塘、曲界、前山、锦和等乡镇生产面积较大，质量也较好。

8. 山柰

本品为姜科植物山柰 *Kaempferia galanga* L. 的干燥根茎，又名沙姜。本品性温，味辛，入胃经，具有温中、消食、止痛的功效。用于胸膈胀满、脘腹冷痛、饮食不消、跌打损伤、牙痛。另外，山柰还大量用作副食品的调味原料。

山柰在广东省分布较广，主要分布于粤东的梅州、河源、惠州、潮州等地区，粤西的湛江、茂名、阳江、肇庆也有种植。

9. 化橘红

本品为芸香科橘红 *Citrus maxima* ‘*Tomentosa*’ 的未成熟或近成熟果皮或幼果。化橘红性温，味苦、辛，入肺、脾经，具有散寒、燥湿、利气、消痰止咳的功效。用于风寒咳嗽、喉痒痰多、食积伤酒、呕恶痞闷。国内有 20 多家药厂以化橘红为原料生产中成药，化州产的正毛化橘红供不应求。但有药厂以柚皮代替本品，影响药的质量。

化橘红主产于化州市，在本地有几百年的种植历史，此外廉江、遂溪、茂名等地亦有产，但以化州产的正毛橘红质量最佳。

10. 陈皮

本品来源于芸香科植物茶枝柑 *Citrus reticulata* ‘*Chachiensis*’、蕉柑 *C. reticulata* ‘*Tankan*’、四会柑 *C. reticulata* ‘*Hanggan*’ 等多种柑橘类植物的成熟果皮。陈皮性温，味辛、苦，归肺、脾经，有理气健脾、燥湿化痰的功效，用于胸脘胀满、食少吐泻、咳嗽痰多。

陈皮是广东“十大广药”之一，主产地有新会、四会、潮州、博罗、普宁等。广东以新会陈皮质量最优，是主要的出口产品。

第四节　广西壮族自治区中药资源的分布及生产现状

一、广西壮族自治区的中药资源分布和区划

（一）广西中药资源的概况

根据我国在 1983 ～ 1987 年进行的中药资源普查，广西壮族自治区中药资源有 4626 种，仅次于云南、四川两省而居全国第三位，其中药用植物 4067 种，隶属 324 科 1512 属；药用动物 509 种，隶属 214 科 348 属；药用矿物 50 种。

广西处于低纬度地区，北回归线横贯其间。它处于热带向亚热带过渡区，气温高、热量足、雨量丰、水源多，境内山多、地形复杂。由于复杂的地形又形成了许多的小环境，孕育了种类繁多的动物、植物和矿物药用资源。

据有关资料统计，广西特有的药用植物有 112 种，如金花茶、长茎金耳环、茎花来江藤、细柄买麻藤、广西大青、广西斑鸠菊等。传统的道地药材和土特产药材有三七、罗汉果、肉桂、八角茴香、沉香、吴茱萸、红芽大戟、千年健、何首乌、天冬、山柰、莪术、地枫皮、冬青、丁香、巴戟天、石斛、巴豆、葛根、天花粉、郁金、山豆根、钩藤、走马胎、金不换、鸡血藤、黄藤、蛤蚧、斑蝥、穿山甲片、珍珠、琥珀、滑石、炉甘石等。

20 世纪 90 年代以来，随着农业产业化的发展，中药规模化种植已成为广西壮族自治区农业结构调整的重要内容。据 2006 年《广西年鉴》统计，广西中药种植面积已达到 5162 万公顷，现已经逐步建立栽培基地的药材有罗汉果、肉桂、八角、灵香草、金银花、砂仁、田七、厚朴、黄柏、杜仲、栀子、竹叶柴胡、地枫皮、石斛、吴茱萸、天花粉等。

广西少数民族应用的药用植物有 3000 种以上，其中以壮族药最为出名，有 999 种，如广西马兜铃、千斤拔、两面针、龙船花、闭鞘姜、半边莲、刺芋等；瑶族药有 753 种，如山木通、羊耳菊、蜘蛛香、地胆草等；侗族药有 324 种，如白纸扇、血水草、南五味子、马鞭草、大丁草等；仫佬族药有 262 种，如救必应、马兜铃、茅膏菜、黑面神、飞龙掌血、铁包金、娃儿藤等；苗族药有 248 种，如通关藤、马蹄蕨、吉祥草、黄荆、朝天罐等；毛南族药有 115 种，如金果榄、木鳖、对坐神仙草、白花丹、宽筋藤、钩吻等；京族药有 30 种，如鸡矢藤、臭牡丹、旱莲草等；彝族药有 22 种，如青蒿、假地兰、马齿苋等。

（二）药用植物资源分布

广西常年气候温热，雨量充沛，气候、土壤和植被都呈明显的带状分布。因此，中药资

源也有带状分布现象，现将广西主要中药品种，按其产地的地理位置和自然条件分述如下。

1. 中亚热带

本带位于广西中部偏北地区、西北部，桂东北的南部、北部，河池市北部。地带性土壤为赤红壤、红色石灰土、棕色石灰土。植被是典型常绿阔叶林、落叶阔叶混交林。由于中亚热带南北气候差异较大，又将中亚热带分为五个分区。

（1）中亚热带东北部地区（桂东北的北部地区） 位于桂东北的北部。包括资源、全州、龙胜、兴安、灌阳、灵川、桂林市区、临桂、永福、阳朔、三江、融安、融水、富川及恭城北部等地。境内山高谷深，气候垂直变化明显，季风气候明显。主要气候特征是气候温和湿润，冬有霜雪，春夏雨多，年平均气温为 16.5 ～ 19.8℃，极端最低气温 −8.4 ～ −3.0℃；冬季气温较低、霜雪雨凇较多，积温 5075 ～ 6332℃，年降水量 1452 ～ 1992mm，降水丰富，光、温气候资源中等。

此地区适宜种植亚热带植物，主要的药用植物资源有金锦香、地枇杷、金花树、短柄野海棠、叶底红、锦香草、尼泊尔肉穗草、假朝天罐、华风车子、木棉、苘麻、罗汉松、玉兰、黄兰、红花八角、南五味子、过山风、小花青藤、盾叶唐松草、单叶铁红莲、萍蓬草、野木瓜、三筒管、一点血、小叶爬崖香、金粟兰等。另外，还有丰富的壮药资源，包括卜芥、石龙芮、马桂花、铁苋菜、飞龙掌血、吉祥草、山芝麻、鸭跖草、三叉苦、三颗针、土党参、马蹄蕨、白花蛇舌草、羊蹄草、红椒树根、岗梅根、金银花、环草、枸骨、九里香、罗汉果、卷柏、皂荚、大力王、闹羊花等。

（2）中亚热带北部地区（桂北地区） 位于河池市北部，包括南丹、罗城两县（自治县）和天峨、环江等县（区、自治县）北部，以山地为主。气候湿润，四季分明，冬有霜雪，年平均气温为 17.0 ～ 19.0℃，1 月份平均温 7.4 ～ 8.9℃，极端最低气温 −5.5 ～ −4.0℃，积温 5254 ～ 6034℃，年降水量 1498 ～ 1578mm，易发生洪涝灾害。山区相对湿度较大，光照较少，温度较低，雨量中等，降水日数较多，适宜一些药用植物生长。

主要的药用植物资源有崩疮药、叶底红、大滑藤、黄蜀葵、千根草、水黄花、光叶龙眼睛、小巴豆、大乌泡、灰毛泡、脉叶罗汉松、买麻藤、大子买麻藤、鹅掌楸、大青藤、土荆芥、光叶海桐等。本区还分布有大叶金花草、红椒树根、岗梅根、金银花、石化桃等壮药。

（3）中亚热带东南部地区（桂东北南部地区） 位于桂东北的南部，境内山地、丘陵与河谷相间，立体气候明显。大部分地区气候温暖，冬季霜较多、雪少见。年平均气温为 19.6 ～ 20.4℃，1 月份平均温度为 8.7 ～ 10.1℃，极端最低气温 −5.6 ～ −2.6℃。年降水量 1379 ～ 2017mm，降水主要集中在 4 ～ 8 月，易发生洪涝灾害，雨季开始较早结束也较早，春雨较多。降水丰富，大部分地区光、温气候资源较丰富。作物一年两到三熟，山区适宜林果业和多种经营项目。

主要的药用植物资源有细叶野牡丹、湘桂锦香草、子陵木、毛果田麻、梵天花、木芙蓉、华古柯、细叶双眼、水亚木、石楠、粗叶悬钩子、龙周毛悬钩子、藤槐、三筒管、碎米荠、犁头草、黄花倒水莲、垂盆草等。本区还分布有臭草、大叶金花草、鸭跖草、三叉苦、三颗针、土党参、马鞭草、白花蛇舌草、岗梅根、金银花、救必应、九里香、一枝黄花、龙须草、排钱草、过山枫、透骨消、苦地胆、肉桂、木鳖子、雷公藤等壮药。

（4）中亚热带桂中地区 位于广西中部偏北地区，包括柳州市区、柳城、柳江、来宾市区、象州、忻城、兴宾、合山、河池市区、宜州及武宣北部、环江南部等。气候温暖，冬季有霜少雪。年平均气温为19.9～20.8℃，1月份平均气温为9.9～11.1℃，极端最低气温-4.2～-1.0℃，积温大部6535～6900℃。年降水量1331～1517mm，是广西雨量较少的地区之一。10月至次年3月降水量较少，大部分地区易发生秋旱。光、温、水气候资源较丰富。

主要的药用植物资源有蜂斗草、华风车子、萍婆、粗叶地桃花、朱槿、黄珠子草、石岩枫、茅莓、空心泡、翻白草、山槐、华南云实、短叶决明、九龙藤、火索藤、柳杉、黄兰、盾叶唐松草、西洋菜、荷莲豆草、白兰、荞麦、刺苋等。另外也分布有壮药资源，如大叶金花草、山芝麻、白花蛇舌草、羊蹄草、岗梅根、枸骨、石仙桃、朱砂根、透骨消、狗肝菜、椿白皮、五色梅等。

（5）中亚热带西南部地区　位于广西的西北部，包括东兰、凤山、乐业、隆林、西林、凌云等县（自治县）及巴马北部、天峨南部。本区山岭连绵，峰高谷深，立体气候特征明显。气候温暖，冬季一般无霜，属温暖冬干气候。年平均气温为19.1～20.2℃，1月平均气温大部10.2～11.6℃，极端最低气温-5.3～-2.4℃，积温大部6263～6900℃。年降水量1086～1707mm，“东多西少”，西林是广西年降水量最少的地方，雨季开始较迟，夏湿冬干明显。大部分地区光、温、水气候资源较丰富。立体气候的差异造就了丰富多样的气候环境，为农林牧业及各种土特产的发展提供了有利条件。水能资源丰富，东部红水河流域是广西水能资源最丰富的地区。

主要的药用植物资源有假朝天罐、溪边桑勒草、蜂斗草、裂隔牡丹、假芙蓉、华荨麻、风车藤、水柳、小果蔷薇、蛇含委陵菜、买麻藤、棱枝五味子、草玉梅、单叶铁线莲、紫花地丁、尾叶远志、一碗泡、南老鹳草、白瑞香等，还分布有六角莲、白花丹、大叶金花草、九里香、大风艾、闹羊花、小飞扬草、钩吻等壮药。

2. 南亚热带

本带位于广西的东南部地区、南部的中部地区、西南部地区。北回归线附近的南热带地区气候暖热，夏长冬短，雨量丰沛，北部偶有霜冻，受地理位置的影响，热带季风具有偏湿性或偏干性的特点。土壤是砖红壤。地带性植被为热带季风常绿阔叶林、石灰岩季风常绿阔叶林、落叶阔叶混交林等。又可将南亚热带分为三个分区。

（1）南亚热带东部地区　位于广西东南部地区，包括玉林市、梧州市区，以及苍梧、藤县、岑溪、平南、桂平等市县。本区气候暖热、雨量充沛。年平均气温为21.0～22.1℃，1月份平均温度为11.8～13.7℃，极端最低气温-4.1～0.5℃，北部偶有霜冻灾害。积温6900～8000℃，年降水量为1450～1906mm，是广西雨量较丰富的地区之一。光、温、水气候资源十分丰富。适宜种植热带和南亚热带药用植物，如八角、肉桂等。

此区以海南植物区系为主，是广西南药生产基地，主要种类有砂仁、巴戟天、益智、八角茴香、蔓荆子、鸦胆子、高良姜、胡椒、山药、水半夏、天花粉、葛根和郁金等。广西东南部出产的主要药用种类有三七、千年健、苏木、砂仁、广豆根、大果山楂、草果、黄精、木蝴蝶、龙血树及广金钱草等。此外，还有南肉桂、巴戟天、诃子、橘红、白木香、檀香、广藿香、佛手、使君子、干姜、郁金、龙脷叶、异形木、叶底红、马松子、蛇婆子、土蜜树（逼迫子）、鹧鸪麻、尼泊尔肉穗草、合贝、黄兰、无根藤、小花青藤、小叶爬崖香、山柰、穿心莲、木鳖子、草豆蔻、巴豆、石斛、相思子、紫草茸、棕榈子、海藻、雷丸、鸡骨香、十大功劳、广防己、过岗龙、鸭脚木、广豆根、地枫皮、金耳环、山慈姑、青天葵、红芽大戟、广地丁、黑草、马尾千斤草及灵香草等。同时也分布有丰富的壮药资源，如了哥王、山稔子、驳骨丹、山苦荬、石龙芮、白花丹、岗松、臭草、曼陀罗、大叶金花草、山芝麻、三叉苦、土党参、马鞭草、羊蹄草、白花蛇舌草、岗梅根、金银花、救必应、龙眼肉、入地蜈蚣、象皮木、徐长卿、过山枫、透骨香、铁苋菜、大良姜、肉桂、土荆芥、土五加皮等。

（2）**南亚热带中部地区**　位于广西南部的中部地区。本区包括钦州、防城、防城港、贵港、马山、上林、宾阳、武鸣、横州、大化及合浦大部、都安南部、武宣南部等地。气候暖热，夏长冬短，雨量丰沛。年平均气温 20.8 ～ 22.6℃，1 月份平均温度为 11.5 ～ 14.3℃，极端最低气温 −1.9 ～ 1.4℃，积温 6900 ～ 8000℃。5 ～ 9 月降水量占全年的 71% ～ 78%。南部都安 - 上林一带常年降水量较多，为 1618 ～ 2616mm（防城 2616mm），是广西雨量较多的地区之一，武鸣、武宣为 1249 ～ 1251mm，其余地区为 1429 ～ 1535mm，南部及沿江地区洪涝灾害较多较重，南部受热带气旋影响也较多，10 月至次年 3 月降水量较少。

此地区光、温、水气候资源丰富，适宜热带和南亚热带植物生长。主要的药用植物资源有锦香草、尖子木、短柄野海棠、尼泊尔肉穗草、柬埔寨大戟、丁葵草、狸尾草、赤山绿豆、三点金草、大青藤、吹风散、蒴莲等，还有薯莨、了哥王、山苦荬、白花丹、臭草、曼陀罗、山芝麻、萝芙木、三叉苦、马槟榔、羊蹄草、野冬青果、土牛膝、丢了棒、大叶钩藤、八角枫、苦地胆、飞机草等壮药资源。

（3）**南亚热带西部地区**　位于广西的西南部地区。本区包括崇左市、南宁市区、百色市区，以及隆安、平果、田东、田阳、田林、德保、靖西、那坡、上思、巴马南部等地。大部分地区气候暖热，降水较充沛。德保、靖西、那坡等山区属南亚热带山地气候，年平均气温 20.6 ～ 22.4℃，1 月均温 11.0 ～ 13.9℃，极端最低气温 −4.4 ～ −0.4℃，积温大部 6900 ～ 8000℃，年降水量大部 1087 ～ 1366mm，左右江河谷一带是广西的少雨区，5 ～ 9 月降水量占全年的 72% ～ 79%，易发生洪涝，10 月至次年 4 月降水量较少。大部分地区光、温资源十分丰富，水资源比较丰富，山区适宜发展农林牧果业和土特产生产。

主要的药用植物资源有广西大诃子、金丝梅、元宝草、芒木、吉贝、长穗花、尖子木、短柄野海棠、大叶熊巴掌、蜂斗草、裂隔牡丹、谷木、尾叶黑面神、诃子、棱枝五味子、毛青藤、草玉梅、单叶铁线莲、西洋菜、碎米荠、草龙等。还有丰富的壮药资源：土银花叶、六角莲、七叶一枝花、卜芥、阪田根、驳骨丹、了哥王、山苦荬、石龙芮、岗松、臭草、曼陀罗、大叶金花草、萝芙木、三叉苦、马槟榔、橹罟子、九里香、鸢尾、入地蜈蚣、龙须草、排钱草、白菖、大风艾、过山枫、水杨梅、透骨香、鹤膝风、大良姜、三七、山稔子等。

3. 北热带

该区包括东兴市、北海市各区以及合浦县山口镇等地，属北热带海洋性季风气候。气候温暖，长夏无冬，降水充沛，冬季无雪，基本无霜。年平均气温为 22.6 ～ 23.1℃，1 月均温 14.4 ～ 15.4℃，极端最低气温 2.0 ～ 2.9℃，10℃期间的积温 8000 ～ 8328℃。常年降水量东兴 2755mm、北海 1731mm、涠洲岛 1386mm，东兴是广西降水量最多的地方。5 ～ 9 月份是雨季，东部冬春雨少，易发生春旱。土壤是红壤。植被类型为热带季节性雨林、亚热带季节性雨林、石灰岩季节性雨林、热带红雨林、热带海南松林等。本区气候资源极其丰富，热带作物可安全越冬，适宜热带植物如八角、肉桂等的经济林生产，同时适宜发展热带海水养殖业。

主要的药用植物资源有使君子、地耳草、甜麻、赛葵、黄花稔、磨盘草、地桃花、黄槿、桐棉、密甘草、蛇头草、白鼓钉等，还分布有白菖、八角枫、大良姜、槟榔等壮药。

广西是多民族地区，各族群众有喜用壮药的传统习惯，民间药市已有上千年的历史。广西民族用药中以壮药最为出名，加上广西特有的地理、自然环境，形成了丰富的野生壮药资源，有大靛根、大叶蛇总管、金盏银盘、鱼腥草、马齿苋、杠板归、野冬青果、猫爪草、象皮木、磨盘草、凌霄、酒饼叶、九节茶、白马骨、鸡骨草、酢浆草、毛冬青、大罗伞等。为了满足市场需求，还大力发展栽培多种壮药，包括金鸡勒、阳桃、番石榴干、白花丹、万寿菊、罗裙带、黄皮、荞麦、番木瓜、化橘红、大叶桉、望江南、刀豆、阴香、三七、大驳骨等，已形成具一定规模的产业。

二、广西壮族自治区主要特产药材及生产现状

广西特产药材源远流长，品种繁多，质量优良。这些特产药材的形成和发展，是由广西境内优越的生态环境、传统采集、栽培、优良品种、加工历史及其相关的技术等因素所决定的。现将广西几种主要特产药材及生产现状进行如下介绍。

1. 山豆根

本品为豆科植物越南槐 *Sophora tonkinensis* Gagnep. 的干燥根及根茎。本品性寒，味甘、苦，具有清火、解毒、消肿、止痛等作用，能治疗喉风、咽痛等。

广西是我国山豆根的原产地，早在宋代就有记载。山豆根的品种来源较为复杂，其形态有“苗蔓如豆”，也有直立“如小槐”，前者植物形态与现代市售的山豆根不符，后者植物形态则与广西所产山豆根相近，因此广西所产山豆根是传统地道品种，在靖西、德保、扶绥、大新、隆林等地的广大石山区内均有分布，野生资源极为丰富。本品盛产于百色、田林、田阳、靖西、德保、田东、平果、隆安、都安、马山、武鸣、宁明、龙州、大新、崇左、扶绥、上思、宜州等地。在临床应用上，本品已成为全国山豆根的主流，可随时采集，大量调供全国各地，如四川、广州、东北地区等，并供应出口。

2. 三七

本品为五加科植物三七 *Panax notoginseng*（Burkill）F. H. Chen ex C. H. Chow 的干燥根，又名田七。性甘，微苦，温，无毒，具散瘀、止血、消肿、镇痛作用，用作血痛药。临床上主治咯血、吐血、便血、尿血、鼻衄、崩漏、经闭瘕、产后恶露不止，是《本草纲目》最早收载入药品种之一。

三七是一种经济价值很高的名贵药材，广西就是我国三七的原产地之一，那坡、靖西等市县有分布。广西以靖西、德保、那坡、百色、天等、田阳、田东等地为重点大力种植三七，种植范围不断扩大，高峰期种植范围遍及 8 个地区 62 个县，种植面积 15000 多亩（1 亩 =666.67m^2），年产量达 25 万多千克。

3. 罗汉果

本品为葫芦科植物罗汉果 *Siraitia grosvenorii*（Swingle）C. Jeffrey ex A. M. Lu & Zhi Y. Zhang 的干燥果实。罗汉果性凉，中空，味甜，含有丰富的葡萄糖，有止咳清肺、生津止渴、润肠通便等作用，并可作清凉保健饮料及肥胖嗜糖和糖尿病患者的食疗品。

罗汉果原为野生，分布于广西东北部海拔 500m 以上的云雾山区，人工栽培已有 100 多

年的历史。广西的临桂、永福等县区为主要产区，每年产季为九至十月份。永福县龙江乡自然环境优越，故该乡罗汉果产量较大，质量也较好，有“罗汉果之乡”的美称。罗汉果是广西的特产之一，畅销国内外。

4. 八角茴香

本品为八角科植物八角 *Illicium verum* Hook. f. 的干燥成熟果实，又名大茴香。性温，味辛、甘，气香，具有温中散寒、理气止痛等作用。其温中开胃，可用于治疗胃寒呕吐、脘腹胀满，其新鲜枝叶和成熟果实可提炼八角茴香油，在医药上用作芳香调味剂及健胃剂。

广西是我国八角茴香的原产地，所产调供全国各地，出口量占国际市场的 80% 以上。历史上龙州八角以个体大、角完整、色红棕、香气浓、味甘甜而著称，为药用之佳品。提炼八角茴香油，则以德保县为最早，习称“天保（今德保县）茴油”，据传已有 300 多年的历史，早在 100 多年前就畅销海外。广西八角茴香的生产发展很快，种植面积不断扩大，以防城、宁明、龙州最多，德保、靖西、凌云、上思、田阳、百色次之，苍梧、藤县、上林、大新、武鸣也有种植。

5. 灵香草

本品为报春花科植物灵香草 *Lysimachia foenum-graecum* Hance 的干燥带根全草，又名零陵香，古名薰草。具祛风寒、辟秽气、止疼痛、驱蛔虫等作用，可用于治疗鼻塞、齿痛、胸闷、腹胀等。本品也是一种名贵的芳香植物，全草提制的芳香油可用于制作烟草及香脂等香精，干品放箱中能防止虫蛀衣物。

广西是我国灵香草的原产地，在金秀、融水、临桂、龙胜、兴安、阳朔、恭城、平乐、百色、凌云、田林、乐业、德保、那坡、贺州、平南等地，以及海拔 800m 以上的林下水沟两旁湿润的地方均有分布。历来灵香草通过柳州、桂林集散，调往各地作药用，并供应出口。

6. 肉桂

本品为樟科植物肉桂 *Cinnamomum cassia*（L.）D. Don 的干燥树皮，又名桂皮。肉桂是一种药食兼用的品种，具有补元阳、暖脾胃、除积冷、通血脉等作用，可用于治疗腰膝冷痛、虚寒胃痛、慢性消化不良、腹痛吐泻、受寒闭经、外感风寒、肩臂肢节酸痛、风温、皮肤瘙痒等。其枝、叶、果、花梗可蒸取桂油，其为合成桂酸等重要香料的原料，也为香烟和巧克力的配料，以及其他日用品的香料、工作原料。

广西是我国肉桂的原产地，广西简称为“桂”，即与境内盛产肉桂有关。现代药用的肉桂，分国产桂与进口桂两类。国产桂以广西所产质量最佳，特别是平南、藤县所产的更为国内外医药行家所赞赏，分别被誉为“六陈玉桂”及“西江桂”，以与其他地区所产肉桂相区别。广西肉桂产量在全国一直居高位，主产区为防城、容县、藤县、平南、岑溪、苍梧和桂平等，年产量一般在 3000kg 左右。其中以防城区产量最大，该区东至大菉镇，西至十万大山南坡，处处山谷都长满肉桂树，终年常绿，四季飘香，又因该区盛产八角茴香，故有“茴桂之乡”的称誉。

7. 莪术

本品为姜科植物广西莪术 *Curcuma kwangsinensis* S. K. Lee & C. F. Liang 的干燥块茎。莪术味辛、苦，温，归肝、脾经，具行气破血、消积止痛的功效。莪术的药理作用很广泛，其所含挥发油具有调节免疫反应、升高白细胞、抗菌、抗炎、保肝等作用，同时能直接抑制、破坏癌细胞，增强免疫力等。由于中药莪术与许多化学抗肿瘤药物相比有很大的优点——无致突变性，因此在临床上是高效、低毒、安全可靠的抗肿瘤药物。

莪术是广西特产药材之一，以贵港、灵山、横州为道地产区。由于市场的需要，且其生长适应性强，容易栽种，生产成本相对较低，因此产量产值都较高，经济效益也较好，很多地区已大力发展种植。钦州市莪术种植具有较长的历史，是莪术的主产区之一。钦州市钦北区的平吉镇、青塘镇是莪术种植的发源地，也是广西药用植物园的莪术研究基地，在 20 世纪 70 年代已有较大面积种植。随着莪术药材市场需求量加大，辐射带动了灵山县陆屋镇、旧州镇、三隆镇、太平镇、伯劳镇，钦南区久隆镇、那彭镇、黄屋屯镇等地大面积的种植。莪术除供应区内各制药厂和各药材市场外，还远销安徽、山西、内蒙古等 20 多个省区。

8. 草果

本品为姜科植物草果 *Amomum tsaoko* Crevost & Lem. 的干燥成熟果实。味辛，温，入脾、胃经，有燥温除寒、健胃消滞、祛痰的功效，可用于治脘腹胀痛、疟疾寒热、呕吐、痢疾等病，用于解酒毒、去口臭亦佳。

广西的靖西、那坡等市县有产。广西属于热带和亚热带地区，适合草果生长，但野生产量较少，不能满足国内各地需求，目前已大量人工种植。

9. 千年健

本品来源为天南星科植物千年健 *Homalomena occulta*（Lour.）Schott 的根茎。性温，味酸，效能清热，用于祛风湿、健筋骨，可治疗风寒湿痹所致的腰膝冷痛、下肢拘挛麻木，还可治疗跌打损伤，也可作染料用。

广西的全州、兴安、阳朔、鹿寨、临桂、宁明、龙州、苍梧等地都有千年健生产，一般自产自销，并小部分运销出口。

10. 山柰

本品为姜科植物山柰 *Kaempferia galanga* L. 的干燥根茎。性味辛，温，具有温中散寒、化浊、行气、消肿止痛的功能。山柰含有山柰酚，具有抗癌、抑制生育、抗癫痫、抗菌、抗炎、抗氧化、解痉、抗溃疡、利胆利尿、止咳等作用。本品的主要产地是桂平、武宣、大新、崇左、马山等市县，调供国内各地区。

11. 天花粉

本品为葫芦科植物栝楼 *Trichosanthes kirilowii* Maxim. 的干燥根。味甘、微苦，性微寒，归肺、胃经，能清热生津、解毒消肿，用于治疗热病烦渴、乳腺炎、内热消渴、痈肿疮疡等。

广西的玉林、博白、容县、贺州、永福、临桂、龙胜、全州、大瑶山、大苗山、南宁、马山、龙州、靖西、东兰等地均有产。

12. 天冬

本品为百合科植物天门冬 *Asparagus cochinchinensis*（Lour.）Merr. 的干燥块根。性寒，味甘、微苦。具有养阴清热、润肺生津的功效，用于治疗阴虚发热、咳嗽吐血、肺痈、咽喉肿痛、消渴、便秘等病症。广西的百色、罗城等地有产。

13. 巴戟天

本品为茜草科植物巴戟天 *Morinda officinalis* F. C. How 的干燥根。性微温，味甘、辛。用于补肾阳、强筋骨、祛风湿，可治疗阳痿遗精、宫冷不孕、月经不调、少腹冷痛、风湿痹痛、筋骨痿软等病症。广西的浦北、钦州、苍梧、上思有产。

第五节　云南中药资源的分布及生产现状

一、云南的中药资源分布和区划

（一）云南的中药资源概况

据第三次全国中药资源普查结果显示，全国有中药资源 12807 种，仅云南省就有 6559 种，约占全国药用生物品种数的 51%，居各省、区、市第 1 位。云南省的药用动物资源有 260 多种，其中经济价值较高的药用两栖爬行动物有 21 种，其品种数约占全国的 72%；真菌、放线菌等药用微生物资源较为丰富，放线菌的种属数约占世界公开报道的 50%，药用矿物资源约占全国的 40%。据不完全统计，全省民族、民间药用达 1200 多种。主要动植物药蕴藏量超 1 亿 kg，其中大多数为植物药资源。丰富的植物药资源给云南省植物药业的发展提供了可靠的物质基础。

云南省在 1984 ～ 1988 年曾用了近 5 年的时间，对全省中药资源进行了较全面系统的调查研究。当时编入《云南省中药资源普查名录》的植物药有 4758 种，动物药有 260 种，矿物药有 32 种。野生植物药材蕴藏量 9335 万 kg，其中 100 万 kg 以上的有 96 种；10 万～ 100 万 kg 的有 191 种，1 万～ 10 万 kg 的有 185 种；栽种药材 145 种，年产量 2236 万 kg，其中产量在 100 万 kg 以上者有 3 种，10 万～ 100 万 kg 的有 37 种，1 万～ 10 万 kg 的有 74 种；动物类药材蕴藏量 44 万 kg 以上；矿物类药材蕴藏量达 11.6 亿 t（主要为石膏）。

云南省位于中国西南部，是青藏高原的南延部分，地形地貌复杂，气候多样，地上、地下资源十分丰富，是一块待开发的宝地。地貌以山地高原为主体，全省各地海拔相差很大，最高处为位于滇藏交界的德钦县梅里雪山的主峰卡瓦格博峰，海拔 6740m；最低处是在与越南交界的河口县境内南溪河与元江汇合处，海拔仅 76.4m。两地直线距离约 900km，高低相差达 6000m。平均海拔为 1500 ～ 2500m，地势向东南倾斜。云南高原东部石灰岩分布很广，为岩溶地貌。本区属中亚热带高原季风气候，冬无严寒，夏无酷暑，四季如春，日照充足；全年降水量为 800 ～ 1100mm，干湿季节分明，降水量的 80% ～ 90% 集中在 5 ～ 10 月份。本区地形海拔高低悬殊，气候的垂直变化显著，全省气候类型丰富多样，有北热带、南亚热带、中亚热带、北亚热带、南温带、中温带和高原气候区共 7 个气候类型。从南到北形成一个巨大的垂直带谱。例如，滇西北、川西南海拔 2800m 以上和滇东北海拔 2500m 以上的地区，冬季较长且多霜雪，热量条件差，植物生长期短；滇中、黔西高原海拔 1200 ～ 2500m，春、秋季较长，霜期短，属亚热带气候，作物四季可生长。

如此丰富多样的自然条件，使云南成为全国植物种类最多的省份，汇集了从热带、亚热带至温带甚至寒带的所有品种，并享有“植物王国”“动物王国”“药材之乡”的美誉。

云南高原中药资源丰富，其中名贵道地药材和大宗的种类有云木香、黄连、茯苓、天麻、半夏、三七、当归、雪上一枝蒿、川贝母、甘肃贝母、梭砂贝母、多种重楼（如七叶一枝花、球药隔重楼、狭叶重楼、长药隔重楼、华重楼、宽瓣重楼等）、藜芦、土茯苓、鸡血藤、石韦、贯众、狗脊、伸筋草、骨碎补、茜草、川楝、马尾连、鹿衔草、草血竭、山乌龟、南五味子、升麻、草乌、人字果、星果草、瓜叶乌头、甘青乌头、铁棒锤、宣威乌头、坚龙胆、金铁锁、青羊参、云防风、余甘子、昆明山海棠及丽江柴胡等；栽培品种主要有三七、云木香、云茯苓、云当归、党参、贝母、天麻、川芎、杜仲、黄柏、厚朴、山药、吴茱萸、附子等；南药种类有肉桂、白豆蔻、草果、千年健和苏木等。

云南高原少数民族众多，民间和民族用药多为本地区分布种类，如青羊参、通光藤、雪胆、滇重楼、松萝、灯盏花、紫金龙、大黄藤、锡生藤、山乌龟、红藤山乌龟、长柄地不容、大麻药、青叶胆、白参、金不换及黑蒴等。

（二）药用植物资源的分布

云南高原的自然环境具有明显的立体特征，药用植物的生长和立体气候的关系十分密切，垂直差异也比较明显。立体气候可分为高寒层、中暖层和低热层三层，各层中分布着不同种类的药用植物。

1. 高寒层

由于云南高原东部和西部热量条件和寒潮入侵强度不同，各层东西海拔有一定差异。以北部的大姚百草岭到中部景东至南部金平以东的哀牢山脉为界，分为东、西两部分。西部海拔 2500m 以上和东部海拔 2300m 以上的为高寒层，约占全省总面积的 18.4%，以滇西北最为集中，滇东北次之，其他地区零星分布。气候类型基本上相当于寒温带及温带。

本区药材资源十分丰富。主要野生植物种类有粗茎秦艽、珠子参、雪上一枝蒿、卷叶贝母、云黄连、三尖杉、黑皮芪、黑藁本、大黄、沙棘、青羊参、丽江山慈姑、岩陀、羌活、法罗海、三分三、榧子、隔山消、石菖蒲、大紫丹参、竹七、明七、雪茶、雪莲花、胡黄连、冬虫夏草、绿绒蒿、西藏秦艽等。家种品种主要有云木香、当归、天麻等，本区为全省重要生产基地。

2. 中暖层

中暖层以西部海拔 1500 ～ 2800m 及东部 1300 ～ 2300m 为范围，约占全省总面积的54%，以滇中、滇西南最为集中。气候相当于中亚热带至温带，光照充足，气温温和。本区降雨适中，土地肥沃，是云南药材主产区。植被主要为阔叶林、常绿阔叶混交林及针叶林。

温带药用植物极多，野生种类有龙胆、黄芩、半夏、杜仲、云防风、何首乌、茯苓、银花、香附等 200 余种；栽培种类主要有三七、党参、黄柏、厚朴、红花、附片、山药、川芎等 40 余种；此外，还有猪苓、重楼、山楂、桔梗、白术、补骨脂、草乌、泽泻、红花、枳壳、木瓜、百合、独活、地珠半夏、天南星、仙茅、贯众、草血竭、天冬、黄藁本（滇芹）、黄精、鸡血藤、百部、山药、玉竹、白芍、萆薢、南五味子、红芽大戟、七叶胆（绞股蓝）、砂仁、苏木、千年健、千张纸、紫金龙等。

3. 低热层

低热层主要指西部海拔 1500m 以下及东部海拔 1300m 以下的区域，多处于南部边缘一带，与越南、老挝、缅甸接壤。另外，金沙江、元江、怒江、澜沧江、南盘江等河谷地带亦有分布。本区面积约占全省总面积的27.6%，气候属于南亚热带和北亚热带。除元江河谷外，降水较充沛，土地肥沃。

热带动植物资源丰富，为南药生产基地。主要家种品种有砂仁、肉桂、草果、白豆蔻、槟榔、苏木、儿茶、胡椒、檀香、吴茱萸、蔓荆子及木蝴蝶等。野生品种主要有红豆蔻、草豆蔻、诃子、板蓝根、狗脊、骨碎补、荜茇、马槟榔、龙血树、芦荟、千年健、大风子、乌药、紫胶、琥珀等。动物药材有蛤蚧、蕲蛇、乌梢蛇、金钱白花蛇、穿山甲等。

（三）中药资源分区

1. 滇西北

该区约占全省总面积的18.4%，包括昭通、丽江、迪庆、怒江、大理、泸水、腾冲及德钦等地。

主要野生植物种类有粗茎秦艽、珠子参、雪上一枝蒿、卷叶贝母、云黄连、三尖杉、黑皮芪、黑藁本、大黄、沙棘、青羊参、丽江山慈姑、岩陀、羌活、法罗海、三分三、榧子、隔山消、石菖蒲、大紫丹参、竹七、明七、雪茶、雪莲花、胡黄连、冬虫夏草、绿绒蒿、西藏秦艽等。家种品种主要有云木香、当归、天麻等，为全省重要生产基地。

2. 滇中、滇西南

该区约占全省总面积的54%，包括文山、砚山、马关、丘北、广南、麻栗坡和西畴7个市县，是云南药材主产区。

野生种类有龙胆、黄芩、半夏、杜仲、云防风、何首乌、茯苓、金银花、香附等200余种。栽培种类主要有三七、党参、黄柏、厚朴、红花、附片、山药、川芎等40余种。此外，还有猪苓、重楼、山楂、桔梗、白术、补骨脂、草乌、泽泻、红花、枳壳、木瓜、百合、独活、地珠半夏、天南星、仙茅、贯众、草血竭、天冬、黄藁本（滇芹）、黄精、鸡血藤、百部、山药、玉竹、白芍、萆薢、南五味子、红芽大戟、七叶胆（绞股蓝）、砂仁、苏木、千年健、千张纸、紫金龙等。

3. 滇南

该区约占全省总面积的27.6%，包括金沙江、元江、怒江、澜沧江、南盘江等河谷地带。气候属于南亚热带和北亚热带。除元江河谷外，降水较充沛，土地肥沃。

热带动植物资源丰富，为南药生产基地。主要家种品种有砂仁、肉桂、草果、白豆蔻、槟榔、苏木、儿茶、胡椒、檀香、吴茱萸、蔓荆子及木蝴蝶等。野生品种主要有红豆蔻、草豆蔻、诃子、板蓝根、狗脊、骨碎补、荜茇、马槟榔、龙血树、芦荟、千年健、大风子、乌药、紫胶、琥珀等。动物药材有蛤蚧、蕲蛇、乌梢蛇、金钱白花蛇、穿山甲等。

二、云南省主要特产药材及生产现状

1. 云木香

本品为菊科多年生高大草本植物云木香 *Aucklandia costus* Falc.，以干燥根入药。性温，味辛、苦。含多种芳香挥发油，质坚硬，气芳香、浓烈。具有行气止痛、温中和胃、健胃消胀、调气解郁、止痛安胎作用，能行气化滞、疏肝、健胃，主治中寒气滞、气痛、停食积聚、胸满腹胀、呕吐泻痢等，还具解痉降压和抗菌作用。

本品适宜生长在气候凉爽的地区，中国适宜种植区广泛，以云南的迪庆藏族自治州、昭通市及丽江市的宁蒗县、怒江州的福贡县最适宜发展生产。其曾在20世纪80年代末被列为国际濒危保护物种。1959年首次出口，1969～1979年平均年产量占全国总产量的90%，1996年云南省产量为30多万千克。云木香是中成药重要原料，据1985年《全国中成药产品目录》统计，全国有313个厂家生产以木香为原料的中成药，达182种。云木香又是香料工业的原料之一。云木香根所含的挥发油、经提取的精油是很好的定香剂，可用于调配高级香水香精或化妆品香精。云木香还是出口创汇的重要商品之一。丽江、大理已成为云木香种植基地。

2. 云南三七

本品为五加科人参属多年生草本植物三七 *Panax notoginseng*（Burkill）F. H. Chen ex C. H. Chow，根、叶、花均可入药。云南三七又称“田三七”“参三七”“三七”“金不换”等。性温，味甘、微苦。总皂苷含量约为12%，是三七主要药理活性成分。具有止血的功用，根部可以治疗各种出血症和血瘀证，对跌打损伤以及坏死性小肠炎等疾病有奇特的疗效。三七在血液系统、心血管系统、神经系统、免疫系统、代谢系统以及抗炎、抗肿瘤、延缓衰老等方面有生理活性，对预防和治疗心脑血管系统疾病有独特功效。三七根具有保护心脏、显著提高心肌供氧能力、软化血管、改善心肌微循环、增加冠脉流量、防止心肌缺血、抗心律失常、抑制动脉硬化、降血压、降血脂、降低胆固醇、双向调节血糖等药理作用。三七对冠心病、心绞痛、动脉硬化、脑血栓、高血压、高脂血症、高血糖等疾病有显著疗效，并有消炎、止血、止痛、提高机体免疫能力、抗肿瘤等作用。三七花部性凉，味甘，具有清热、平肝、降压的功效，可以治疗急性咽喉炎、头昏、目眩、耳鸣等病症。三七叶有止血消肿、定痛作用。《本草纲目拾遗》中说：“人参补气第一，三七补血第一，味同而功亦等，故称人参三七，为中药之最珍贵者。”

三七是我国名贵中药材，主产于滇东南的文山州，种植历史已有400余年，种植面积和产量均占全国的90%以上，是世界三七原产地和主产区，被国家命名为“中国三七之乡”。三七性喜冬暖夏凉，不耐寒，怕强光。目前已经开发出三七总皂苷、血塞通注射液等系列产品。畅销中外的云南传统名牌药品“云南白药”就是以三七为主要成分。其中云南白药、白药胶囊是国家20年保护期的国家一级中药保护品种，白药膏、白药酊为7年保护期的国家二级中药保护品种。云南白药集团仍在继续开发新的白药系列产品。云南省生产三七各类产品40余种。

该区三七的产量大，质量优，有“铜皮铁骨”之称，在国内外市场上享有极高声誉，历史上全国出口量最高年达6万kg。

在区域化布局上，已形成了以文山、砚山、马关、丘北、广南、麻栗坡和西畴7个市县为主的三七最适宜区种植格局。

3. 云黄连

本品为毛茛科多年生草本植物云南黄连 *Coptis teeta* Wall. 的干燥根茎。性寒，味苦。药用归心、肝、胃、大肠经，具有泻火燥湿、解毒杀虫功效。本品用于治疗各种热毒及烧烫伤，对伤寒、痢疾、痈疽疮毒有较好的疗效。

本品喜寒湿阴凉，生长于海拔2500～3000m的高黎贡山和碧罗雪山的原始森林中。云黄连主要分布于滇西北及西藏的东南部，而云南的主产区在福贡、贡山、泸水、腾冲及德钦等地。怒江是云黄连的最佳适生地和正宗的原产地，云黄连（云连）在怒江种植已有上百年的历史。它的小黄檗碱含量达 7% ～ 9%，药用成分含量高。云南 95% 以上的黄连都产于怒江，习惯上称为“怒江黄连”。云黄连以其优良品质畅销海内外市场，是云南省的特色药材品种之一。

现在，云黄连这一野生药用植物已成为濒危物种，2002 年云南省对外公布的三十几个濒危物种中就有云黄连，国务院的野生药材资源保护条例中也有云黄连。云黄连已成为国家的二级重点保护药材。中国科学院昆明分院组织专家进行云黄连野生资源调查与人工繁殖及栽培试验示范研究，已建成 200 亩苗圃基地，并进行了“引种驯化”研究。

4. 云当归

本品为伞形科植物当归 *Angelica sinensis*（Oliv.）Diels，以根入药。性温，味甘、辛。归肝、心、脾经。有补血、活血、调经止痛、润燥滑肠等作用。主治血虚诸证，可用于月经不调、经闭、痛经、癥瘕结聚、崩漏、虚寒腹痛、痿痹、肌肤麻木、肠燥便难、赤痢后重、痈疽疮疡、跌扑损伤等。

云当归主产于滇西地区，大理、丽江、迪庆是老产区。滇东曲靖市的沾益区大力发展中药种植，特别是当归种植尤为成功，成为了主要的产区。其产量猛增，成品干货以千吨计。部分地区高寒、凉爽、湿润的气候极适宜当归种植。丽江、大理已作为当归种植基地。

5. 云天麻

本品为兰科多年生寄生草本植物天麻 *Gastrodia elate* Bl. 的块茎。性味甘、平，有祛风、定惊之功效，可治疗头痛、头昏、眩晕、偏头疼、眼花、语謇。本品还可治疗风寒湿痹、四肢痉挛、小儿惊风等多种疾病，近年来用于治疗高血压、神经衰弱等症。

天麻原系野生，生长于海拔 2000 ～ 3000m 的山谷林地。经过多年研究实验，人工栽培天麻已获成功，正在逐步推广。云南是我国天麻的主产地之一，在云南又集中产在昭通地区，尤以该地区的彝良、镇雄两县产量最多，此外怒江、香格里拉、丽江等地也产天麻。云天麻质地坚实沉重、断面明亮、无空心，年产量约 20 万 kg。

6. 冬虫夏草

本品为麦角菌科真菌冬虫夏草菌 *Cordyceps sinensis*（Berk.）Sacc. 寄生于虫草蝙蝠蛾的幼虫上所形成的虫菌复合体，是名贵的中药。性味甘、平。具有补虚损、益精气、止咳化痰的功效，可治痰饮喘嗽、虚喘、痨嗽、咯血、自汗盗汗、阳痿遗精、腰膝酸痛、病后久虚不复等。

冬虫夏草分布于云南省迪庆、丽江、怒江等海拔 3500m 以上的高山草地中，由于产区局限，生长条件苛刻，因此产量不高，长期以来市场供应紧缺。随着国内外需求量的剧增，供需矛盾越来越大，开拓以生物工程技术生产的虫草菌粉代替天然虫草，遂成为受人瞩目的科研课题。

7. 茯苓

本品为多孔菌科真菌茯苓 *Wolfiporia extensa*（Peck）Ginns 的干燥菌核，多寄生于马尾松或赤松的根部。性味归经：甘、淡、平，归肺、胃、肾经。具利水渗湿、健脾、化痰、宁心安神的功效，用于小便不利、水肿、脾虚泄泻、痰饮咳嗽、心神不安、心悸、失眠。

茯苓又称“云苓”，为云南道地药材。野生茯苓有个圆、体坚实、皮细肉白、品质优良等特点，为出口创汇商品之一，年均产量约 500 万 kg。野生茯苓分布于丽江、维西、香格里拉、福贡、云龙、剑川、腾冲、禄劝、武定、富民、宣威等地。家种主产于楚雄州、昆明市和曲靖市，维西、丽江亦有种植。楚雄是重要的茯苓种植基地。

8. 滇龙胆

本品为龙胆科滇龙胆 *Gentiana rigescens* Franch. ex Hemsl.，多年生草本植物，全草入药。性寒，味苦。功用主治：泻肝胆实火，除下焦湿热，用于惊痫狂躁、乙型脑炎、头痛、目赤、咽痛、黄疸等。

滇龙胆产于云南中部、西部各县，生于山坡草地、林下、灌丛中，海拔 1000 ～ 2800m。

9. 薯蓣

本品为薯蓣科植物薯蓣 *Dioscorea polystachya* Turczaninow 的根茎。性平，味甘，可益气养阴、健脾补肺、益肾固精、止带。主治心腹虚胀、手足厥逆、肺虚喘咳、带下等。

我国薯蓣资源丰富，资源储量大。云南薯蓣资源量约占全国的 1/4。我国分布有薯蓣 11 种及 1 变种，云南省就有 9 种、1 变种。金沙江干热河谷地带是薯蓣的主要分布区，永胜是薯蓣分布的核心地区，野生薯蓣资源濒于枯竭，仅某公司种植成功 2.7 万亩。永胜县和西双版纳各建立了 2000 亩示范基地，严格按中药质量标准规范化种植，取得经验后，将在丽江、大理、楚雄、西双版纳的河谷热区推广。

10. 砂仁

本品为姜科植物砂仁 *Amomum villosum* Lour. 的成熟果实。性味归经：性温，味辛，归脾、胃、肾经。本品有化湿开胃、温脾止泻、理气安胎、行气宽中、健胃消食的作用。

砂仁主产于西双版纳，德宏、文山、红河、临沧等地亦有栽培。目前云南的砂仁产量占全国的 60% 左右，居首位。西双版纳、德宏两地已作为砂仁等南药种植基地，基地建设要按相关标准，运用现代生物技术，保证这些药材的道地特性。

显微实验指导

实验一　显微镜使用技术及植物细胞结构观察

一、目的要求

（1）熟悉光学显微镜的各主要部分的名称及功能。

（2）掌握显微镜的正确操作方法及植物临时装片制作、植物细胞图绘制的基本技术。

二、仪器用品及实验材料

1. 仪器用品

显微镜、载玻片、盖玻片、镊子、吸水纸、擦镜纸、稀碘液。

2. 实验材料

洋葱鳞茎。

三、内容与步骤

1. 显微镜的构造（附图 1）

（1）机械部分

① 镜座　显微镜的底座，支持整个镜体，使显微镜放置稳固。

② 镜柱　镜座上面直立的短柱，支持镜体上部的各部分。

③ 镜臂　弯曲如臂，下连镜柱、上连镜筒，为取放镜体时手握的部分。直筒显微镜臂的下端与镜柱连接处有一活动关节，可使显微镜在一定范围内后倾。

④ 镜筒　为显微镜上部圆形中空的长筒，其上端置目镜，下端与物镜转换器相连。镜筒能保护成像的光路和亮度。

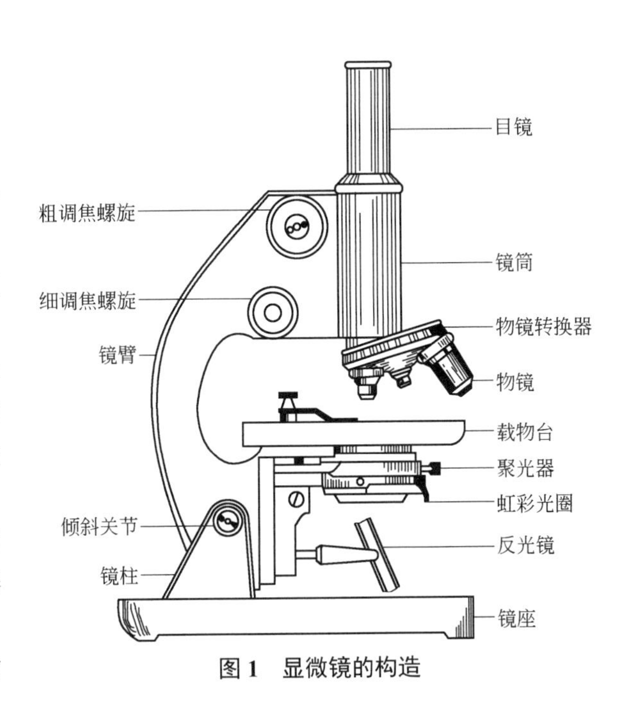

图 1　显微镜的构造

⑤ 物镜转换器　为接于镜筒下端的

圆盘，可自由转动。盘上有 3 ～ 4 个安装物镜的螺旋孔。当旋转转换器时，即可使物镜固定在使用的位置上，保证物镜与目镜的光线合轴。

⑥ 载物台　为放置玻片标本的平台，中央有一通光孔。两旁装有一对压片夹，或装有机械移动器，可以固定玻片标本，同时可以向前后左右移动。

⑦ 调焦装置　用以调节物镜和标本之间的距离，得到清晰物像。在镜臂两侧有粗、细调焦螺旋各 1 对，旋转时可使镜筒上升或下降。大的一对为粗调焦螺旋，旋转一圈可使镜筒移动 2mm 左右。小的一对为细调焦螺旋，旋转一圈可使镜筒移动 0.1mm。

⑧ 聚光器调节螺旋　在镜柱的一侧，旋转时可使聚光器上下移动，以调节光线强弱。

（2）光学部分

① 物镜　安装在镜筒下端的物镜转换器上，分低倍、高倍和油浸物镜三种。一般其上刻有放大倍数（如 10×、40×、100×）和数值孔径（NA）。物镜的放大倍数越高，其工作距离（即物镜最下面透镜的表面与盖玻片上表面间的距离）越小。使用时要特别注意。

② 目镜　安装在镜筒上端，可将物镜所成的像进一步放大。其上刻有放大倍数。

③ 反光镜　是个圆形的两面镜。一面是平光镜，能反光；另一面是凹反射面镜，兼有反光和汇集光线的作用。反光镜具有转动关节，可作各种方向的翻转，将光线反射在聚光器上。

④ 聚光器　于载物台下，由聚光镜和虹彩光圈等组成，它可将平行的光线汇集成束，集中于一点以增强被检物体的照明。聚光器可以上下移动以调节视野的亮度。

⑤ 虹彩光圈　装在聚光器内，拨动操作杆，可调节光圈大小，控制通光量。

2. 显微镜的使用方法及注意事项

（1）取镜和放置　小心地从镜盒中取出显微镜。取镜时应右手握住镜臂，左手平托镜座，保持镜体直立，严禁用单手提着镜子走，防止目镜滑出。放置在桌上时，一般应放在座位的左侧，距桌边约 5 ～ 6cm 处，以便于观察和防止掉落。

（2）对光　一般可用由窗口进入的散射光，或用日光灯作为光源，避免用直射光。对光时先把低倍镜转到中央，对准载物台上的通光孔，然后用左眼或双眼从目镜向下注视，同时，转动反光镜，使镜面向着光源，光弱时可用凹面镜。当在镜筒内见到一个圆形而明亮的视野时，再利用聚光镜或虹彩光圈调节光的强度，使视野内的光线均匀而明亮。

（3）低倍镜的使用　观察任何标本时，都必须先用低倍镜。因低倍镜的视野大，容易发现目标和确定要观察的部位。

① 放置切片　升高镜筒，把玻片标本放在载物台中央，使材料正对通光孔，然后用压片夹压住载玻片的两端。

② 调焦　两眼从侧面注视物镜，并慢慢按顺时针方向转动粗调焦螺旋，使镜筒慢慢下降至离玻片 5mm 处。用左眼或双目注视镜筒内，同时按逆时针方向转动粗调焦螺旋，使镜筒上升，直到视野内的物像清晰为止（注意不可在调焦时边看镜筒内边下降镜筒，否则会使物镜和玻片相碰，压碎玻片，损坏物镜）。若一次看不到物像，应重新检查材料是否放在光轴上，重新放正材料，再重复上述操作过程直至物像出现和清晰为止。

为了使物像更清晰，可转动细调焦螺旋。当细调焦螺旋向上或向下转不动时，即表明已达到极限，切勿再硬拧，而应重新调节粗调焦螺旋，拉开物镜和标本间的距离，再反拧细调焦螺旋约 10 圈，至物像清晰为止。

③ 低倍镜下观察　根据需要，移动玻片使观察的部分在最佳位置上。找到物像后，还可根据材料的厚薄、颜色、成像反差强弱是否合适等再调节，如视野太亮，可降低聚光器或缩小虹彩光圈，反之则升高聚光器或开大光圈。

（4）高倍物镜的使用

① 选好目标　在低倍镜下选好目标并移至视野中央，转动物镜转换器，把低倍物镜移开，换上高倍物镜，并使之与镜筒成一直线（因高倍镜工作距离很短，操作要小心，防止镜头碰击玻片）。

② 调焦　一般情况下，当高倍物镜转正之后，在视野中央即可见模糊物像，只要稍调细调焦螺旋，即可见到最清晰的物像。如果高倍物镜离盖玻片较远看不到物像时，则需要重新调整焦点；此时应从侧面注视物镜，并小心转动粗调焦螺旋，使镜筒慢慢下降到高倍镜物镜头几乎要与玻片接触时为止（小心勿压碎玻片和损坏镜头），然后再由目镜观察，同时按逆时针方向缓慢转动粗调焦螺旋，使镜筒稍微上升至见到物像后，换调细调焦螺旋至物像清晰为止。

③ 调节亮度　在换用高倍镜观察时，视野变小、变暗，所以要重新调节亮度，此时可以升高聚光器或放大虹彩圈。

（5）显微镜的放大倍数

视野中观察到的物像的放大倍数 = 目镜的放大倍数 × 物镜的放大倍数

3. 洋葱表皮细胞的观察

（1）临时装片的制作　在载玻片中央滴一滴蒸馏水，从洋葱鳞茎上剥下一片肉质鳞叶，用镊子在其内表面撕下一块透明的内表皮，切取边长 3 ～ 5mm 大小的一块置于载玻片的水滴中，用镊子夹着盖玻片并使其一侧与水滴的边缘接触，然后缓慢放下盖玻片，使盖玻片下的空气逐渐被水挤出而不产生气泡。用吸水纸从盖玻片的边缘吸掉多余的水。小心地从盖玻片的一侧滴加一滴稀碘液，1min 后观察。

（2）洋葱表皮细胞的结构观察　按显微镜的使用方法，先在低倍镜下找到目标（洋葱内表皮细胞为单层长方形或扁砖状、排列紧密的一群细胞）。移动装片，选择几个较为清楚的细胞置于视野中央，换用高倍物镜再仔细观察，注意识别以下结构。

① 细胞壁　为细胞的最外层，较透明。

② 细胞质　为无色透明的胶状物（在稀碘液染色后为浅黄色），紧贴在细胞壁内，在光学显微镜下一般只在细胞的两端可以看到。

③ 细胞核　为扁圆形的小球体，浸埋在细胞质中，颜色较深（被稀碘液染成深黄色），有时可见其中央有 1 ～ 3 个小颗粒，即核仁。

④ 液泡　位于细胞的中央，占细胞的大部分，比细胞质更透明。

（3）绘制洋葱表皮细胞图　绘图是实验报告的重要内容之一，是学习植物形态和解剖时必须掌握的基本技能。植物绘图和美术绘图不同，其具体要求如下。

① 科学性和准确性　要认真观察要画的标本或切片，选择典型材料，正确理解各部分特征，才能保证所绘图的科学性和准确性。

② 先构图　按实验指导要求绘制的数量和内容，在图纸上首先安排好各图的位置和相关部分比例，并留出书写图题和注字的地方。

③ 用 HB 铅笔轻轻在纸上勾画出图形的轮廓，然后用 2H 铅笔描出与观察对象相吻合的线条，线条要粗细均匀、光滑清晰，接头处无分叉，切忌重复描绘。

④ 观察对象各部分的明暗和颜色，深浅用圆点的疏密表示，点应圆而整齐、大小均匀，切忌涂抹阴影。

⑤ 图纸要保持清洁，图注用铅笔书写，并用平行线引出注于图的右侧。实验题目写在绘图纸的上方，图题和所用材料的名称和部位写在图的下方。注明放大倍数。

四、作业与思考

（1）如何知道被观察物在显微镜下的放大倍数？

（2）绘制洋葱鳞叶的内表皮细胞，按实验要求注明细胞各部分名称。

实验二　植物组织类型及细胞后含物的观察

一、目的要求

（1）掌握植物的保护组织、分生组织、机械组织、输导组织、分泌组织的细胞形态和结构特征。

（2）掌握植物细胞内主要后含物的鉴别。

（3）熟悉植物表皮细胞的特化结构、机械组织和输导组织的类型。

二、仪器用品及实验材料

1. 仪器用品

显微镜、载玻片、盖玻片、镊子、吸水纸、擦镜纸、稀碘液、水合氯醛试液、牙签。

2. 实验材料

洋葱根尖纵切片、薄荷叶或紫苏叶、夹竹桃叶、薄荷茎或紫苏茎横切片、梨果肉、松茎纵切及横切片、南瓜茎纵切及横切片、当归根横切片、大黄粉末、半夏粉末或切片、黄柏或甘草粉末、马铃薯。

三、内容与步骤

1. 保护组织的观察

（1）表皮　用镊子撕取薄荷叶或紫苏叶的下表皮一小块，制成临时水装片，镜检，可见表皮由一层扁平薄壁细胞组成。细胞排列紧密，不含叶绿体，从表面看其侧壁多呈波状，细胞互相嵌合。有时可见毛茸和气孔。

（2）毛茸

① 非腺毛　撕取夹竹桃叶的下表皮一小块，制成临时水装片，镜检，可见顶端尖狭的非腺毛。注意其由几个细胞组成，以及能否在上述薄荷或紫苏叶的装片中见到非腺毛。

② 腺毛　观察薄荷或紫苏叶的水装片，注意其腺毛的类型。一种为具 1 ～ 2 细胞的腺头和具 1 ～ 2 细胞的腺柄；另一种为腺鳞，腺头由 6 ～ 8 个细胞组成，略呈扁球形，排列在同一平面上，周围有角质层，其与腺头细胞之间贮有挥发油，腺柄极短。

2. 分生组织的观察

观察洋葱根尖纵切片。先在低倍镜下找出细胞最小、染色最深的圆锥形的根尖生长锥，即根尖分生组织所在部位。注意最顶端的一群细胞最小，其细胞壁薄，细胞质浓，细胞核大，液泡小而多，细胞排列整齐无间隙。在生长锥的前方为帽状的根冠。

3. 机械组织的观察

（1）**厚角组织**　观察薄荷茎和紫苏茎的横切片，注意在4个棱角处的表皮下方，有数层细胞，其细胞只在角隅处增厚，增厚部分色暗，并因相邻细胞数目不同而呈三角形或多边形，即厚角组织。

（2）**厚壁组织**

① 纤维　用牙签挑取少量黄柏粉末置于载玻片上，滴加水合氯醛试液，盖上盖玻片，镜检，可见纤维及晶鞘纤维大多成束，多碎断。纤维甚长，有的边缘凹凸，壁极厚，胞腔线形。晶鞘纤维含草酸钙方晶。

② 石细胞　用镊子从靠近果核部位取少量梨果肉细胞，用镊子轻压使之分散，制成临时水装片，在盖玻片上稍用力按压，镜检，可见多边形的石细胞，细胞壁极厚，只在细胞中央有一小孔，内为细胞质。

4. 输导组织的观察

（1）**管胞**　在显微镜下观察松茎纵切片，可见管胞呈长管状，两端常偏斜，两相邻管胞上的纹孔相通，纹孔为具缘纹孔，表面观为3个同心圆。

（2）**导管**　在低倍镜下观察南瓜茎纵切片，被染成红色、具有花纹而成串的管状细胞，即各种类型的导管。注意上、下两个相邻的导管分子之间的细胞壁是否有穿孔，并区分导管类型。

（3）**筛管及伴胞**　取南瓜茎横切片，对光观察，可见在切片中央有一五角星状的大空腔（髓腔），边缘有5个突起的棱。在低倍镜下观察其中的一个棱，可见环状排列的维管束，每个维管束的中部被染成红色的是木质部，其中有几个明显的大导管；维管束的两端为韧皮部，被染成绿色，在外韧皮部中寻找筛管和伴胞，筛管为多边形薄壁细胞，被染成绿色，其旁边常贴生有一个小型的伴胞。如果切片正好切在筛板处，还可见染色较深的筛板和其上的筛孔。

在南瓜的纵切片上观察，筛管为长管状的细胞上下相连，相邻两细胞壁上有筛板（上有筛孔），筛管旁边呈梭形的细胞即伴胞。

5. 分泌组织的观察

（1）**分泌细胞和分泌腔**　观察当归根横切片，可见最外层为木栓层，靠近木栓层和韧皮部处有许多扁平的分泌细胞围绕成的空腔，即为分泌腔，贮存分泌的油脂。

（2）**分泌道**　观察松茎横切片，可见被染成红色的木质部中，有许多排列整齐的分泌细胞围绕的大圆腔，即分泌道，因其内贮藏树脂而称树脂道。观察松茎纵切片，可见横向分布的树脂道，在管道的两侧各有一列排列整齐的分泌细胞。

6. 细胞后含物的观察

（1）**淀粉粒**　取一小块马铃薯块茎，用小刀刮取少许置于载玻片上，制成临时水装片，在低倍镜下观察淀粉粒，注意其形状。再转至高倍镜下观察脐点和层纹。用牙签挑取少量半夏粉末，制成水装片，观察其淀粉粒的形状。从盖玻片的一侧滴加1滴稀碘液，观察淀粉颜色变化。

（2）草酸钙结晶

① 簇晶　用牙签挑取少量大黄粉末置于载玻片上，滴1～2滴水合氯醛试液，在酒精灯上慢慢加热透化，注意不要蒸干，可加添新的试剂，并用滤纸吸去已带色的多余试剂，至材料颜色变浅而透明时停止。加稀甘油1滴，盖上盖玻片，将周围的试剂擦干净，镜检，可见多数大型、星状的簇晶。

② 针晶　取半夏粉末少许，如上法透化后，镜检；或观察半夏根切片，可见散在的或成束的针状晶体。

③ 方晶　取黄柏粉末如上法透化后，镜检，可见在细长成束的纤维周围的薄壁细胞内，含有方形或长方形的晶体，称晶纤维。

四、作业与思考

（1）机械组织包括哪些类型？其细胞结构各有何特点？

（2）细胞内的草酸钙结晶主要有哪些类型？绘制大黄粉末中观察到的晶体结构并说明其类型。

实验三　根的初生构造和次生构造的观察

一、目的要求

（1）掌握双子叶和单子叶植物根的初生构造。

（2）掌握双子叶植物根的次生构造。

（3）了解根的异常构造。

二、仪器用品及实验材料

1. 仪器用品

显微镜。

2. 实验材料

毛茛根横切片、直立百部或麦冬根的横切片、防风或人参根的横切片、何首乌块根的横切片、怀牛膝根的横切片。

三、内容与步骤

1. 双子叶植物根初生构造的观察

在低倍镜下观察毛茛根的横切片，区分表皮、皮层和维管柱三部分，然后转换高倍镜由外向里仔细观察。

（1）表皮 为最外一层薄壁细胞，排列整齐紧密，无间隙。观察有无气孔和角质层、有无根毛并思考原因。

（2）皮层 在表皮以内，被染成绿色的部分即皮层，由多数排列疏松的薄壁细胞组成。皮层最外 1 ～ 2 层细胞，排列整齐，称外皮层；皮层最内一层细胞排列紧密，称内皮层。在毛茛根的内皮层可见大部分细胞的细胞壁增厚，被染成红色，只有对着维管束木质部的少数内皮层细胞壁不增厚。

（3）维管柱 为内皮层以内所有组织，占根中央的一小部分，细胞小而紧密，由中柱鞘、初生木质部和初生韧皮部组成。

中柱鞘为紧贴内皮层的 1 ～ 2 层薄壁细胞，排列整齐紧密。中柱鞘下为木质部，其中的导管被染成红色，呈 4 束，每束内导管的口径大小不同，靠近中柱鞘的导管先发育、口径小；靠近根中心的导管分化晚、口径大，这是根的初生构造特征之一。木质部一直分化到根的中央，故根中央无髓，这是双子叶植物根的初生构造特征。初生韧皮部位于两初生木质部之间，被染成绿色，与初生木质部相间排列成辐射状，这也是根的初生构造特征。

2. 单子叶植物根初生构造的观察

取直立百部和麦冬的根横切片由外向内观察。

（1）外皮层 为最外 3 ～ 4 层细胞，细胞壁可见条纹状木栓化纹理。

（2）皮层 由薄壁细胞组成，宽广，被染成绿色。内皮层可见部分细胞壁环状增厚为凯氏带。

（3）维管柱 位于中央，占根的小部分，包括中柱鞘、初生木质部、初生韧皮部和髓。

中柱鞘紧贴内皮层，由 1 ～ 2 层细胞组成。初生木质部束和初生韧皮部束各 19 ～ 27 个，相间排列成辐射状。在维管柱的中心为薄壁细胞，称为髓。其间散在单个和 2 ～ 3 个一束的小纤维。

3. 双子叶植物根次生构造的观察

取防风根横切片，从外向内逐层观察。

（1）周皮 为最外方的数层细胞，从外向内依次分为木栓层、木栓形成层和栓内层。

（2）木栓层 为外部 8 ～ 12 层排列整齐、紧密的扁长形木栓细胞，呈浅棕色。

（3）木栓形成层 由中柱鞘细胞恢复分生能力而产生，在切片中不易分辨。

（4）栓内层 为 2 ～ 3 层切向延长的薄壁细胞，其中分布有不规则长圆形油管。

（5）次生维管组织 为形成层活动产生的组织。由外向内依次分为次生韧皮部、形成层、次生木质部。

① 次生韧皮部 在周皮以内，被染成绿色，有多数裂隙。其间有筛管和伴胞，但与周围的韧皮薄壁细胞不易区分。

② 形成层 在次生韧皮部内，由数层排列紧密、整齐的扁长方形薄壁细胞组成。

③ 次生木质部 在形成层内，包括导管、管胞和木薄壁细胞。导管被染成红色，呈放射状排列。在导管束之间有 1 ～ 2 列径向排列整齐的薄壁细胞，呈放射状排列，为木射线。其延伸到韧皮部的部分为韧皮射线，共同组成维管射线。

在次生木质部的内方、根的中心部位，为初生木质部，其导管的口径小，呈类圆形。

4. 根异常构造的观察

（1）观察何首乌的根横切片 在低倍镜下由外向内依次可见周皮、薄壁组织、排成一圈大小不等的圆环状异型维管束和中央正常的维管束。异形维管束多为复合型，少数为单个维管束。维管束的两端为韧皮部，即“外韧型”。中央正常的维管束大型，中心部位为初生木质部。

（2）观察怀牛膝根的横切片 在低倍镜下观察，最外部分为木栓层。木栓层内为薄壁细胞，分布多数异型维管束，断续排成 2 ～ 4 轮。最外轮的异型维管束较小，内层异型维管束较大，均为外韧型。根的中央为正常维管束。

四、作业与思考

（1）双子叶植物根与单子叶植物根的初生构造有何区别？

（2）绘制防风根的横切面图，示意双子叶植物根的次生构造。

实验四　茎初生构造和次生构造的观察

一、目的要求

（1）掌握双子叶植物木质茎和草质茎的次生构造特点。

（2）掌握单子叶植物茎的构造特点。

（3）熟悉双子叶植物茎的初生构造、双子叶植物和单子叶植物根状茎的构造特点。

二、仪器用品及实验材料

1. 仪器用品

显微镜。

2. 实验材料

向日葵或马兜铃幼茎横切片、3 ～ 4 年椴树茎或枫香茎横切片、薄荷茎横切片、玉米茎横切片、黄连根状茎横切片、知母或菖蒲根状茎横切片。

三、内容与步骤

1. 双子叶植物茎初生构造的观察

取向日葵或马兜铃幼茎横切片，先在低倍镜下区分出表皮、皮层和维管柱三部分；维管束环状排列为一圈，束间有髓射线，中央为宽大的髓。然后转换高倍镜逐层观察。

（1）表皮 由一层排列整齐紧密的扁长方形的薄壁细胞组成，其外壁角质加厚，有时可见非腺毛。

（2）皮层 为多层薄壁细胞，具细胞间隙。与根的结构比较，所占的比例很小。靠近表皮的几层细胞为厚角组织，细胞内可见被染成绿色、类圆形的叶绿体，其内为数层薄壁细胞，其中有小型分泌腔。皮层的最内一层细胞不形成凯氏带，细胞内有淀粉粒，但在制片中不易观察到。

（3）维管柱 包括维管束、髓和髓射线。

① 维管束　为几个大小不等的外韧维管束，排成一轮，每个维管束由初生韧皮部、束中形成层、初生木质部组成。初生韧皮部在外方，呈多角形，细胞壁加厚，因尚未木质化，故被染成绿色。束中形成层为 2 ～ 3 层扁平长方形的细胞，排列紧密。内部为初生木质部，其中的导管被染成红色，靠近茎中心的导管口径小，染色深，为原生木质部；其外是后生木质部，导管口径大，染色较浅。

② 髓　位于茎的中央，也是维管柱中心的薄壁细胞，排列疏松，常具有贮藏功能。

③ 髓射线　为两个维管束之间的薄壁细胞，被染成绿色，内部与髓相连，呈放射状排列。

2. 双子叶植物木质茎次生构造的观察

取 3 ～ 4 年生椴树茎的横切片，由外向里观察。

（1）**周皮**　最外几层细胞，由外向内依次为木栓层、木栓形成层、栓内层。

（2）**皮层**　由几层厚角组织和薄壁组织组成，有些细胞内可见草酸钙簇晶。

（3）**韧皮部**　细胞排列成梯形，底部靠近形成层，其间有韧皮纤维（染成红色）和韧皮薄壁细胞（染成绿色），筛管和伴胞呈条纹状相间排列。

（4）**形成层**　在韧皮部下方 4 ～ 5 层呈环状排列整齐的扁长细胞。

（5）**木质部**　在形成层内方，在横切片上占很大面积。紧靠髓部周围的导管口径小，为初生木质部。被染成红色，可见环状年轮。注意早材和晚材在组织构造上的区别。

（6）**髓**　位于茎的中央，大部分由薄壁细胞组成，有的细胞内可见草酸钙簇晶或单宁等后含物。

（7）**髓射线**　由髓部薄壁细胞向外辐射状发出，直达皮层，在木质部内为 1 ～ 2 列细胞，至韧皮部时则扩大成喇叭状。

（8）**维管射线**　在每个维管束之内，由木质部和韧皮部中横向运输的薄壁细胞组成，一般短于髓射线。

3. 双子叶植物草质茎次生构造的观察

取薄荷茎横切片，由外向内观察。

（1）**表皮**　由一层长方形表皮细胞组成，外被角质层，有时可见腺毛或非腺毛。

（2）**皮层**　由数层排列疏松的薄壁细胞组成，在 4 个棱角内方各有多层厚角细胞组成的厚角组织（染成绿色）。

（3）**维管柱**　由维管束和其间的髓射线、茎中央的髓组成。

（4）**维管束**　在低倍镜下观察，可见维管束呈环状排列，正对着茎的棱角为 4 个大的维管束，这些维管束之间是较小的维管束。在维管束内部，韧皮部在外方，狭窄，形成层呈环状，木质部在棱角处较发达，导管纵向排成一列，在导管之间为薄壁细胞组成的维管射线。

（5）**髓**　在茎的横切片的中央部位，很发达，由大型薄壁细胞组成（被染成绿色）。

（6）**髓射线**　在维管束间的薄壁细胞，向内与髓相连；在髓和髓射线的薄壁细胞内有时可见放射纹理的橙皮苷结晶。

4. 单子叶植物茎的构造

取玉米茎横切片，由外向内观察。

（1）**表皮**　为茎的最外层细胞，细胞排列整齐，呈扁方形，外壁有较厚的角质层。

（2）**基本组织**　靠近表皮的数层细胞较小，排列紧密，为厚壁组织，其内为薄壁组织，是基本组织形态的主要部分。

（3）**维管束**　分散在基本组织中，靠外方的维管束较小，内方的渐大，维管柱无明显界限。换高倍镜观察一个维管束，可见其外围有一圈维管束鞘（细胞排列整齐），里面只有初生木质部和初生韧皮部，没有形成层。初生韧皮部在外方，内部围初生木质部，其中的导管在横切面上排列成“V”字形，上半部含有1对并列的大导管，下半部有1～2个纵向排列的小导管、少量薄壁细胞和1个大空腔。

5. 双子叶植物根状茎构造的观察

取黄连根状茎横切片，由外向内观察。

（1）**木栓层**　为茎的最外几层细胞，已木栓化（染成棕色），有的外侧有鳞叶组织。

（2）**皮层**　宽广，有单个和成群的石细胞分散其中。

（3）**维管束**　环状排列，韧皮部外侧有初生韧皮纤维束，其间夹有石细胞，切片染成鲜红色。木质部均被染成红色，可见导管、纤维和木薄壁细胞。

（4）**髓**　位于中央，由类圆形薄壁细胞组成。

6. 单子叶植物根状茎构造的观察

取菖蒲的根状茎横切片，由外向内观察。

（1）**表皮**　由一层类方形细胞构成，外壁增厚，角质化。

（2）**皮层**　较宽广，其间有油细胞、纤维束、叶迹维管束散在。纤维束类圆形，周围细胞中有草酸钙方晶，形成晶鞘纤维；叶迹维管束外有维管束鞘包围。内皮层细胞排列紧密，有凯氏带。

（3）**维管束**　内皮层以内的基本组织中，散生多数维管束，紧靠内皮层排列紧密。维管束鞘纤维发达，周围细胞中含有草酸钙方晶。

四、作业与思考

（1）绘制薄荷茎横切面图，并注明各部分名称。

（2）双子叶植物木质茎与草质茎的次生构造有何不同？

实验五　叶和花内部构造的观察

一、目的要求

（1）掌握花药和雌蕊的内部构造。

（2）熟悉单子叶植物和双子叶植物叶的内部构造。

二、仪器用品及实验材料

1. 仪器用品

显微镜。

2. 实验材料

薄荷叶横切片、淡竹叶叶片横切片、百合花药横切片、百合柱头纵切片、花柱及子房横切片。

三、内容与步骤

1. 双子叶植物叶片构造的观察

取薄荷叶的横切片，先在低倍镜下观察，区分上表皮（叶面）和下表皮（叶背）。中部向外突出的一面为下表皮，中部下凹的一面为上表皮。然后转换高倍镜下观察。

（1）**表皮** 上表皮细胞长方形，下表皮细胞较小、扁平，均被角质层，有气孔；表皮外有腺鳞、小腺毛和非腺毛。

（2）**叶肉** 表皮下的一层扁长形、排列整齐的细胞为栅栏组织，细胞内含有大量叶绿体；栅栏组织内 4 ～ 5 层排列疏松的薄壁细胞为海绵组织，细胞中的叶绿体较少。

（3）**主脉** 位于叶片中央。维管束木质部位于近轴面（靠近上表皮），导管常 2 ～ 5 个排成数个纵列；韧皮部位于木质部下方，较窄，细胞小，形成层明显。主脉处的上、下表皮内侧常有厚角组织。

2. 单子叶植物叶片构造的观察

取淡竹叶的叶片横切片，先在低倍镜下观察，同上法区分上、下表皮，然后转换高倍镜观察。

（1）**表皮** 上表皮细胞类方形，大小不一，细胞壁薄，其中有些扇形的大型表皮细胞；下表皮细胞较小，排列整齐。上、下表皮均有角质层、气孔和单细胞非腺毛。

（2）**叶肉** 表皮下栅栏组织和海绵组织分化不明显，上表皮下方有一排短圆柱形的薄壁细胞，内含叶绿体，并通过主脉，呈栅栏组织状。

（3）**主脉** 上部向下微凹，下部向外突出。维管束外有一层排列整齐的细胞，为维管束鞘，无形成层，木质部的导管稀少，排成“V”字形，其下方为韧皮部。

3. 花药内部构造的观察

观察百合花药横切片，在低倍镜下可见其为蝴蝶形，中部为药隔，其间有一维管束通过，周围为薄壁组织；左右各有两个花粉囊或药室。选择一个完整的花粉囊，换高倍镜观察花粉囊壁的构造。

（1）**表皮** 为最外层细胞，细胞小，具有角质层。

（2）**药室内壁** 在表皮下的一层近方形的较大细胞，细胞内含淀粉粒。

（3）**中层** 药室内壁 1 ～ 3 层较小的扁细胞。

（4）**绒毡层** 花粉囊壁最内一层长柱状细胞。

在药室内部为许多圆形的花粉母细胞。

4. 雌蕊内部构造的观察

（1）**柱头** 观察百合柱头纵切片，可见柱头表面有乳头状或毛状突起，中央为裂缝状的花柱道。有时可见柱头上有花粉粒附着，或有花粉管向柱头内部插入。

（2）**花柱** 观察百合花柱横切片，可见花柱呈三角形，中央为中空的花柱道，其内表皮有具分泌功能的腺细胞，染色较深。

（3）子房 观察百合子房横切片，可见子房壁由内外两层表皮和其间的薄壁组织构成。子房壁内有3个子房室，即它是由3心皮组成的复雌蕊；在每个子房室内可见2个倒生胚珠着生在每个心皮（子房壁）的内侧边缘上。两个子房之间的部分是一隔膜，其外侧有一凹陷为腹缝线的位置，其内有维管束；在每个心皮的中央有一中脉维管束（背束），其处也有凹陷，即背缝线。3个隔膜内连着轴，胚珠着生在中轴上，为中轴胎座。

四、作业与思考

（1）绘制薄荷叶的横切面图，并注明各部分的名称。

（2）绘制百合子房横切面图，注明各部分名称。

实验六 叶类和花类药材粉末观察

一、目的要求

（1）熟悉叶类药材粉末中的一般结构。

（2）熟悉花类药材粉末中的一般结构。

（3）了解花粉粒的形态特点和类型。

二、仪器用品及实验材料

1. 仪器用品

显微镜、载玻片、盖玻片、镊子、吸水纸、擦镜纸、水合氯醛试液。

2. 实验材料

枇杷叶粉末、茶叶粉末、金银花粉末、扁豆花粉末。

三、内容与步骤

1. 叶类药材粉末的观察

（1）枇杷叶粉末临时装片观察 取少量枇杷叶粉末，做成水合氯醛透化临时装片，观察。

① 非腺毛 为大型的单细胞，极长，多弯曲，有的折成“人”字形。

② 纤维及晶纤维 多碎断，成束或与导管连结。纤维细长，有的纤维束周围的薄壁细胞中含草酸钙方晶，形成晶纤维。

③ 上表皮细胞 表面观呈不规则形，表面有角质化纹理。

④ 下表皮细胞 表面观呈多角形，气孔类圆形或长圆形，副卫细胞4～7个。

⑤ 黏液细胞 呈椭圆形或类圆形。

⑥ 草酸钙结晶 单个方晶和簇晶，散在或存在于薄壁细胞中。

（2）茶叶粉末临时装片观察 取少量茶叶粉末，做成水合氯醛透化临时装片，观察。

① 非腺毛 单细胞，多破碎。壁较厚，偶见螺状纹理。

② 分枝状石细胞 单个散在或存在于叶脉、叶肉薄壁细胞中，与表皮相垂直。呈长条形，不规则分枝。

2. 花类药材粉末的观察

（1）金银花粉末的临时装片观察 取少量金银花粉末，做成临时水装片，观察。

① 花粉粒 近球形，单个散在或几个成团，表面有细密短刺及圆颗粒状雕纹，具3孔沟，即有3个萌发孔。

② 草酸钙结晶 为簇晶。

（2）扁豆花粉末的临时装片观察 取少量扁豆花粉末，做成临时水装片，观察。

① 花粉粒 近球形到长球形，具3孔沟，沟较宽，两端较尖。表面具网状雕纹。

② 非腺毛 1～3个细胞，顶端细胞较长，基部细胞较短宽，胞腔内含有黄色物，细胞壁光滑。

③ 腺毛 淡黄色，头部4～8个细胞，倒卵形，柄部1～3个细胞。

④ 草酸钙晶体 多呈双柱式，成片分布在萼片薄壁组织中。

四、作业与思考

（1）绘制枇杷叶粉末图，注明各部分的名称。

（2）绘制金银花粉末图，注明各部分的名称。

附录Ⅰ

常用试剂溶液的配制和使用

1. 稀碘液

取碘化钾 1g，溶于 100ml 水中，再加碘 0.3g 溶解即得。置于磨口棕色玻璃瓶内保存。本试液可使淀粉显蓝色，使糊粉粒呈黄色。

2. 中性红试液

取中性红 1g，加水 1000 ～ 10000ml 使溶解，即得。本试液可将细胞质和液泡染成红色。

3. 水合氯醛试液

取水合氯醛 50g，加水 15ml 与甘油 10ml 使溶解，即得。本试液为最常用的透明剂，能迅速透入组织，使干燥而收缩的细胞膨胀、细胞与组织透明清晰，并能溶解淀粉粒、树脂、蛋白质和挥发油等物质。

4. 碘化钾试液

取碘 0.5g、碘化钾 1.5g，加水 25ml 使溶解，即得。本试液可将蛋白质染成暗黄色。

5. 间苯三酚试液

取间苯三酚 2g，加 95% 乙醇 100ml，使溶解，即得。本试液与盐酸合用可使木质化的细胞壁显红色或紫红色。应置于玻璃塞瓶内，于暗处保存。

6. α- 萘酚试液

取 α- 萘酚 1.5g，溶于 95% 乙醇 10ml 中，即得。应用时滴加本试液，1 ～ 2min 后再加 80% 硫酸 2 滴，可使菊糖显紫色。

7. 紫草试液

取紫草粗粉 10g，加 95% 乙醇 100ml，浸渍 24h 后，过滤，滤液中加入等量的甘油，混合，放置 2h，过滤，即得。本试液可使脂肪和脂肪油显紫红色。

8. 乙醇福尔马林液

取甲醛（福尔马林）100ml、乙醇 300ml、水 300ml，混合即得。本试液常用于浸渍植物的贮藏根、花、果实以及蕨类、菌类和藻类植物标本。

9. F. A. A固定液

取福尔马林（38%甲醛）5ml、冰醋酸5ml、70%乙醇90ml，混合即得。本固定液可防止植物材料收缩，亦可加入甘油5ml，以防止蒸发（即材料变硬），常用于固定作切片用的植物材料。同时，亦兼有保存剂的作用。

附录Ⅱ

药用植物标本的采集、制作和保存

标本是真实的植物，是辨认药用植物的第一手材料，也是永久性的查考资料，为了正确地鉴别药用植物的种类，必须采集标本。因此，有关采集、制作药用植物标本的知识在科研、教学方面都很需要。

药用植物包括藻类、菌类、地衣、苔藓、蕨类和种子植物等。一般真菌标本（如灵芝、蘑菇等）可阴干保存，较柔软易碎的种类最好制成浸液标本。藻类、地衣、苔藓植物一般较小，容易散失，可以用小纸袋（其上注明采集号码、地点、日期、名称等）先装好，再制成腊叶标本或浸制标本。

（一）采集工具

1. 标本夹

大夹板长 43cm、宽 30cm，中间用 5 ～ 6 根厚约 2cm、宽 4cm 的木条横列，上面再用两根硬方木钉成。小夹板长 42cm、宽 30cm，全部用 3cm 宽的五合板条钉成。四边框用双层五合板，中间用单层五合板。此种轻型小标本夹适合野外采集用（附图 1）。

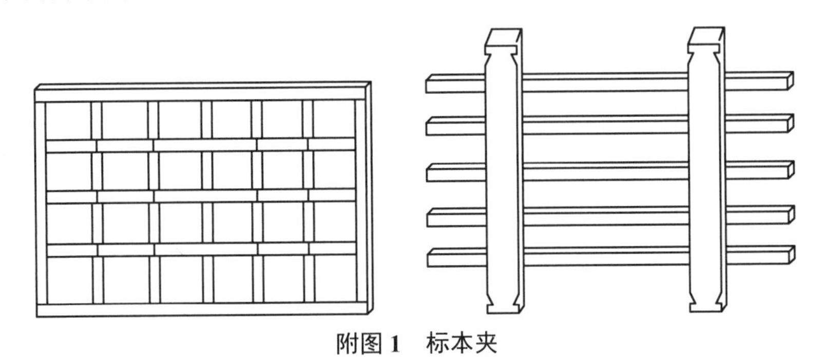

附图 1　标本夹

2. 采集箱

用薄铁片制成，为 50cm×25cm×20cm 扁圆柱形的小箱，一面开有长约 30cm、宽 20cm 的活门，并有锁扣。箱的两端备有环扣，以便配上背带。采集箱可用于野外采集或盛装花、果实，也可在移栽活苗时使用。所采集的材料放于箱内可防止因日晒变蔫和干脆。

3. 常备工具

枝剪、高枝剪、砍刀、小镐、掘铲。高山地区还要准备海拔表，用以测量采集地的海拔高度，以便了解各种植物的垂直分布界限。

4. 野外记录本、野外记录签、定名签

（1）野外记录本 只供采集人在野外记录时使用。其格式和野外记录签基本相同，只在项目中稍有区别，并可两面使用，见附图2。

（2）野外记录签、定名签 每份标本均有一张。野外记录签（附图3）可用薄纸，以便抄写。定名签有两种式样，见附图4和附图5，式样二可用在改定学名时使用，一张标本的学名虽然经过改定，但原定名签仍需保留以供参考。

5. 标本号牌

用于挂在每张标本上，见附图6。此种号牌用硬纸做成，其上穿有挂线。

6. 吸水草纸

用以压制标本、吸收植物水分，用一般能吸收水分的纸张亦可。

7. 其他

粗、细绳，手电筒，一般药品，放大镜，铅笔，橡皮，米尺和大小纸袋（用于保存标本上脱落的花、果、种子、叶片和采集种子）。根据需要还可带照相机、望远镜及常用参考书。

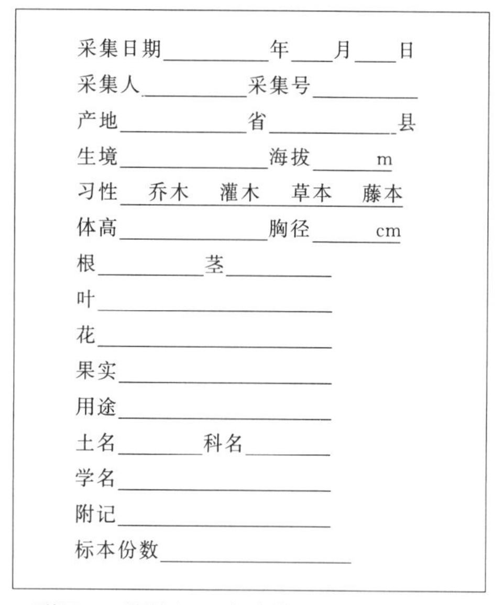

采集日期____年__月__日
采集人____采集号____
产地____省____县
生境____海拔____m
习性 乔木 灌木 草本 藤本
体高____胸径____cm
根____茎____
叶____
花____
果实____
用途____
土名____科名____
学名____
附记____
标本份数____

附图2 野外记录本式样（17cm×11cm）

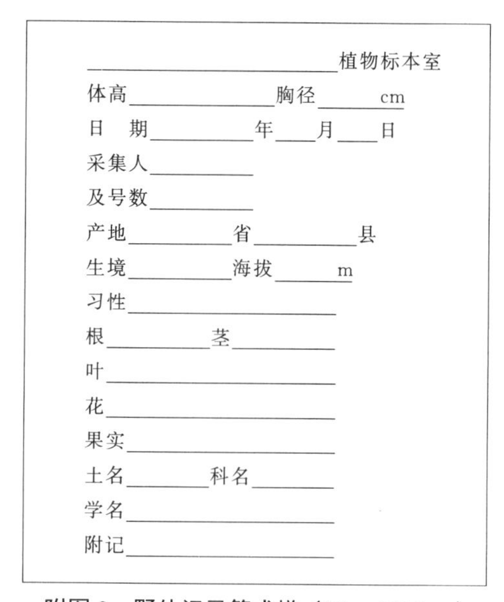

____植物标本室
体高____胸径____cm
日 期____年__月__日
采集人____
及号数____
产地____省____县
生境____海拔____m
习性____
根____茎____
叶____
花____
果实____
土名____科名____
学名____
附记____

附图3 野外记录签式样（13cm×10cm）

（二）采集方法

为了便于分类鉴别，必须采集带有花果的标本，没有花果的标本是不完全的标本，因此进行采集前要了解植物的花期、果期。药用植物还要采集药用部分，以有利于药材鉴别。

…………………………标本室

采集人…………采集号…………

科名…………中文名…………

学名…………………………

功效…………………………

产地…………………………

日期…………鉴定人…………

附图 4　定名签式样一（10cm×8cm）

定名人　　　　年　　月　　日

附图 5　定名签式样二（11cm×5cm）

采集人

采集号

地点

日期

附图 6　号牌的式样（5cm×3cm）

① 草本药用植物标本一般要连根挖出。如果植物高度超过 1m，可将它折成“N”字形收压起来，或分成段（上段带花、果，中段带叶，下段带根），将三段合成一份标本，但应把全草高度记录下来。

② 木本药用植物要选取有花、果的完整枝条剪下，其长度为 25 ～ 30cm，如叶、花、果太密集可适当疏剪去一部分，注意经疏剪的叶要保留叶柄。如果药用部分为根或树皮，应取一小块树皮或根作为样品附在标本上。

③ 对有些雌雄异株的药用植物，要分开采集标本，分别编号，并注明两号关系。对桑寄生、槲寄生、菟丝子、列当等寄生植物，采集时应注意连同寄主一并采集。

④ 对有些肉质植物，如马齿苋、景天三七等，采集后要在开水中烫几分钟，否则压制数日后尚在发芽生长，难以干燥而致标本变黑和落叶。

⑤ 采集藻类时，因一般藻体外都有些黏质，可以先将一张较厚的白纸放在水盆中，然后把少量藻体摊在纸上，摊的时候要摊匀，然后将白纸慢慢托到水面，最后出水。出水后用滴管把藻丝冲顺，将托好的藻类标本放在带有吸水纸的标本夹板上，上面铺一层纱布（纱布质软，可保护藻丝），再放上几层吸水纸，然后将标本夹轻轻捆起来，置于通风处。每天更换吸水纸和纱布以防藻体霉烂，按腊叶标本压制法做成标本。

⑥ 采集一种植物时，必须注意观察其生长环境和形态特征，如有无乳汁、乳汁的颜色、花的颜色、气味等经过压制标本看不出来的特征，并要详细记录。

⑦ 编写采集编号时，每个采集人或采集队名的采集号和每年或每次的采集号，必须按顺序编写。每个采集人或采集队切不可有重号或空号。在同时同地所采的同种植物，应编为同一号。每一号标本最少应采 5 份，以备应用和交换之需。每份标本上都要挂同一号牌。号牌必须紧系于标本的中部，以防脱落。注意野外记录本上的编号要和标本号牌上的号码相一致，以防混淆。

（三）野外记录的方法

野外采集必须有实地记录，记录的内容有专门的野外记录本，可按其格式填写。因为标本经过压制后其生活状态有些改变，如乔木、灌木、高大草本植物，未采到部分的生长形式，植物体的大小、外形，各部分有无乳汁或有色浆汁，叶正反两面的颜色，有没有白粉或光泽；花或花的某一部分的颜色和香气，如兰科植物的唇瓣有没有杂色、斑点和条纹，花药和花丝的颜色和形状；果实的形状和颜色；全株植物各部分的毛被着生和形状以及地下部分的情形等，都是压制成标本后不能保存或难以看出来的性状，必须详实记录。药用植物更要收集当地的土名和药用价值。

填写野外记录和标本号牌应用铅笔，不能用圆珠笔或钢笔，因圆珠笔和钢笔的笔迹在久放后、遇水湿或消毒处理时容易褪色。

（四）腊叶标本的压制

1. 标本的压制

将野外采得的标本先压在小夹板内，返回驻地时，用干纸更换在大夹板内，并加以整理一次。整理时要使花、叶展平，姿态美观，不能使多数叶片重叠，既要压正面叶片，也要压反面叶片。落下来的花、果或叶片要用纸袋装好，袋外写上该标本的采集号，与标本放在一起，以后贴在台纸上。标本与标本之间须隔数张吸水纸，夹在大夹板内，并加适当的重压力，用粗绳将大夹板捆起，放在通风处。次日换干纸时，须再仔细加工整理标本，以后每日均需更换干纸最少 1 次，并应随时再加整理。在第三日换干纸后，可增加压力（大约夹有 250 ～ 300 份标本的夹板），可施加压力 12259 ～ 14710kPa，捆紧夹板，放在日光中，使水分迅速蒸发，以防止标本过度变色或发霉。通常在北方干燥地区，换干纸 7 ～ 8 天后，标本即可干燥。若遇阴雨天，可用微火烘烤。换下的湿纸要及时晒干或用火烤干，以备换纸时用。肉质的球茎、鳞茎、果实可切开压制。南方多雨地区，每日应换干纸 2 次，并可放在微火上烘烤。已干的标本要及时提出另放，即每隔一张单纸放一张标本，并应将同号标本放在一起，外用一张单纸夹起，在夹纸的右下角，写上该标本的采集号。最后小心地将每包标本用细绳捆好，放在干燥通风处。

2. 标本的消毒和装订

野外采回的标本或外方交换来的标本常带有害虫、虫卵或霉菌孢子，故在标本入柜之前，必须进行消毒。

消毒可用 2‰～ 5‰的升汞乙醇（用 75% 的工业乙醇即可）溶液，放在搪瓷盘内，将标本浸透，静置 5min 左右，用竹夹夹取，放在干的吸水纸中，压干后即可上台纸。升汞有剧毒，操作时应注意房间通风，切忌用手直接操作，要戴胶皮手套和口罩，操作后要洗手以免中毒，剩余消毒液要妥善保管。现在大型植物标本室已改用程序控制真空熏蒸机，以硫酰氟（SO_2F_2）或溴代甲烷（CH_3Br）作消毒剂进行标本消毒。

已经消毒的标本要装订在一张台纸上，台纸可用约 40cm×30cm 的厚卡片纸。首先用毛笔将胶水（最好用植物胶）刷在标本背面，花的部分不必上胶，以便解剖观察花部形态。然后移贴到台纸上，稍加压力，放置使干。贴时应注意在左上角和右下角分别留出贴野外记录签和定名签的位置。然后用纸条将叶片和植物粗壮部分用穿钉牢固固定在台纸上即成。

标本经过分科、分属、分种鉴定后，可将定名签贴在台纸右下角，野外记录签贴在左上角，最后可加贴一张薄而韧性强的封面衬纸，以免标本互相摩擦损坏，这样即成为完整的标本。然后将同种植物标本放在一起，用种夹（可用牛皮纸按台纸大小制作）夹起，种夹外注明该种植物学名，按科、属顺序放入标本柜中密闭保存。柜中可放入一些樟脑球防虫。整个标本室可用硫酰氟或溴代甲烷熏蒸消毒，但消毒后要打开窗户通风数日方可进入。

（五）浸制标本的制作

植物标本经过浸制，可使其形态逼真，易观察、鉴别，而且还可保持其原来色泽。现介绍几种保存方法。

1. 一般的保存法

可用 10% ～ 15% 的福尔马林溶液浸材保存。

2. 植物体绿色保存法

利用乙酸铜将叶绿素分子中的镁分离出来，然后以铜离子代替镁使叶绿素分子中心核的结构恢复有机金属化合状态，由于铜原子作核心的叶绿素较稳定，又不溶于福尔马林和 70% 的乙醇，故经此处理的植物绿色可保存较久。试剂的配制和处理步骤如下。

① 将乙酸铜的粉末徐徐加入 50% 的冰醋酸溶液中直到饱和，此为母液。然后按 1 ∶ 4 加水稀释后加热至约 85℃，放入被处理的植物，不久标本变为黄绿色，继续加热，标本又变成绿色，至原有色泽重现时，停止加热（约 10 ～ 30min）。取出标本用水漂洗干净，即可浸入 5% 福尔马林水溶液中保存。

② 将饱和的硫酸铜溶液 750ml 加入 40% 的福尔马林 500ml 中，加水 250ml 混合。标本浸入 8 ～ 14 日，取出标本用水洗净后，再浸入 5% 的福尔马林溶液中保存。此法适用于植物体较柔弱、不能加热或表面有蜡质、不易浸渍着色的标本。

3. 红色标本的保存方法

将洗净果实浸入处理液（由福尔马林 4ml、硼酸 3g、水 400ml 配成）中，经 1 ～ 3 天待果实变成深褐色时取出，用注射器在果实上、下注入少量保存液（由 10% 亚硫酸 20ml、硼酸 10g、水 580ml 配成），再浸在此保存液中，果实会逐渐恢复原有红色。或用 3g 硼酸、10ml 95% 乙醇、2ml 福尔马林和水 1000ml 配成保存液。将果实注入少量保存液后浸入此保存液中。20 天后再换一次新保存液。

4. 深红和紫色标本保存法

可用 40% 福尔马林 450ml、95% 乙醇 2800ml 和水 20000ml 配制保存液，静置沉淀，取上层清液备用。按上法处理和浸制。

参考文献

[1]南京中医药大学. 中药大辞典. 2版. 上海：上海科学技术出版社，2006.

[2]肖培根，杨世林. 实用中草药原色图谱(1～4册). 北京：中国农业出版社，2002.

[3]李时珍. 本草纲目. 沈阳：辽宁民族出版社，1999.

[4]谢宗万. 常用中药名与别名手册. 北京：人民卫生出版社，2001.

[5]全国中草药汇编编写组. 全国中草药汇编(上、下册). 北京：人民卫生出版社，1982.

[6]汪乐原. 药用植物学实验. 北京：中国医药科技出版社，1998.

[7]丁景和. 药用植物学. 上海：上海科学技术出版社，1995.

[8]姚振生. 药用植物学. 北京：中国中医药出版社，2003.

[9]中国药材公司. 中国中药资源志要. 北京：科学出版社，1994.

[10]中国药材公司. 中国中药区划. 北京：科学出版社，1995.

[11]肖培根. 新编中药志. 北京：化学工业出版社，2002.

[12]中国科学院植物研究所. 中国高等植物图鉴(1～5册). 北京：科学出版社，1985.

[13]国家药典委员会. 中华人民共和国药典(一部). 2020年版. 北京：中国医药科技出版社，2020.

[14]中国植物志编委会. 中国植物志(1～80卷). 北京：科学出版社，1961～2004.

[15]中国药材公司. 中国中药资源. 北京：科学出版社，1995.

[16]丁宝章，王遂义. 河南植物志(1～4册). 郑州：河南科学技术出版社，1997.

[17]国家中医药管理局中华本草编委会. 中华本草. 上海：上海科学技术出版社，1999.

[18]傅书遐. 湖北植物志(1～4卷). 武汉：湖北科学技术出版社，2001.

[19]江苏省植物研究所. 江苏植物志(上、下册). 南京：江苏人民出版社，1977.

[20]安徽植物志协作组. 安徽植物志(1～5卷). 合肥：安徽科学技术出版社，1986～1992.

[21]傅立国，陈潭清，郎楷永，等. 中国高等植物. 青岛：青岛出版社，2004.

[22]朱光华译. 国际植物命名法规. 北京：科学出版社，2001.

[23]吴征镒，路安民，汤彦承，等. 中国被子植物科属综论. 北京：科学出版社，2003.

[24]王德群，谈献和. 药用植物学. 北京：科学出版社，2010.

[25]郑汉臣，蔡少青. 药用植物学与生药学. 北京：人民卫生出版社，2003.

[26]张宏达，黄云晖，缪汝槐，等. 种子植物系统学. 北京：科学出版社，2004.

[27]叶创兴，廖文波，戴水连，等. 植物学(系统分类部分与形态解剖部分). 广州：中山大学出版社，2002.

[28]李正理，张新英. 植物解剖学. 北京：高等教育出版社，1996.

[29]中国科学院华南植物园. 广东植物志(第10卷). 广州：广东科技出版社，2011.

[30]项东宇. 药用植物识别技术. 北京：化学工业出版社，2018.

[31]蔡岳文. 药用植物识别技术. 北京：化学工业出版社，2008.